정원의 세계

정원의 세계

관찰과 실험으로 엿보는 식물의 사생활

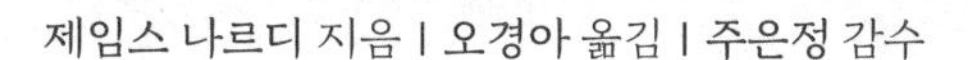

제임스 나르디 지음 | 오경아 옮김 | 주은정 감수

참새가 상추밭에 꽂혀 있는 모종삽 손잡이에 앉아 열정적으로 노래한다. 참새는 딱정벌레, 무당벌레, 나방 유충을 진압한 침노린재, 그리고 상추 이파리에 앉아 쉬고 있는 알팔파 나비와 영역을 공유하고 있다.

목차

서문

정원에서는 자연의 놀라움을 매일 일상적으로 볼 수 있다. 이런 생명의 기적을 관찰하다 보면 눈앞에 보이는 것을 더 이해하고 싶은 욕망이 생겨난다. 사실 이런 생물학적인 발견의 기쁨은 자연의 가르침만이 아니라 과학적 실험을 통해 발견되는 심오함이 있어 더하다. 단순한 식물의 관찰로는 설명할 수 없는 많은 의문들은 실험을 통해 그 답을 찾게 된다. 뭔가를 발견하는 기쁨은 우리가 살고 있는 집의 뒤뜰, 운동장, 자연 속에서 일어나는 현상에 대한 질문과 궁금증으로부터 시작된다. 그리고 이 궁금증을 해결하는 과정을 통해 파종부터 재배까지의 식물 성장에 대한 일련의 과정을 지켜보는 기쁨뿐만 아니라 수확하여 주방까지 가져갈 수 있는 보상까지 주어진다.

식물과의 연대는 인간과 자연의 관계 유지와 회복에도 도움이 된다. 식물은 우리의 호기심을 채워주고, 우리의 몸에 영양을 공급하며, 미적 감각을 길러주는 것 외에 정신적 스승이기도 하다. 우리는 식물의 씨앗으로부터 신뢰의 마음과 풍요로운 수확의 희망을 배운다. 식물의 성장속도를 통해 인내심을 배우고, 우리에게 필수 영양소를 제공하는 식물에 대한 감사의 마음도 갖게 된다. 비록 작은 생산물일지라도 다른 이들과 그 풍요로움을 나누는 마음도 갖게 된다. 우리는 식물을 재배하는 과정을 통해 자연의 재활용, 토양과 식물, 동물의 성장과 소멸의 순환이 얼마나 중요한지도 알아가게 된다. 정원의 균형과 조화는 수많은 생명체의 기여로 유지된다. 그리고 협력을 이용한 원예활동을 통해 독성이 가득한 화학물을 쓰지 않고도 식물을 건강하게 키울 수 있게도 된다. 우리는 식물을 통해 아름다운 정원의 풍경, 나무의 웅장함, 그리고 환경에 적응하는 식물의 놀라운 능력을 알게 되고, 존경과 경외감도 갖게 된다. 정원사로 우리는 이러한 놀라운 일들에 매일 참여하고 있는 셈이다. 알도 레오폴드Aldo Leopold는 이렇게 말했다. "창조의 행위는 일반적으로 신들과 시인들의 영역이라고 하지만, 평범한 이들도 약간의 노하우를 알게 된다면 이 금기를 깰 수 있다. 예를 들어 소나무를 심는 데 신이나 시인이 필요하지는 않다. 그냥 한 자루의 삽만 있으면 된다."

이 모든 발견을 함께 해주고, 책으로 펴낼 수 있게 도와준 가족, 친구, 동료에게 감사한다. 부모님은 내가 자연과 정원에 대한 사랑을 키울 수 있도록 많은 기회와 격려를 아낌없이 보내주셨다. 마크 비Mark Bee는 현미경 표본을 촬영해준 재능 넘치고 열정적인 아티스트다. 최종 이미지의 편집과 목록을 꼼꼼히 작업해준 도로시 루더밀크Dorothy Loudermilk와 에드윈 해들리Edwin Hadley에게 감사하며, 일리노이 대학교 소재 베크만 인스티튜트의 이미지 기술팀 소속 케이트 월러스Cate Wallace는 숨은 아름다움인 꽃가루의 이미지를 완벽하게 표현해주었다. 원예에 대한 열정이 가득하며 캘리포니아에 살고 있는 나의 친구, 토니 맥기건Tony McGuigan은 자신의 책《서식지를 만들어라, 그러면 그들이 알아서 들어온다Habitat It and They Will Come》에서 정원을 함께 공유하는 자연생물에 대한 고마움을 말해주었고, 그의 아이디어와 제안은 이 책의 방향을 정하는데 도움을 주었다.

마크 스터지스Mark Sturges는 오레곤주에 있는 자신의 농장과 정원에서 얻은 견해를 공유해주었고, 정원과 주방에서 할 수 있는 실험 아이디어를 제공했다. 한 집에 사는 아내, 조이Joy와 우리의 애완동물들도 정원에서 벌어지는 소박한 경이로움을 함께 나눠줬다. 그들의 눈, 코, 귀, 그리고 속삭임은 나의 탐구와 발견 능력을 더욱 북돋웠다. 우리는 정원 속 자연이 주는 풍부한 선물과 관대함에 늘 감사하고 있다. 시카고 대학교 출판부의 편집장 크리스티 헨리Christie Henry는 초기 원고 작업에 대한 용기와 지원을 아끼지 않았고, 미란다 마틴Miranda Martin과 크리스틴 슈왑Christine Schwab은 긴 교정 과정을 통해 원고가 완성되도록 도와주었다. 세심한 주의를 기울이고 통찰력이 강한 편집자 조안나 로젠보옴Johanna Rosenbohm은 글을 좀 더 효과적으로 다듬는데 최선을 다해주었다. 원고에서부터 책까지의 여정을 기쁨으로 함께 해준 이들에게 감사한다.

머리말 : 식물과의 대화

관찰하고, 묘사하고, 가설을 세우다

식물은 연구하기에 매우 편리한 생물체다. 우리는 손쉽게 씨앗이나 꺾꽂이를 통해 식물을 키울 수 있다. 우리는 궁금한 점을 바로 질문할 수 있게 늘 가까이 식물을 둘 수 있고, 쉽게 식물을 관찰할 수도 있다. 우리는 살아가며 매번 잘 손질된 잔디, 꽃병에 꽂힌 식물, 수확된 과일, 혹은 잎, 줄기, 뿌리가 없이 진열된 식료품 선반 위의 채소를 만나게 된다. 그리고 가끔 드물게 정원과 농업지, 목초지, 숲의 풍경 뒤에서 무슨 일이 일어나고 있는지도 목격하게 된다. 과연 우리는 식물이 씨앗에서부터 어떤 과정을 거쳐 살아가는지를 얼마나 알고 있을까? 화려한 꽃이 지고 난 후 열매를 맺는 과정을 전부 지켜본 사람은 우리 중 몇 명이나 될까? 씨앗이 든 꼬투

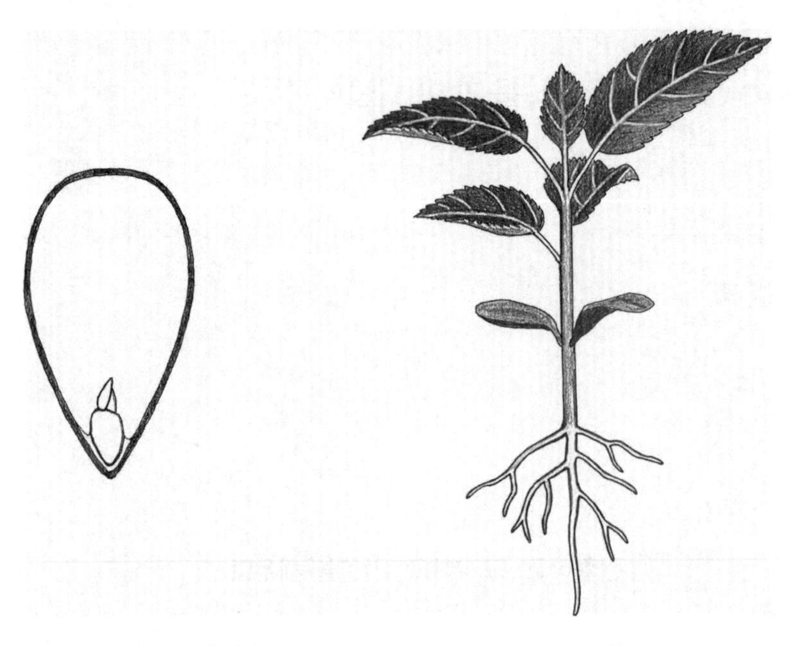

그림 I.1 왼쪽의 사과 씨앗 내부 그림의 뾰족한 부분에서 초기 사과나무의 지상부 모습을 볼 수 있다. 오른쪽 그림은 씨앗에서 사과모종이 싹튼 모습이다.

리를 터트려 번식하는 식물, 물체를 감고 올라가는 식물, 움직이는 잎과 줄기를 가진 식물, 촉감과 빛의 밝기와 어둠, 위와 아래, 낮과 밤의 길이에 잎과 줄기가 감각적으로 반응하는 식물들이 있다.

식물은 동물과는 매우 다른 그들만의 방식으로 주위 환경에 반응한다. 식물이 얼마나 화려한 색을 지니고 있고, 어떤 진화를 거듭하는지 등의 놀라운 삶은 금방 알아차릴 수 있다.

작은 씨앗은 아주 단순하게 시작되지만 성장 과정을 통해 헤아릴 수 없을 만큼의 뿌리와 잎으로 확장된다. 꽃이 만발하는 시기에 식물들은 새로운 세대를 키우기 위해 씨앗을 맛있는 과일로 변화시키는 작업을 지속한다. 작가 윌라 캐더Willa Cather의 나무 관찰은 모든 식물에게 적용될 수 있는 이야기다. "나는 나무를 좋아한다. 왜냐하면 그들은 다른 어떤 생명체보다 그들이 살아야만 하는 방식에 순응하는 것처럼 보인다." 식물은 우리를 동반자로 받아들이고, 그 사생활의 관찰을 허락하고, 우리가 맘대로 배치한 환경에 적응하려고 애를 쓴다. 환경에 적응하는 식물에 대해서는 존중이 필요하다. 식물이 하는 일의 방법과 그 이유를 알고 싶다면 우리는 식물이 어떻게 변화에 반응하는지 관찰하며 답을 찾을 수 있다. 주의 깊게 관찰을 하다 보면 우리는 식물의 활동들이 어떻게 식물에 작용하는지에 대한 생각과 가정을 내놓을 수 있게 된다. 하지만 가설을 세우고, 식물에게 실험을 하면서 그간 식물에 적용해본 적 없는 의문에 부딪히기도 한다.

답은 식물의 삶 속에 숨겨져 있다. 현대 과학은 최근에서야 식물이 서로 간에 의사소통을 한다는 것을 알게 되었다. 상부의 식물이 어떻게 땅속 지하부와 상호작용하는지의 미스터리가 이제서야 밝혀지고 있지만, 사실 정교한 장비가 없더라도 '인내와 끈기'로 관찰을 하다 보면 식물의 다양한 면을 알아낼 수 있다. 물론 이러한 새로운 발견들을 위해서는 식물에 대한 올바른 이해와 지식이 필요하다.

식물을 관찰하고 기록할 때는 헨리 데이비드 소로Henry David Thoreau의 말을 기억해야 한다. "우린 중요하다고 생각하는 것을 단지 그저 바라볼 뿐이다." 우리가 관찰하고자 하는 식물의 현상에 대해 가설hypotheses(*hypo*=아래에; *thesis*=규칙; 즉, 현상에 근거한 규칙)을 세우게 되는데, 이 가설들의 입증을 위해서는 실험의 계획안이 필요하다. 각각의 가설은 실험의 결과를 미리 예측하게 된다. 이 예측은 실험을

그림 I.2 사과나무의 지상부와 지하부. 식물의 지상과 지하 생태의 상호관계에 관해서는 아직 밝혀진 것이 많지 않다.

통해 가설과 일치했는지, 일치하지 않았는지를 확인하게 된다.

식물과 자연에 대한 질문을 할 때는 과학적 접근 방법이 필요하다. 바로 영국의 철학자인 프랜시스 베이컨Francis Bacon이 제시한 이론은 오늘날 우리가 하는 모든 과학적 실험의 기초이기도 하다. 소로는 우리에게 우리가 본 것이 무엇인지 그 치밀한 관찰의 중요성을 강조했지만 여기에 비해 베이컨은 우리의 해석과 우리가 보는 조건, 그리고 가설을 테스트하는 방법을 제시한다. 우선 베이컨은 우리의 오감에서 유래하는 생태계에 대한 지식이나 경험하는 것들, 자연에서의 직접적인 관찰 등에 의해 오히려 잘못 해석될 수 있다고 경고한다. 우리의 해석 자체도 항상 시험해야 한다는 것이다. 즉 가설이 틀릴 수 있음을(잘못될 수 있음을) 결코 두려워하지 말라는 것이다. 200년 전, 영국의 과학자 토마스 헨리 헉슬리Thomas Henry Huxley는 가설과 실험결과가 일치하지 않는데도 가설에 끈질기게 집착하게 하는 유혹을 경고하기도 했다. "과학의 가장 큰 비극은 추악한 사실이 아름다운 가설을 묵살한다는 점이다."

정원사는 아주 오래 전부터 지금까지 가장 중요한 자연관찰 과학자 중 하나였다. 이름없는 정원사들에 의해 어떤 야생종을 재배할 수 있는지, 어떻게 열매의 수확량을 늘릴 수 있는지, 어떻게 해야 과일의 숙성을 촉진할 수 있는지 등이 발견되었다. 수많은 정원사들이 수 세기에 걸쳐 풍습으로 받아들이고 있는 과학적 가설에 도전해왔다. 영국의 성직자 길버트 화이트Gilbert White도 그런 정원사 중 하나다.

1789년에 출판된 《세루본의 자연사The Natural History of Selborne》는 화이트가 25년간 자신의 정원에서 관찰한 것들의 기록이다. 당시만 해도 과학자와 농부들은 지렁이가 어린 묘목을 먹는 해충이라고 생각했다. 그러나 길버트 화이트가 관찰한 지렁이는 그의 정원에서 은인 역할을 했다. 지렁이는 지푸라기와 나뭇잎과 나뭇가지 줄기 사이를 통과하고, 흙의 구멍을 뚫고 부드럽게 만들어 그 속으로 비나 다른 요소가 잘 침투하도록 만들었다. 무엇보다 지렁이가 배설한 흙 덩어리는 곡물을 키우는 좋은 비료가 되어주었다. 오늘날에도 많은 정원사들은 식물들이 어떻게 행동하고, 왜 그렇게 행동하는지를 훨씬 더 자세하게 관찰하여 과학자들을 자극하는 역할을 한다. 이 책에서 설명된 일반적인 가설에 대한 대부분의 실험은 자연을 주의 깊게 관찰하는 것에 그치지

그림 I.3 꿀벌은 식물과 함께 살아가는 헤아릴 수 없이 많은 생명체 중 하나다.

않고, 자연과 긴밀한 협력관계에 있을 때 원예가 더 쉽고 훨씬 가치 있다는 가설을 실험하고 있다. 그러나 대중적으로 잘 알려진 가설은 성공적이고 수익성 있는 원예와 농업에는 합성 살충제, 제초제 및 비료 사용이 필수라고 주장한다. 때문에 이 책에서 다뤄지는 사실들이 기존 농업의 가설을 반박하고, 그 근거를 뒷받침하는 데 도움이 되기를 바란다.

이 책은 다음과 같은 순서로 진행이 된다. 각 장은 식물의 주요 기능과 그 특징이 식물의 상호작용 속에 어떻게 영향을 주고받는지 설명하고 있다. 열 개의 각 장은 식물의 특징을 묘사한 그림으로 시작된다.

그림은 정원의 한 부분으로 키우는 채소, 함께 공생하는 동식물이 포함돼 있다. 정원과 농장은 종종 지상과 지하에 자신의 세계를 공유하는 다른 생물의 영향을 배제한 채 식물이 서식하는 공간으로만 묘사된다. 그러나 정원은 식물, 동물, 곰팡이, 미생물과 같은 다양한 생물들이 조화롭게 살아가는 공동체의 장이다. 각 장에는 주제에 대한 이론적 정보를 제공한 뒤 직접 식물에 적용해볼 수 있는 가설, 관찰, 실험을 제시하고 있다. 1장부터 9장은 식물이 씨앗으로 시작하여 다시 씨앗을 맺고 생을 마치는 과정 속에 어떻게 자라며, 어떻게 꽃이 피고, 어떻게 씨앗을 맺고, 어떻게 과일을 생산하고, 어떻게 날씨의 위협과 다른 생명체의 공격으로부터 살아남는지 등에 대한 가설을 세우고 관찰과 실험을 통해 이를 이해하는 방식으로 진행했다. 더불어 현미경 이미지를 이용해 우리 눈으로는 보이지 않는 세포가 잎, 꽃, 과일의 복잡한 형태로 변형되는 방법과 그 식물 조직이 수행하는 기능에 대한 이해를 돕게 했다.

식물의 세포와 조직의 모습은 식물이 만들어내는 색과 형태의 명백한 변화를 이해하는 데 큰 도움이 된다. 전 세대의 에너지에 의해 자란 식물이 죽고 나면, 분해자에 의해 다시 재활용되어 새로운 세대가 자랄 수 있도록 토양으로 되돌아간다. 이 책의 아홉 개의 장은 정원 속 식물을 보여주면서 현상과 특징을 잘 이해하게끔 설명하고 왜 우리가 잘 알아야만 하는지를 말했다면, 마지막 10장에서는 정원을 공유하는 동물, 미생물, 식물들의 관계에 집중했다. 정원에서 직접 마주칠 수 있는 관찰과 가설을 제시함으로써 식물 생명체에 대한 우리의 이해를 북돋고, 더불어 다른 생명체가 식물의 왕국 구성원들과 더욱 상호작용을

그림 I.4 식물에 의존하는 다른 생명체 구성원들은 식물이 햇볕으로부터 만든 에너지와 토양에서 흡수한 영양분을 공유하며 살아간다.

풍요롭게 할 수 있도록 도울 것이다. 생물학적 발견은 원예와 자연에서 얻게 되는 막연한 경이감을 과학적으로 더 깊게 이해할 수 있도록 해준다. 오늘날 우리가 갖게 된 식물에 대한 지식은 가설의 관찰과 실험을 통해 축적된 것이다. 식물에 대한 지식 수준을 높이는 가장 좋은 방법 중 하나는 이미 알고 있는 식물학적 지식을 바탕으로 관찰하고 실험의 성공과 실패를 거듭하며 새로운 지식의 세계를 구축하는 것이다.

새로운 지식을 얻기 위해서는 좀 더 명확한 질문이 필요하다. 좀 더 새롭고 모험적인 지식을 추구해야 한다. 끊임없이 질문을 계속할수록 우리의 지식은 성장하게 되며 그 증명이 이뤄질 수 있다. 그 과정에서 우리는 몇몇 정보가 완전히 틀렸다는 것을 발견할지도 모른다. 우리가 알고 있는 생물에 대한 사실들은 고정되어 불변하는 것이 아니다. 발견되고 실험된 사실은 늘 변화된 기술, 새로운 관찰자의 실험을 통해 변경될 수 있다. 우리의 관찰과 가설은 식물을 통해 발견의 기쁨을 경험한 어떤 사람에 의해 다시 증명이 되곤 한다. 참을성 있게, 총명하게 관찰한다면 우리 모두는 과학자처럼 생각할 수 있고, 새로운 발견의 기쁨을 체험하며 식물에 대한 지식을 성장시킬 수 있다. 좀 더 야심 찬 정원 연구를 위해서는 식물을 좀 더 직접적으로 접해야 하고 씨앗이나 그릇, 접시, 병, 슬라이드 등의 실험 도구도 필요하다. 특정 채소와 과일은 지역 정원이나 가까운 식료품점과 농부마켓에서도 구할 수 있다.

이 책 속의 프로젝트들은 단순하고, 그저 관찰만으로도 충분히 이해가 되도록 구성했다. 하지만 평범한 식물의 관찰을 통해 아주 특별한 관점을 찾아내는 실험이 될 것으로 본다. 자연주의자 존 버로우즈 John Burroughs가 선언했듯이 새로운 것을 알기 위해서는 지나온 과거의 길이 필요하다. 이 책의 관찰 프로젝트가 정원사, 어린이, 그리고 교사들의 수업이나 교육을 위한 아주 좋은 교재가 되길 바란다.

식물을 유심히 들여다보다

식물의 생활은 많은 점에서 우리의 삶과 비슷하지만, 어떤 면에서는 매우 다르다. 모든 생물체—크고 작은 동물, 식물, 균류, 미생물—는 세포라는 기본 단위로 구성되어 있다. 한 개의 콩이나 고춧잎은 약 5천만 개, 사과나무의 경우는 약 25조 개의 세포로 구성돼 있다. 그리고 세포 안에는 세포가 생존하고 번식할 때 필요한 코드화된 정보가 포함된 DNA(디옥시리보 핵산)라는 유전 물질이 있다. 따라서 모든 생물의 '세포'는 생존하고 번식할 수 있는 능력을 가진 최소 단위를 말한다. 각각의 식물 세포는 주위를 둘러싼 세포막 혹은 세포벽에 의해 다른 세포들로부터 분리가 된다. 섬세한 세포막으로 둘러싸인 식물 세포는 단단한 세포벽을 지닌 동물이나 미생물 세포처럼 특정한 형태를 유지한다. 튼튼한 세포막 없이는 수축과 팽창을 할 수가 없기 때문이다. 식물은 동물처럼 움직일 수 있는 다리, 날개, 지느러미, 발 등이 없다. 그러나 세포의 안팎으로 물을 움직여 환경의 변화에 대응하며 꽃, 잎, 새싹, 뿌리를 성장시킨다. 식물의 잎에 있는 기공에서 일어나는 물과 산소의 발산은 식물의 활동과 수분의 움직임을 보여주는 증거이기도 하다. 그 이동은 식물의 간단한 화학 신호를 통해 통제된다.

약 가로 세로 5밀리미터의 나뭇잎에는 약 5천만 개의 세포가 있고, 이 세포는 현미경으로만 관찰이 가능하다. 단위면적당 세포 수는 제곱인치 또는 제곱밀리미터로 측정되고, 크기는 1/인치 또는 1/밀리미터인 분수로 표시된다.

1밀리미터는 1,000마이크로미터(μm)로 분할되고, 세포 크기는 일반적으로 마이크로미터 단위로 측정된다. 대부분 현미경 이미지에는 확대 비례가 표시되는데 인간의 머리카락 너비인 250분의 1인치(100μm=0.1mm)를 기준으로 한다. 대부분의 식물 세포—잎, 줄기, 뿌리, 또는 씨앗—는 머리카락의 20분의 1에서 5분의 1(5μm~20μm) 크기다.

모든 생물은 생존과 성장을 위해 에너지와 양분을 필요로 한다. 동물은 영양소, 에너지, 그리고 생존을 위해 다른 생물을 먹는다. 식물은 성장을 위해 태양으로부터 에너지와 영양소를 얻을 뿐 아니라 토양에서 직접 영양분을 섭취하고 생산한다. 식물은 태양 에너지를 '당분'이라는 화학에너지로 변환시킨다. 식물학자 팀 플로만Tim Plowman은 식물이 성장을 위한 에너지를 얻기 위해 "햇빛을 먹는다"는 표현을 하기도 했다.

각 식물 세포 내에는 다수의 세포 소기관organelle(*organ*=장기; *elle*=작은)이 있는데 일반적으로 가장 눈에 띄는 것은 세포의 유전 물질을 포함하고 있는 핵이다. 세포 소기관은 엽록체chloroplast(*chloro*=녹색; *plast*=형태)로 수많은 분자를 포함한 녹색 색소, 즉 엽록소chlorophyll(*chloro* =녹색; *phyll*=잎)를 태양광 에너지를 포착해 만들어낸다. 엽록소는 카로티노이드carotenoid로 불리는 노란색, 주황색 색소와 함께 엽록체에 자리한다. 다만 이런 색소들은 엽록체와는 다르게 물에 녹지 않아, 엽록체의 방수막 역할도 해준다.

8장에서 설명될 수용성 적색 혹은 청색 색소 안토시아닌과 베타레인 방출과 이동을 조절하는 것은 물이고, 이 물이 채워진 것을 액포라고 한다. 미토콘드리아mitochondria(*mitos*=실; *chondrion*=알갱이)는 세포의 에너지를 ATP(아데노신 3인산)형태로 전환하여 공급하는 엽록체에 의해 생성된 화학에너지를 사용하는 소기관이다. 세포의 내부에는 전체를 단단하게 해주는 섬유질과 세관으로 만들어진 세포골격이라는 골격 프레임이 있다. 세포골격의 사상체(필라멘트)는 세포 안을 이동할 수 있는 엽록체 혹은 이와 비슷한 세포에게 수많은 통로를 만들어주는 역할을 한다.

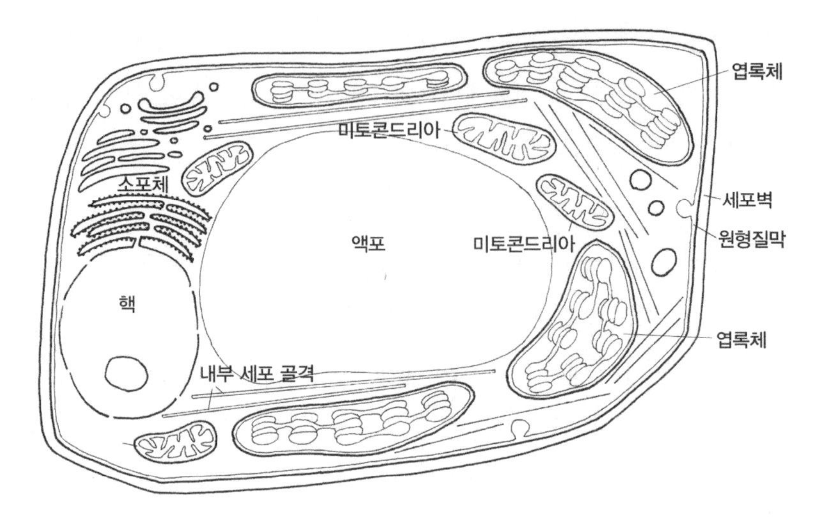

그림 I.5 식물 세포의 내부를 표현한 위 그림은 살아있는 세포가 어떻게 구성되어 있는지를 보여준다. 식물 세포는 다른 다세포 생물의 세포와 같이 핵을 가지며, 이곳에서 소포체와 연합하여 단백질이 합성된다. 미토콘드리아, 내부 세포 골격을 형성하는 사상체 및 세관, 모든 소기관을 포위하는 원형질막을 확인할 수 있다. 식물 세포의 단단한 외부 세포벽은 식물을 움직이지 않고 단단하게 만들어주는 역할을 한다. 햇빛에서 에너지를 포착하는 엽록체는 식물 세포에서만 발견된다. 내부 세포 골격은 세포 주위 소기관의 직접적인 움직임을 돕는다. 세포 골격과 함께 액포의 수압(팽창압력)은 세포의 형태를 유지하는 데 도움이 된다.

식물은 토양과 공기에서 직접 필수 영양소를 얻는다. 분해자로 알려진 땅속 생물체의 활동으로 토양은 계속해서 영양분을 공급받는다. 분해자들은 자연산의 모든 것에 남아있는 양분을 순환시키므로 생물들이 살아있는 동안 사용했던 영양소를 다시 사용할 수 있도록 되돌리는 역할을 한다. 이 분해자들은 전에 살았던 생물의 잔해를 재활용시키는 역할과 함께 균형을 유지하고 있음에 틀림없다. 정원과 자연의 모든 생명체는 잔해물을 남기고 떠나고, 이로 인해 죽음은 새로운 세

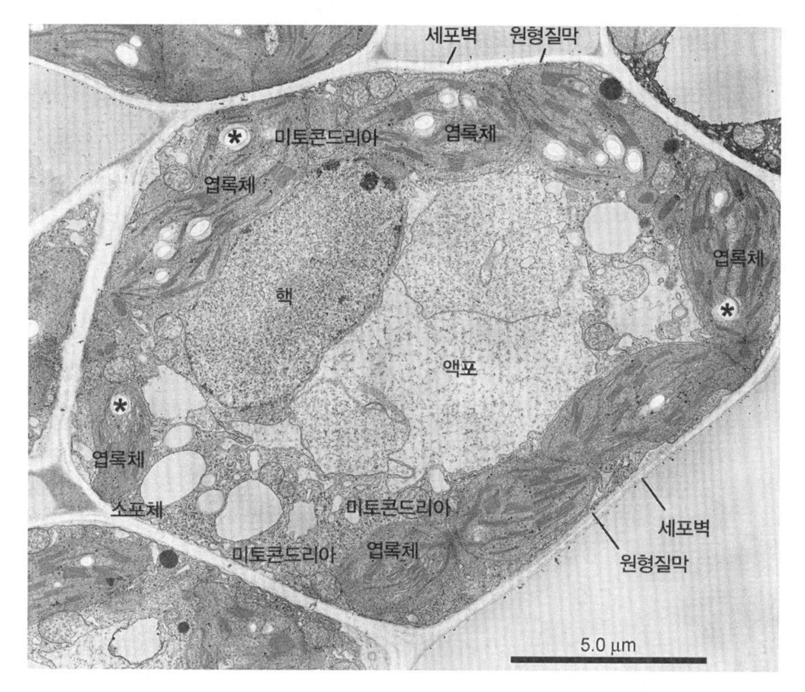

그림 I.6 전자 현미경으로 찍은 개박하잎의 세포 사진. 그림 I.5에서 묘사된 많은 기관들이 같은 문자를 사용해 표시되어 있다. 다만 세포 뼈대와 소포체의 사상체들은 눈에 띄지 않는다. 엽록소 함유 엽록체의 일부가 1장과 3장에서 언급할 당분을 함유한 녹말체(별표 표시)로 변화되고 있는 중이다.

대의 소생을 위한 전주곡이 된다.

식물은 발생과 생식을 위해 호르몬, 아미노산, 핵산 및 당류 등의 필수 화합물을 생산할 뿐만 아니라, 생존에 필수는 아니지만 주변환경과 다른 식물과의 상호작용에 영향을 줄 수 있는 수많은 화학물질을 만든다. 이것을 이차대사산물secondary metabolites이라고 한다. 이 중 일부는 과일과 채소에서 발견되는 항산화물질로 인간에게도 건강증진을 돕는 화합물로 쓰인다. 또 우리의 기분을 좋게 만드는 매력적인 색상을 지닌 꽃, 과일, 허브의 향기도 있다. 꽃의 달콤한 향기, 박하 향기, 커피와 초콜릿의 향기는 이차대사산물의 하나이다. 의약 분야에서는 식물의 항균과 항암 성분이 이미 입증된 상태로 아직도 꾸준히 연구 중이기도 하다. 곤충 기피제나 방충제 역시 식물을 먹어치우는 동물을 억제시키기 위해 식물이 내놓는 이차대사산물로부터 만들어진다. 어떤 화합물은 그 작용이 매우 민감해서 사람이나 대상에 따라 다른 기능과 효과를 가져오기도 한다.

식물의 이러한 특수 기능은 식물이 환경에 반응할 때, 식물이 토양에서 영양분을 얻을 때, 태양으로부터 에너지를 흡수하고 식물만이 생산할 수 있는 물질을 생산할 때, 식물의 일상적인 작업수행, 그리고 인간과 마찬가지로 식물의 노화과정에 큰 영향을 미친다. 식물의 관찰과 실험을 통해 얻는 결과는 사람들에게도 잘 사용될 수 있다. 이 책에 그려진 많은 이미지는 식물이 하는 일을 이해하고, 좀 더 호기심을 자극하고 고무시키는 것 외에도 거시적인 부분부터 세세한 부분까지 자연세계의 풍부한 생물 다양성과 미학을 보여준다.

철학자 사이먼 웨일Simon Weil은 "과학의 진정한 정의는 세상의 아름다움을 연구하는 것"이라고 말했다. 현미경 속 식물의 행동 방식과 그 이유는 식물의 이해를 넓혀주고 식물의 내부 아름다움을 드러내 외적 아름다움에 대한 인식까지 높여준다. 권말의 부록 A에는 대표적인 식물 호르몬과 식물 색소, 모든 식물이 형성하는 이차대사산물의 화학 구조식이 표시되어 있다. 이 책에서는 수많은 채소, 나무, 꽃, 잡초가 논의되고 있는데, 부록 B에서는 식물의 이름은 물론 속과 명으로 구성된 학명을 실었다. 식물의 학명과 일반명은 알파벳 순으로 정리하였다.

01
씨앗을 만드는 식물

> 나는 씨앗의 힘을 믿는다. 씨앗을 심었다면, 이제 생명의 경이로움을 맞을 준비가 된 셈이다.
>
> **헨리 데이비드 소로**

씨앗은 경이로운 창조의 산물이다. 씨앗은 태양으로부터 에너지를, 토양으로부터 영양소를 흡수하는 아주 단순한 단계부터 시작하여 잎, 줄기, 뿌리, 꽃, 과일 그리고 다시 본래의 모습을 담은 씨앗을 갖춘 완전한 식물로 성장한다. 콩 같은 큰 씨앗을 열어보면 알 수 있듯이 완전한 식물의 소형 버전인 배embryo에는 성숙한 식물이 될 세포들이 그 작은 틀 안에 모두 담겨있다. 씨앗 속의 세포들은 향후 식물의 어떤 특정 부분이 될 것이라는 숙명이 정해져 있고, 식물의 생애주기 동안 많은 분열을

그림 1.1 정원에서 쥐가 발아 중인 콩의 떡잎 하나를 골라 맛보고 있다. 두꺼비는 민들레, 제비꽃, 블루그래스 사이에 앉아 있다. 진주초승달나비pearl crescent butterfly가 따뜻한 5월의 햇살아래 날개를 펼친다.

통해 이를 만들어간다. 식물의 기본 형태는 씨앗 속 세포들이 자라 성장하며 완성된다.

씨앗이 식물로 변화되는 과정에서 주목할 점은 성장의 진행을 통해서 식물의 형태가 만들어진다는 점이다. 식물의 성장은 결코 무계획적이거나 비체계적이지 않고 성장과 세포분열이 집중돼 있는 뿌리의 끝, 줄기의 끝에 위치한 세포 그룹에 의해 조율된다.

식물이 자라면서 세포들은 계속 분열되어 더 많은 세포를 만들어낼 뿐만 아니라 잎, 뿌리, 꽃이 되는 특수세포도 만들어낸다. 분열세포는 눈 혹은 분열조직이라고 불리며 식물 전체, 특정한 위치에 머무른다. 모든 씨앗은 분명하게 짐작하기 어렵지만 이런 약속과 가능성을 지니고 있다. "사과 속에 숨겨진 씨앗에는 보이지 않는 과수원이 들어 있다." 영국 웨일스의 이 속담은 씨앗의 발아와 성장이 어떤 놀라운 일을 일으킬 수 있는지에 대한 복선을 잘 표현해주고 있다.

여러 가지 씨앗의 특징

콩 또는 해바라기 씨앗이 발아할 때 가장 두드러진 특징은 처음으로 나오는 잎 즉, 떡잎cotyledon(*cotyle*=컵 모양의)이다. 떡잎은 어린 새싹 또는 배에 첫 영양분을 공급하고, 앞으로 자라날 식물의 첫 번째 파트로 이후에 자라는 유묘에 필요한 양분을 포함하고 있다. 발아된 유묘에서 한쪽은 떡잎 아래 토양 쪽으로 성장하는데 이를 뿌리가 될 부분, 즉 하배축hypocotyl(*hypo*=아래의; *cotyl*=떡잎)이라고 한다. 떡잎 위로 하늘을 향해 성장하여 앞으로 줄기가 될 부분을 상배축epicotyl(*epi*=위의; *cotyle*=떡잎)이라고 한다. 씨앗을 물에 몇 시간 정도 담가 놓은 뒤, 절단면이 가장 작게 나오도록 잘라준다. 그러고 나면 안에 숨어있는 배를 발견할 수 있다(그림 1.2).

현화식물의 종자는 꽃 안에서 보호되며 발달하기 시작하는데 꽃이 열매로 변해가면서 종자도 함께 성숙하게 된다. 모든 개화식물은 속씨식물angiosperms(*angio*=동봉; *sperm*=씨앗)이라고도 하는데 떡잎이 하나 혹은 두 장이다. 이 떡잎 개수는 개화식물의 계통을 구별하는 중요한 기준이 된다. 속씨식물 23만 5,000종 중 6만 5,000종은 한 개의 떡잎을 가지고 있으며 이 식물군에는 옥수수, 밀, 귀리 및 모든 채소, 아스

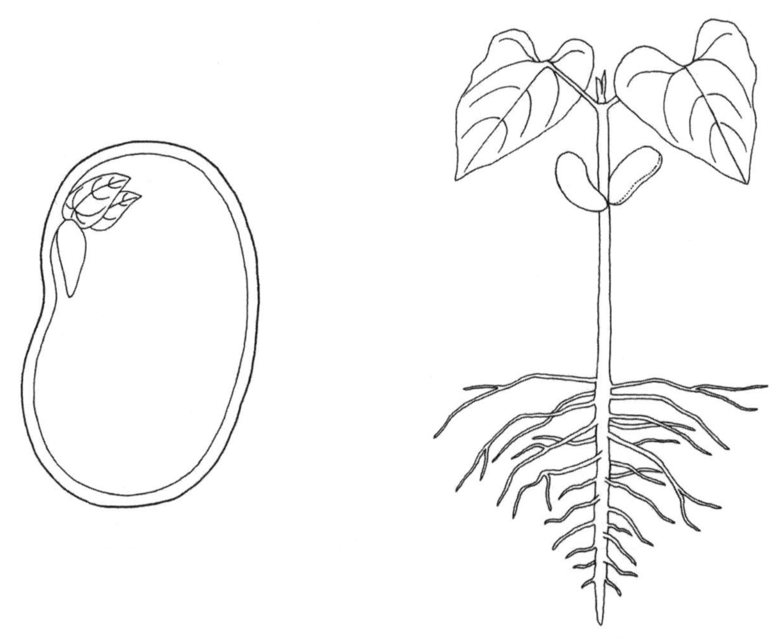

그림 1.2 식물의 잎과 뿌리가 될 부분이 씨앗의 배에 이미 형성되어 있다.

파라거스, 양파, 백합, 아이리스, 야자수, 그리고 난초가 포함되어 있다. 이들을 외떡잎식물monocot(*mono*=하나; *cot*=cotyledon의 약어)이라고 한다. 멜론, 콩, 토마토, 양배추, 당근 등 나머지 17만 종은 씨앗 속에 두 개의 떡잎을 지니고 있다. 이 그룹을 쌍떡잎식물dicot(*di*=둘; *cot*=cotyledon의 약어)이라고 한다.

상록침엽수인 소나무, 가문비나무, 전나무도 영양조직으로 둘러싸인 상배축, 하배축의 떡잎이 씨앗 속에 들어 있다. 그러나 그들의 씨앗에는 과일의 형태가 없다. 대신 씨앗은 솔방울의 날개 비늘에 노출되어 있어 이를 겉씨식물gymnosperm(*gymnos*=노출된; *sperm*=씨앗)이라고 한다. 지구상의 현재 겉씨식물(침엽수 혹은 노출된 씨앗을 지닌 식물군)

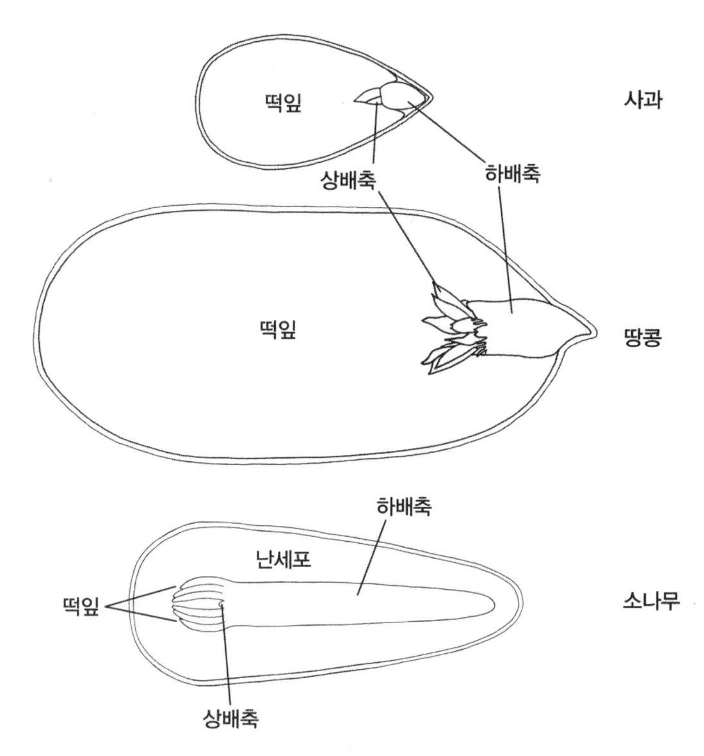

그림 1.3 사과와 땅콩 씨앗 중 영양분인 배젖은 두 개의 떡잎으로 변환되며, 품고 있는 배의 초기 성장에 영향을 준다. 각 배는 상배축과 하배축이 표시되어 있다. 소나무 씨앗의 배와 떡잎은 속씨식물의 배젖과는 다른 영양조직으로 둘러싸여 있음을 알 수 있다. 배젖에서는 하나의 정세포와 두 개의 난세포가 핵을 결합시킨다. 반면 소나무 씨앗의 영양조직은 꽃가루의 기여 없이 단일 난세포로부터 파생된다. (자세한 내용은 4장 참조)

은 720종에 이르며 전체 씨앗식물 중 3퍼센트에 불과하다. 또 다른 그룹으로는 씨앗을 만들어내는 식물인 속씨식물, 겉씨식물과 달리 포자만 만들어 내는 식물인 이끼, 고사리, 녹조류 등이 있다. (씨앗과 포자에 대한 추가 정보는 4장 '씨앗과 포자의 차이점' 참고)

현화식물의 씨앗과 마찬가지로 침엽수의 씨앗은 그 맛이 좋고 영양가가 높다. 소나무 씨앗의 내부 모습은 땅콩의 씨앗과 같은 모습을 보여준다 (그림 1.3). 소나무의 배와 떡잎에는 겉씨식물에서만 볼 수 있는 모체의 영양조직이 있다.

땅콩은 콩의 유사종으로 우리가 땅콩을 먹는다는 것은 땅콩 배의 떡잎을 씹어먹는 셈이다. 땅콩은 씨앗 속에는 미래의 땅콩 식물이 될 두 개의 큰 떡잎이 자리하고 있다. 땅콩의 배를 자세히 살펴보면 하나는 미래의 잎이 될 부분으로 내부를 향하고 있고, 미래 뿌리가 될 부분은 외부를 향하고 있다는 걸 알 수 있다.

물방울 모양의 사과 씨앗 속에서는 장차 뿌리가 되는 부분이 점점 가늘어지며 외부를 향한다. 뿌리의 끝에는 사과나무의 첫 잎과 나무의 줄기가 될 미세한 세포의 작은 무리들이 있다. 떡잎은 사과 씨앗 안에서 넓은 면적을 차지하며 뿌리와 줄기가 될 부분과 함께 자란다.

모든 속씨식물의 종자는 열매 속에서 형성되며 배젖endosperm (*endo*=내부; *sperm*=씨앗)에 양분을 저장하면서 시작한다. 배젖 조직은 수분이 될 때 속씨식물 배의 착상과 동시에 함께 생성된다. 겉씨식물의 배는 모계 영양조직에 싸여 있지만 속씨식물의 배젖은 모계와 부계 속성을 모두 가진다. 이 책의 4장에서는 외떡잎식물의 수분과정에서 배와 배젖이 어떻게 함께 만들어지는지에 대해 좀 더 자세하게 다루고 있다.

사과, 콩, 해바라기, 땅콩 등의 쌍떡잎식물 씨앗에서는 발아가 되기 오래 전부터 저장된 영양분의 대부분을 배젖에서 떡잎으로 옮기는 일이 벌어진다. 속씨식물의 씨앗 대부분은 발아될 때 배젖이 다 사용되어 사라진다는 것이 이미 밝혀졌다. 그러나 토마토, 옥수수, 고추,

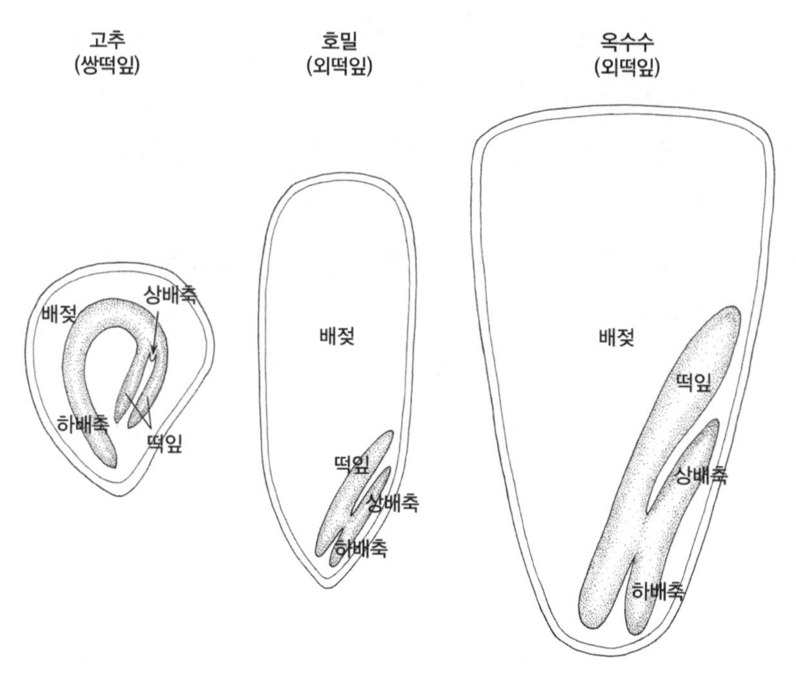

그림 1.4 씨앗의 내부 단면도. 내부에 영양을 공급하는 배젖은 각각 하나 또는 두 개의 떡잎을 가진 배를 둘러싸고 있다. 미래의 뿌리가 될 하배축, 그리고 미래의 줄기가 될 상배축이 있다.

호밀, 밀과 같은 여러 종자에서는 발달된 떡잎이 보이지 않는다. 이러한 식물들은 발아할 때 영양분을 공급할 수 있는 영양소의 저장고로서 원래의 배젖을 유지한다. 후추, 호밀, 옥수수 씨앗의 내부 모습은 배젖과 떡잎에서의 이러한 차이와 처음 발아될 때의 차이를 보여준다(그림 1.4).

발아된 콩 씨앗에서 나온 두 떡잎을 제거하면 어떤 일이 벌어질까? 두 떡잎을 그대로 둔 콩의 모종과 떡잎을 하나만 남겨 둔 콩의 모종을 비교해보자.

- 떡잎을 통해 영양소를 얻는 식물이 지금까지와는 다른 방식으로 성장이 가능할까?
- 떡잎 중 하나 또는 모두를 잃은 콩은 두 장의 떡잎을 가진 콩만큼 클 수 있을까?
- 떡잎이 제거되어도 콩의 성장에 영향을 받지 않을 시기는 언제쯤일까?
- 빛이 들어가지 않도록 한쪽 또는 양쪽의 떡잎을 부드럽게 포일에 싼 후, 5~6시간 지나면 해바라기는 어떻게 반응할까?
- 새롭게 발아하는 떡잎만을 남겨두고 상배축을 제거할 경우 콩은 어떻게 될까?

이 실험의 결과는 2장의 찰스와 프랜시스 다윈의 실험을 읽게 된다면 좀 더 이해가 잘 될 듯 하다.

위, 아래를 인지하는 것은 모든 식물들에게 중요하다. 우리가 보아온 각 씨앗은 잎이 될 부분과 뿌리가 될 부분이 서로 반대 방향을 향하고 있다. 결론적으로 뿌리가 될 부분과 잎이 될 부분이 명확하게 방향성을 가지고 있는 셈이다. 씨앗의 위아래를 알고 심었든 혹은 무작위로든 식물들은 스스로 뿌리는 아래로, 잎은 위로 성장시키는 셈이다. 이렇게 될 수 있는 이유는 모든 씨앗이 명확한 방향 감각을 가지고 있기 때문이다. 옥수수 씨앗은 식물의 위, 아래를 구별하는 능력을 확인할 수 있는 좋은 표본이다. 옥수수의 첫 뿌리는 씨앗의 뾰족한 끝에서 나오고, 첫 번째 잎은 평평한 부분에서 나온다.

옥수수의 씨앗을 마른 여과지에 각자 다른 방향으로 놓는다. 이때

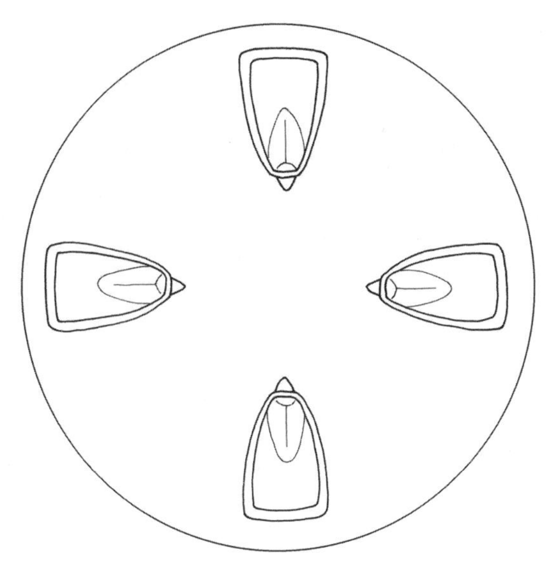

그림 1.5 여과지 표면에 접착된 옥수수 씨앗들을 젖은 배양접시에 놓으면 곧 발아하기 시작한다. 접시를 수직으로 세우고 씨앗의 가느다란 끝에서 첫 번째 뿌리, 하배축이 나올 때까지 이틀 정도 그대로 둔다.

접착제를 이용해 기울여도 떨어지지 않도록 한다(그림 1.5). 하나의 옥수수 씨앗을 접착하고, 구십 도씩 방향을 돌려 가며 씨앗의 끝이 각기 다른 방향을 보게 놓아본다. 이후 여과지를 물에 적셔주고, 접시의 뚜껑을 덮은 뒤, 며칠 동안 수분을 유지하도록 한다.

나중에 이 배양접시의 뚜껑을 테이프로 고정해 접시를 수평에서 수직으로 세워 씨앗이 자연스럽게 흙 속에 들어가 있는 것처럼 만든다. 이런 상태에서 각기 다른 방향에 위치한 네 개의 옥수수 씨앗의 뿌리는 모두 같은 방향으로 성장할 수 있을까?

첫 번째 뿌리가 약 2.5센티미터 성장할 때까지 관찰한다. 이후 실험 접시를 180도 회전시키면 옥수수의 뿌리에서 무슨 일이 일어날까?

또 접시를 수평으로 놓으면 어떻게 될까? 수평으로 둘 경우 뿌리는 아래로 성장하는 것을 방해받기 때문에 위로 성장하거나 옆으로 뻗어갈 수밖에 없다. 여과지에 습기를 유지하고 수평 접시를 뒤집어보자. 여과지와 씨앗이 원래 상태에서 완전히 뒤집어진 모양이 된다. 이제 옥수수 씨앗의 뿌리와 싹은 위쪽이 아닌 아래나 옆으로 자랄 수밖에 없다.

뿌리는 어떻게 위아래를 감지할 수 있을까

인간의 위, 아래 균형감각은 안쪽 귀 안에 있는 작은 과립 세포의 움직임에 의해 감지된다. 이와 비슷하게 식물의 뿌리끝세포에도 작고 둥글고 조밀한 알갱이인 평형석statolith(*stato*=균형; *lith*=돌)이 위치를 바꿀 때 세포 내에서 움직이게 된다(그림 1.6). 이 세포는 녹말체amyloplast (*amylo*=전분; *plast*=형태)라 불리는 엽록체에서 형성되는 엽록소가 없는 조밀한 전분과립으로 밝혀졌다. 그림 1.6은 엽록체에서 전분체로의 변환 모습을 잘 보여주고 있다. 평형석이 세포의 바닥부분에 위치하게 되면 뿌리는 아래로 향하고 뿌리끝 주위에서 균일하게 성장이 일어난다. 만약 뿌리가 측면에 배치되면 평형석 역시 세포의 측면으로 이동해 다시 자리를 잡는다.

결국 성장은 뿌리끝에서 일어나고 뿌리는 아래로 향하고 있다. 그렇다면 뿌리의 끝을 위로 바꾸면 어떻게 될까? 평형석은 세포의 끝에 다시 위치할까? 어떻게 해서든 평형석은 뿌리의 끝에 위치해 성장 방향을 바꾸도록 자극한다. 지금까지 우리는 평형석의 위치가 뿌리세포의 방향을 유도한다는 것을 알게 됐다. 그러나 평형석이 어떻게 움직

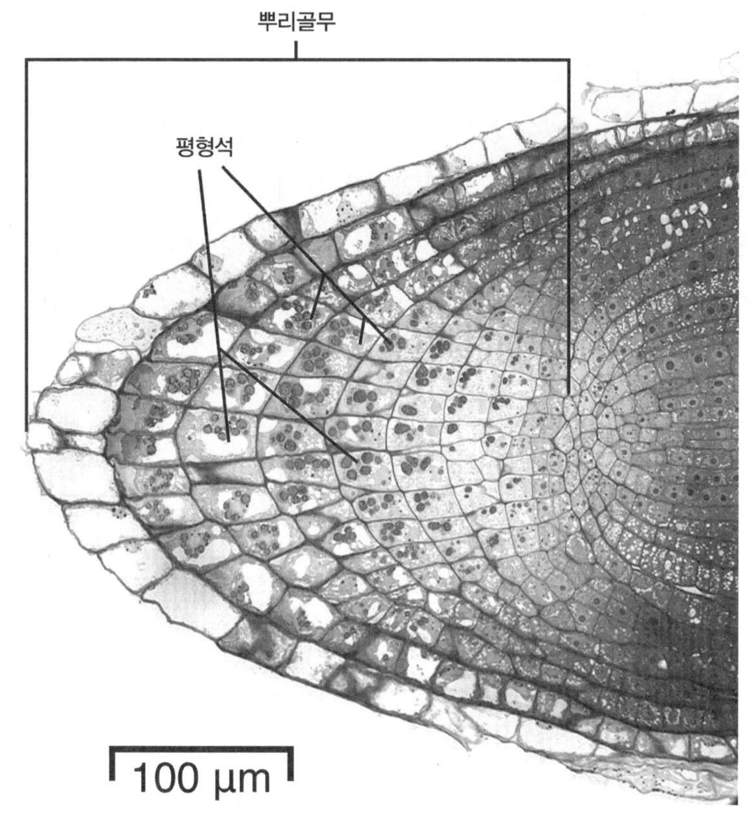

그림 1.6 무의 뿌리골무 세포들 속에 중력을 감지하는 평형석이 있다. 뿌리의 방향에 따라 평형석은 위치를 이동시킨다.

이고, 그 움직임이 어떻게 뿌리세포를 자극하는지 밝히는 데에는 신중한 가설과 많은 실험이 필요하다.

뿌리골무의 세포 내에서 평형석의 이동이 토양에서의 뿌리가 가야 할 방향에 대한 정보를 전달한다면, 뿌리골무 세포의 제거 또는 손상이 진행될 시 분명 뿌리의 중력에 대한 인지능력에 변화가 생길 것이라는 가정을 세워보자.

- 네 방향으로 여과지에 접착된 옥수수 씨앗을 사용하여 실험을 다시 반해보자.
- 첫 번째 뿌리는 옥수수 씨앗에서 싹을 틔우면 조심스럽게 핀셋이나 핀으로 뿌리골무를 제거하고, 이후 이 뿌리의 지속적인 성장을 관찰한다.
- 뿌리골무와 평형석이 없는 상태에서 뿌리줄기가 뿌리가 자라는 방향에 어떤 영향을 미칠까?

발아 시기 알기

씨앗은 주어진 환경에서 성장의 신호를 수신할 때까지 움직이지 않는다. 이 신호는 씨앗이 성장하기 좋은 조건이라는 것을 알려준다. 공기와 토양이 너무 차갑거나 건조하거나 토양에 너무 깊게 묻혀 빛이 도달하기 어려우면 발아가 일어나지 않는다.

씨앗이 발아하고 새로운 식물이 태어나는 일련의 진행과정을 지켜보자. 우선 배양접시의 바닥에 촉촉한 여과지를 놓고, 그 위에 무 씨앗을 놓는다. 어떤 부분이 씨앗에서 가장 처음으로 나올까? 맨 처음 새싹을 둘러싸고 나타나는 희미한 물질은 무엇일까? 확대하여 보면 솜털로 보이며 곰팡이는 아니지만 새싹의 표면층에 있는 세포에서 나온 수천 개의 뿌리털이라는 걸 알 수 있다(그림 1.7). 무 씨앗에서 나온 첫 번째 새싹은 토양으로 뻗고, 이후 수천 개의 뿌리털이 나와 토양 속 작은 숨구멍 사이를 뻗어나가면서 성장에 필수적인 물과 영양소를 찾게 된다.

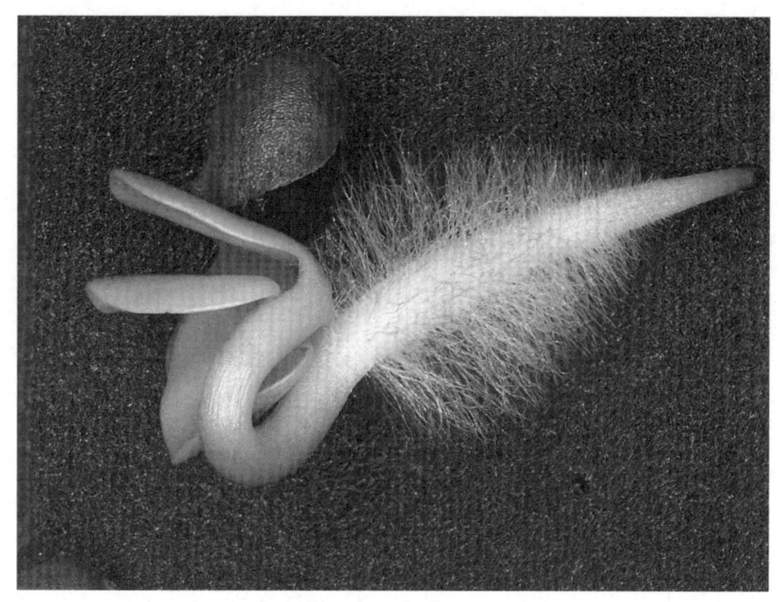

그림 1.7 무 씨앗에 나온 수많은 뿌리털이 토양 속 셀 수 없이 많은 구멍으로 파고들어 뻗어가고 있다.

무의 뿌리털은 토양 속에서 서로 얽히지 않고 뻗어나가려고 노력한다. 수천 마리의 무리 속에서 물고기가 각자 자리를 잡고 헤엄을 치는 능력, 수백 마리의 무리 속에서 새들이 질서 있게 비행을 하는 것과 같다고 볼 수 있다.

깊은 지하에 묻혀 있는 씨앗은 수년 동안 건강하게 휴면dormant하기도 한다. 시베리아의 산 속 야생화 씨앗이 무려 3만 2천 년 동안이나 보존되었다는 놀라운 사실이 밝혀지기도 했다. 러시아 과학자들은 2012년에 땅다람쥐가 파 놓은 구멍에서 3만 2천 년 동안 휴면 상태로 숨겨져 있었던 석죽과의 장구채silene 꽃씨를 발견했다. 털북숭이 매머드가 이 꽃들과 함께 풍경을 공유했을 것이다. 과학자들은 빙하기에 동물들의 서식처인 동굴이 무너져 38미터의 퇴적물 아래 묻히면서 이 야생 씨앗들도 그 밑에 묻힌 것으로 추정하고 있다.

지하에 묻힌 씨앗은 두 가지 딜레마에 직면한다. 하나는 빛 에너지의 부족이고 다른 하나는 산소의 부족이다. 이 씨앗들이 다시 발아할 수 있을 가능성은 다시 토양 표면으로 이동했을 때뿐이다.

각각의 식물종은 발아를 위해 각기 다른 환경 조건이 필요할까? 전부 또는 일부 씨앗들의 경우 어둠 속에서도 발아가 가능할까? 배양접시에 젖은 여과지를 깔고 그 위에 씨를 놔두게 되면 산소 부족이 발생하지는 않는다. 그러나 씨앗들의 발아에는 습기와 산소뿐만 아니라 빛도 필요하다. 빛의 유무에 따라 씨앗의 반응을 테스트하기 위해 젖은 여과지의 배양접시에 세 개의 담배풀 씨앗을 놓아보자.

- 그 위에 흙을 가볍게 뿌려주고, 첫 번째 접시는 햇볕에 노출시킨다.
- 두 번째 접시는 5일 동안 빛이 완전히 차단된 어둠 속에 둔다.
- 세 번째 접시는 2일 동안 빛이 완전히 차단된 어둠 속에 둔다. 그리고 난 후 1일 동안 빛에 노출하고 그로부터 2일 이상 다시 햇볕을 차단한다.

이전 실험에서의 무 씨앗에서처럼 어떤 씨앗은 발아에 수분과 산소만 요구하는 경우도 있다. 그러나 씨앗이 다르다면 발아의 조건도 다를까? 모든 씨앗은 연중 내내 발아가 가능할까? 몇 달 동안의 가뭄에 직면해야 하는 사막 식물들의 씨앗은 어떨까? 사과나무와 참나무 및 대초원 식물과 같이 온대성 기후에서 자라는 식물들은 씨앗은 발아하기 전에 추운 겨울을 경험하게 된다.

겨울에 발아가 되면 곧 영하의 온도에 노출되기 때문에 씨앗은 일단 휴면 상태를 유지한 채 섭씨 5도 미만의 온도에서는 발아를 시작하지 않는다. 오늘날 식물 시장에서 판매되는 식물의 씨앗은 자연상태 겨울과 같은 경험을 주기 위해 냉장고 속에 넣어 겨울 온도를 경험시키기도 한다. 이 씨앗들은 겨울이 끝나 섭씨 5도 미만의 온도가 최소 일수가 되면 냉해에 대한 걱정 없이 발아를 시작한다.

이렇게 어떤 씨앗은 발아를 위해 혹한기 노출이 필요하지만 일부 씨앗은 불이나 연기, 또는 비에 노출이 필요하기도 하다. 많은 열대식물들의 씨앗들은 섭씨 35~40도의 고온에서 발아한다. 두껍고 단단하여 물이나 외부 공기의 침투가 어려운 껍질이 불에 노출되었을 때 찢어져 수분과 공기가 내부 배로 들어갈 수 있기 때문이다. 발아를 위한 필수 요건은 아니지만 몇 종의 키가 큰 초본식물 중 30~40%는 연기 노출에 의해 발아가 촉진된다는(30~40% 증가) 사실이 시카고 식물원 연구팀에 의해 밝혀지기도 했다.

씨앗은 발아를 위해 서식 환경 속의 습기, 빛 그리고 온도 조건을 자극제로 사용한다. 성장을 억제하는 요인이 무엇인지는 휴면 씨앗에서 그 답을 찾을 수 있다. 장애 요인이 사라지면 씨앗은 곧 성장, 즉 발아를 시작하는데 이 억제 요인은 씨앗이 성장을 시작함에 따라 사라지게 된다. 억제 요인은 동면, 휴면 중에 싹의 상태에서 보인다. 봄의 출현과 함께 성장 촉진 요인은 늘어나고 성장 억제 요인의 수준이 감소하게 된다. 성장을 촉진시키고 억제하는 요인은 씨앗이 발아하고 성장하는 동안 식물의 일생에 걸쳐 조절된다. 씨앗의 경우 발아를 억제하는 요인은 낮의 길이가 길어지고 따뜻한 온도가 유지되어 성장 촉진 요인이 증가할 때까지 휴면 상태를 유지하도록 만든다.

특정 종자의 발아에 있어 저온 처리가 필수적이라는 관찰은 일부 화학 인자가 이 종의 발아를 억제하는 요인이 된다는 가설에서 얻어낸 결과였다. 성장 억제 화학물질인 앱시스산abscisic acid이라는 유기 물질을 휴면 씨앗에서 제거하는 실험을 했다. 앱시스산의 농도는 씨앗이 발아하기 시작할 때 떨어지고, 대신 성장 촉진 요인은 상승을 시작했기 때문이었다. 이어진 추가 실험은 앱시스산이 씨앗의 발아뿐만 아니라 새싹 성장도 억제한다는 가설의 검증이었다.

우선 앱시스산이 식물의 노화된 잎이 식물의 본체에서 떨어져 나가게 하는 물질이라는 점을 가정했다. 하지만 퇴화된 잎이 떨어지는 과정을 면밀히 조사한 결과 앱시스산이 노화되고 다 자란 잎을 떨어뜨리게 하는 자극제는 아니라는 결론을 얻었다. 대신 앱시스산은 오래된 잎에 인접해 있는 새싹의 성장을 억제하고 있었다. 결국 이 효과를 통해 앱시스산은 봄철의 따뜻한 날이 올 때까지 꽃봉오리 속의 잎이 싹을 틔우는 것을 막고 있던 셈이었다.

그러나 앱시스산의 억제력은 성장 자극 인자의 작용에 의해 조절이 되고 있었다. 성장 인자는 지베렐린산gibberellic acid이라고 알려진 물질로 전분(씨앗에서 저장된, 휴면 상태의 에너지)을 당분(씨앗 발아를 위한 활발하고 유용한 형태의 에너지)으로 전환시키는 일을 한다. 이 성장 인자는 씨앗의 발아뿐만 아니라 식물의 다른 성장에서도 깊숙이 관여를 하고 있었다(그림 1.8). 실제로 이 인자의 영향은 벼키다리병 *Gibberella fujikuroi*으로 알려진 곰팡이에 감염된 후 예외적으로 키가 커지

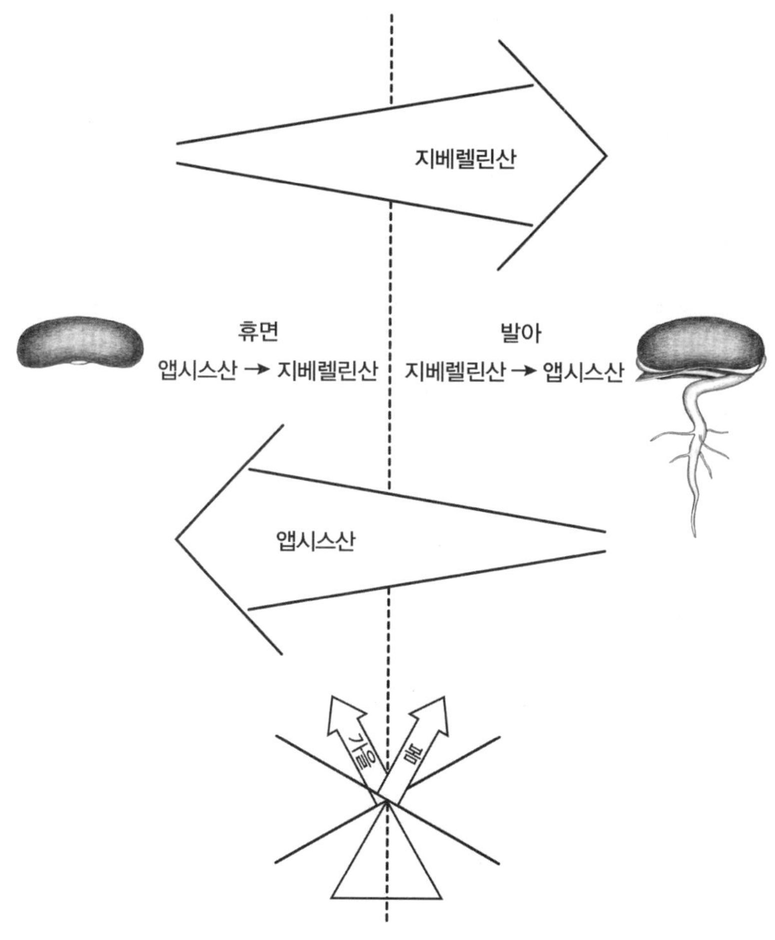

그림 1.8 두 호르몬, 앱시스산과 지베렐린산의 농도는 환경변화에 따라 휴면과 같은 중요한 사건을 결정하고 씨앗의 발아와 새싹의 시기도 결정한다. 호르몬의 균형은 싹과 씨앗의 운명을 결정하는 중요한 요소다.

고 가늘어지는 벼 모종에서 처음 관찰되었는데, 이 곰팡이는 벼 식물의 세포가 확장과 성장을 할 수 있도록 자극하고 있었다. 이 곰팡이균은 벼 세포를 팽창시키고 빨리 자라도록 자극하는 단순한 합성물로,

이때 처음으로 분리된 균의 이름을 따서 붙여졌다.

곰팡이에서 처음 발견된 이래, 지베렐린산은 씨앗의 발아에서 식물의 노화에 이르기까지 봄과 가을의 식물 성장에 관여하는 것으로 밝혀졌다. 앱시스산과 지베렐린산과 같이 식물의 삶에서 특별한 행동이나 활동을 일으키는 화학물질을 '호르몬'이라고 통칭하여 부른다.

이 호르몬은 식물의 삶을 조율하는 데 큰 역할을 하긴 하지만 식물 속에 함께 존재하며 어떤 것도 독자적으로 행동(작동)하지 않는다. 과학자들은 식물 호르몬들이 서로 다른 농도와 위치, 시간에 상호작용한

그림 1.9 왼쪽의 루브라참나무와 오른쪽의 미국흰참나무 열매는 각각 발아 조건뿐만 아니라 다른 발아 전략을 지니고 있다.

다는 것을 발견하고 있다. 앞으로 이 책에서 식물에게 일어나는 중요한 사건에 친숙한 식물 호르몬이 언급되고 또 다른 호르몬이 등장할 예정이다.

루브라참나무red oak와 미국흰참나무white oak와 같은 유전적으로 유사한 식물종의 씨앗(도토리)일지라도 겨울의 혹한을 이겨내기 위해 매우 다른 전략을 세우기도 한다. 가을에 루브라참나무와 미국흰참나무의 열매를 모아 젖은 토양이 든 큰 화분에 넣어두고, 겨울 동안 이 두 열매에 어떤 변화가 생기는지를 관찰해보라.

참나무의 두 가지 주요 그룹, 루브라참나무와 미국흰참나무 그룹은 잎의 모양과 열매의 독특한 형태로 쉽게 구별할 수 있다. 루브라참나무는 잎 끝이 뾰족하게 한 점에서 끝나고, 미국흰참나무 잎은 끝이 둥글게 생겼다(그림 1.9). 이 두 종의 식물은 발아 조건이 다를 뿐만 아니라 열매가 성숙하기 위한 시간도 루브라참나무 2년, 미국흰참나무 1년으로 서로 다르다.

02

눈과 줄기, 줄기세포와 분열조직

___길이와 부피의 생장

식물 줄기의 각 눈에는 줄기세포라고 하는 하나 혹은 그 이상의 특수세포가 포함되어 있으며, 각각의 줄기세포는 꽃, 잎, 뿌리 또는 새로운 식물 전체를 성장시킨다. 줄기세포는 식물 줄기와 유사한 특징을 가지고 있다. 단일세포지만 많은 세포로 구성된 조직이기도 하다. 이들은 꽃, 잎, 뿌리와 같은 식물 구조가 생장할 수 있도록 하는 기본적이고 특수화되지 않은 구조다. 각 눈에는 수천 개의 특수세포가 있고 이 안에는 하나 또는 몇 개의 줄기세포가 포함되어 있지만, 식물의 각 줄기에는 수많은 눈과 줄기세포가 있을 수 있다. 줄기세포는 특수화되지 않은 세포가 특정한 작업을 수행하기 위해 특수화되는 과정을 수행하는 세포로, 모든 생물체에서 발견된다.

그림 2.1 해바라기는 쥐나 오색방울새뿐만 아니라 꿀벌, 수컷 파리, 나나니벌과 같은 수분 매개자를 끌어들인다. 꽃을 수분하지 않을 때에 암컷 나나니벌은 여치를 잡아다 알과 유충을 위해 만든 지하 공간에 식량으로 저장한다.

줄기세포는 흔히 분열조직이라고도 불리는데 식물의 특정한 부분에 집중되어 나타난다. 이 분열조직은 싹, 지상부의 잎, 줄기, 그리고 지하의 뿌리에서 아래 위로 길이 생장을 관여한다. 또한 지하부의 뿌리와 줄기를 두툼하게 하는 부피생장에도 관여한다.

'분열조직'을 뜻하는 영어단어 'meristematic'의 어원 'meristos'는 그리스어로 '나누어진다'는 의미로, 분열조직 부위의 주된 특징이 분열임을 내포하고 있다. 분열조직은 지속적으로 분화하는 줄기세포의 집과 같은 역할을 한다. 줄기세포는 새롭게 분화하는 특정 세포들을 전체적으로 성장하게 할 뿐만 아니라 분화되지 않은 줄기세포가 만들

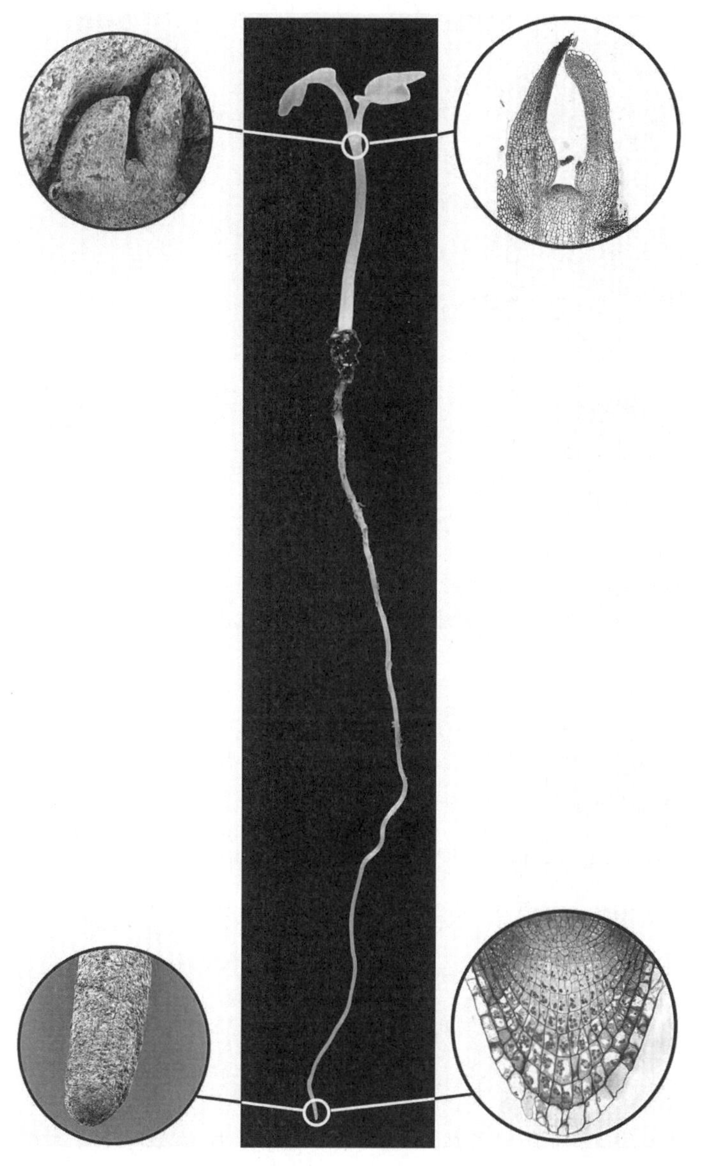

그림 2.2 무 모종의 분열조직 눈(새싹) 두 개의 확대도. 뿌리끝과 끝눈이 보인다. 왼쪽의 전자 현미경 사진은 끝눈의 분열조직과 뿌리끝 분열조직의 표면이 확대된 모습이다. 오른쪽 사진은 분열조직 세포들의 내부 모습이다.

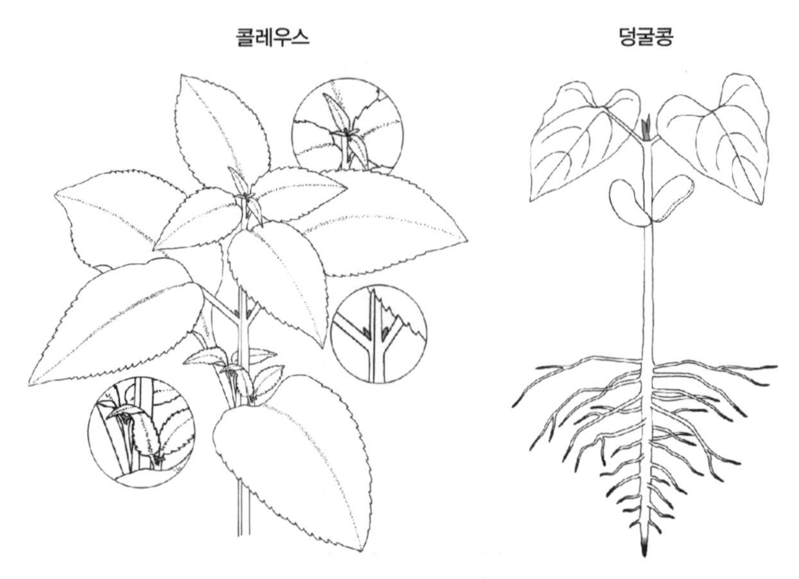

그림 2.3 콜레우스의 줄기세포와 덩굴콩의 줄기와 뿌리는 지상부의 분열조직인 끝눈, 곁눈과 지하부의 분열조직 뿌리끝에 위치한다. 이러한 줄기세포는 짙은 그림자로 처리되었고, 확대도로 보여지고 있다.

어지도록 분열하기도 한다.

정원 식물의 줄기와 뿌리는 길이뿐만 아니라 둘레도 함께 성장한다. 즉 식물들은 길이생장뿐만 아니라 부피생장도 한다는 의미다. 식물들은 둘레의 생장을 위해 세포를 만들어낸다. 이 세포는 나무기둥의 둘레와 그 표면의 바로 아래 분열조직의 얇은 고리 속에서 만들어지는데, 지상부의 줄기와 지하부의 뿌리끝까지 모든 방향으로 확장되는 형성층을 가지고 있다. 형성층cambium은 라틴어로 '변형'을 의미하고 이 '변형'은 분열을 의미한다. 이 분열은 분열조직 형성층에서 분화되지 않은 세포가 분화될 때 그 현저한 변화를 볼 수 있다. 세포들의 운명은 분열 형성세포가 형성층 고리의 안과 밖 어디에 놓여지는지에 따라

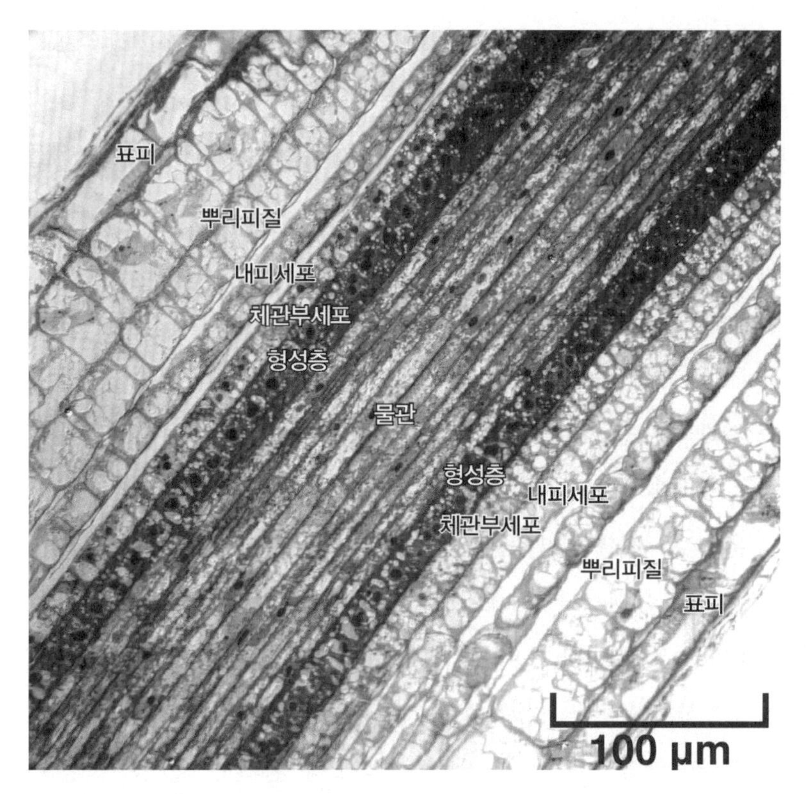

그림 2.4 서양무 뿌리의 종단면은 가장 바깥 쪽의 표피에서 중앙의 가장 안쪽 물관까지의 구간을 보여준다. 분열조직 형성층의 어두운 형성층 고리는 바깥쪽 체관과 안쪽 물관으로 분리되어 있다. 옆면의 뿌리피질과 내피세포는 표피세포로부터 체관부세포를 분리한다.

달라진다. 형성층의 줄기세포는 자신과 같이 더 분열되지 않은 줄기세포를 만들어낼 뿐만 아니라 뿌리 바깥쪽을 향한 분열세포(수피를 향해)와 뿌리 중심을 향한 다른 종류의 분열세포를 용도에 따라 만들어낸다(그림 2.3).

형성층의 줄기세포는 식물의 중심, 즉 나무 쪽을 향해 분열되어 아래로부터 물과 미네랄을 이동시키는 물관부$_{\text{xylem}}$(*xylo*=나무)세포가 된다. 형성층 고리 외피의 줄기세포는 나무 기둥의 표면을 향해 분열되고 잎에서 만들어진 당분을 공급하는 체관부phloem(*phloem*=나무껍질) 세포가 된다(그림 2.4). 형성층의 줄기세포는 관다발의 운송시스템을 형성하는 물관과 체관세포를 만들어 지속적으로 식물의 부피를 확장시킨다.

식물이 부피생장과 길이생장을 어떻게 하는지 관찰하는 좋은 방법은 뿌리의 횡단면에 형성층을 만들어 내는 줄기세포의 매우 얇은 고리의 위치를 파악하는 것이다. 작은 당근의 뿌리끝 조각을 시험관에 넣고 초록색과 파란색 식물성 색소를 채운다. 토양으로부터 물과 미네랄을 운반하는 분화된 세포들은 줄기가 한때 위치했던 뿌리의 가느다란 끝부분, 즉 아래부터 뿌리의 굵은 위쪽 부분까지 파란 색소를 운반하는 역할을 할 것이다. 2~3시간 후에는 뿌리끝 외피에 묻은 색소를 씻어내고 색소가 얼마나 뿌리를 따라 이동했는지 예리한 칼이나 면도기로 횡단면을 잘라 확인한다. 색소는 식물의 잎과 꽃, 열매의 방향 즉 위쪽으로 물과 미네랄을 운반한다. 이러한 색소의 이동을 통해 분화된 세포의 위치를 파악할 수 있다. 형성층의 줄기세포는 색소를 포함한 세포의 중앙을 동그랗게 둘러싸는 얇은 고리 모양을 형성한다(그림 2.5).

형성층세포를 동그랗게 둘러싼 고리 형태는 잎과 꽃 그리고 열매로부터 뿌리 방향으로 이동하는, 즉 반대 방향으로 당분을 운반하는 분화된 세포인 체관부세포의 고리이다.

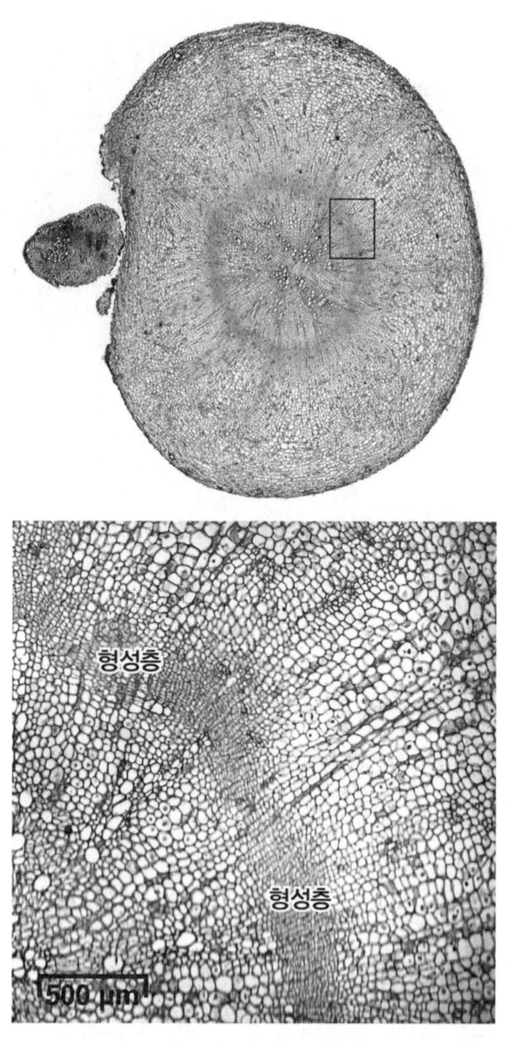

그림 2.5 위: 당근 뿌리의 횡단면에 있는 형성층 줄기세포의 얇은 고리는 뿌리 중심 쪽 물관부세포와 뿌리 외층의 체관부세포 사이에 있다. 사각형의 왼쪽 하단에는 물관부세포의 형성층 고리가 걸쳐져 있다. 사각형의 오른쪽 상단은 체관부세포가 차지하고 있다. 측면 뿌리의 단면은 중심뿌리의 왼쪽으로부터 나오고 있다. **아래**: 형성층 분열조직의 고리 상세면이 당근 뿌리의 단면에 표시되어 있다. 이 영역은 위쪽 그림에서 사각형으로 표시된 부분이다.

그림 2.6 토마토와 감자는 같은 가짓과 식물이다.

형성층 줄기세포의 고리는 새로운 세포를 생산해 식물 둘레의 생장을 도울 뿐만 아니라 손상되거나 손실된 세포의 재생도 돕는다. 형성층의 줄기세포는 뛰어난 치유능력을 지니고 있어 줄기에 상처를 내고 같은 종 혹은 유사종을 접목시키는 것도 가능하다(그림 2.6). 빨간 토마토와 노란 토마토를 접목시킨 토마토에서는 양쪽에 빨간색, 노란색 열매가 열리는 걸 볼 수 있다.

또 접목된 토마토와 감자는 지상부에 빨간 토마토를 맺고 지하부에 황갈색 감자를 맺는다. 접목의 성공 비밀은 두 식물이 접목되는 동

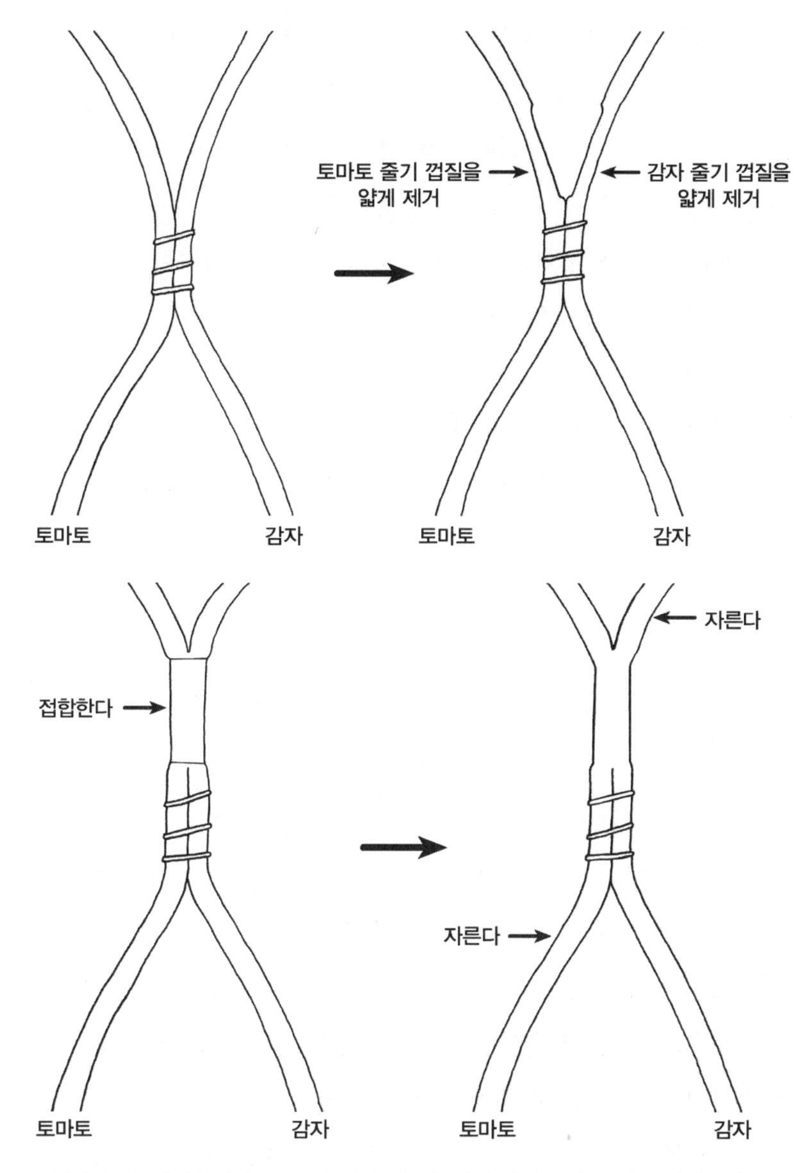

그림 2.7 위: 감자 줄기와 토마토 줄기의 접목 첫 번째 단계. **아래**: 감자 줄기와 토마토 줄기의 절단면을 접합하면, 2주 후에 분열조직(줄기세포)이 상처를 치유하게 된다.

안 세포들이 대체되고 재생되는 과정이 일어나기 때문인데 이것이 가능한 이유는 두 식물의 형성층 줄기세포의 능력 때문이다. 접목 요령은 서로 다른 두 개의 줄기를 치료 접착 테이프로 꼭 붙여 놓는 것이다. 2~3주 후에 토마토 형성층의 분열조직세포와 감자 형성층의 분열조직세포가 단순히 결합된 것이 아니라 소실된 죽은 세포들이 다시 살아나 상처입은 표면을 완벽하게 치유하고 결합된 것을 볼 수 있다.

66~71cm 정도의 식물을 큰 화분에 나란히 심는다. 각자 완만하게 기울여 두 개의 줄기가 중앙에서 만나도록 하여 노끈이나 작은 철끈으로 묶는다(그림 2.7). 면도날로 서로 묶인 식물의 줄기의 윗부분을 약 2.5cm 정도로 넓게, 줄기의 삼분의 일 깊이로 관통하도록 베어낸다. 이때 각각 줄기가 형성층에 충분히 도달하도록 깊게 파내야 한다. 두 개의 잘라진 단면이 서로 맞닿도록 테이프로 단단히 감싸주어야 한다. 약 10~14일 후에 식물들이 건강하고 싱싱하게 성장하고 있다면 면도기를 이용하여 상부의 감자 줄기와 하단의 토마토 줄기를 각각 2.5cm 남기고 제거한다. 2~3일 후에는 감싼 끈과 테이프를 제거한다. 이렇게 만들어진 토마토 감자 접목 식물을 통해 초여름엔 토마토를 수확하고, 늦여름에 토마토 줄기와 잎이 시들어 버리면 감자를 수확할 수 있다.

일반 토마토 열매를 맺는 토마토와 작은 체리토마토 식물을 접목해본다. 20cm 크기로 자란 두 종의 토마토를 토마토-감자 실험 방식대로 심어본다. 두 개의 종이 접목된 토마토(하나는 일반 토마토, 하나는 체리토마토)의 열매의 수량과 크기를 접목하지 않은 원래의 일반 토마토, 체리토마토와 비교해본다. 뿌리와 줄기를 접목시킨 토마토는 평균적인 토마토의 열매보다 크거나 평균치보다 작아질까?

끝눈과 정단 우세 현상

눈은 새로운 세포가 지속적으로 만들어지고 식물을 새롭게 성장시키는 줄기세포가 살고 있는 집과 같은 곳이다. 이 분열조직은 눈끝에서부터 계획적이고 체계적으로 편성되어 있고, 이동이 원활하고, 식물을 성장시키는 중요한 역할을 한다. 실제로 식물 분열에 있어서 특이한 점은 줄기에서의 눈 위치에 따라 서열이 결정된다는 점인데, 가장 끝 지점의 눈이 가장 우선순위에 있고, 아래로 내려갈수록 그 순위도 내려간다.

우리 몸속의 세포 간의 이동은 세 가지 방식으로 나뉜다.

(1) 세포는 우리의 혈관세포를 통해 지속적으로 이동할 수 있다.

(2) 세포들은 특정 방향으로 확장된다. 우리의 다리 속 단일 신경세포는 등에서 발가락으로 뻗어나간다.

(3) 몸속 의사소통은 세포에서 세포로 이동할 때, 화학적 물질을 흘려 멀리 떨어진 곳까지 의사를 전달한다. 이때 화학물질은 한곳에서 만들어져 다른 곳으로 이동하게 된다.

그러나 딱딱한 세포벽으로 이루어진 식물의 세포는 줄기를 따라 한 지점에서 다른 지점으로 이동하거나 확장되지 못한다. 그러나 이 경우에도 화학 메시지를 동종의 식물이나 다른 종의 식물에게 보낼 수 있다. 이렇게 식물끼리의 소통에 관여하는 화학물질을 '호르몬'이라고 한다. 1장에서 언급했던 지베렐린산과 앱시스산과 같은 호르몬들은 동일한 식물 혹은 다른 종의 식물들에게 특정한 행동의 억제와 자극이라는 변화를 일으킨다.

끝눈과 같은 식물의 생장점은 줄기세포의 집과 같은 역할을 하며, 눈들 사이에서 의사소통을 조율하는 호르몬의 집이기도 하다. 찰스 다윈과 그의 아들 프란시스Charles and Francis Darwin는 왜 식물의 싹이 빛을 따라 자라나는지, 그리고 식물의 측면은 최소한의 빛을 받으면서도 어떻게 똑같이 성장할 수 있는지를 관찰하는 과정에서 호르몬의 존재를 알아차리게 된다(그림 2.8). 찰스 다윈은 실험을 통해 식물의 새싹이 끝눈, 생장점 바로 아래에서 빛을 찾아낸다는 것을 발견한다. 오페이크(빛 투과를 막는 약품)를 바른 끝눈에 검정색 캡을 씌우거나 혹은 끝눈을 제거하여 싹이 빛에 반응하는 부분이 눈의 끝에 있다는 것을 알아낸 것이다. 두 부자가 1880년에 발표한 책 《식물의 움직이는 힘The Power of Movement in Plants》에는 최상단 부분만이 빛에 민감하게 반응하고, 이것을 하단부에 전달하여 식물이 구부러지게 만든다는 관찰기록이 적혀있다.

훗날 이 부분에 대해서는 두 가지의 상반된 가설이 제시되기도 했다. 하나는 식물이 빛에 노출되면 끝눈의 성장을 자극시켜 이로 인해 그늘에 있는 부분의 성장까지 영향을 준다는 것이고, 다른 하나는 빛의 노출 중단(식물에 빛이 없는 상황)에 의해 끝눈의 성장이 자극된다는 것이었다. 결론적으로는 전자의 이론이 맞는 것으로 밝혀졌다.

매년 여름 해바라기의 끝눈은 햇빛에 반응하며 성장한다. 해바라기의 잎과 끝눈은 태양을 마주하는 아침엔 동쪽으로, 일몰에는 서쪽으

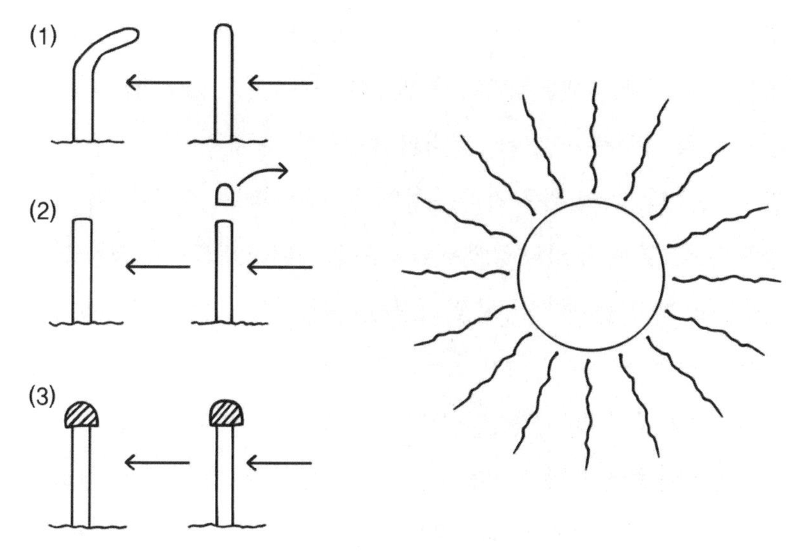

그림 2.8 귀리싹의 끝눈을 이용한 찰스 다윈의 실험은 성장 자극 인자 또는 호르몬의 존재를 증명했다. **관찰**: (1) 귀리 모종은 오른쪽에서 오는 빛을 향해 구부러진다. 귀리 싹의 끝눈이 제거되거나, (2) 불투명한 뚜껑으로 덮이게 되면 (3) 빛을 향해 구부러지는 증상이 사라진다. **가설**: 싹의 끝눈은 빛을 감지한다. 일부 성장 자극 인자는 빛이 내려앉는 부분에서 만들어지고, 빛이 내려앉지 못하는 반대편으로 보내져 그곳의 성장을 자극한다.

로 빛을 따라 이동한다. 햇볕을 받지 못하는 반대쪽이 받는 부분보다 더 자라면서 햇볕 쪽으로 기울어지는 현상이 생기기 때문이다. 그래서 오후에 접어들면 해바라기의 성장 촉진 호르몬은 줄기의 서쪽에서 줄기의 동쪽으로 이동한다.

찰스 다윈의 끝눈에 관한 첫 실험이 진행된 지 100년이 넘은 지금도 빛의 반응을 통하여 전달되는 물질의 화학적 구조가 다양한 방법으로 세포의 생존에 영향을 준다는 사실이 증명되고 있다. 식물의 그늘진 부분에 전달된 이 화학물질은 세포의 성장에 영향을 준다. 그러나 이 화학물질은 뿌리나 싹 등, 물의 위치에 따라 다른 방식으로 성장에 영향을 준다. 1장에서 우리는 발아하는 식물이 자라는 수직, 수평으로 성장할 수 있다는 것을 확인할 수 있었다. 이때 이 역할을 하는 화학물질은 싹의 아랫부분이 아닌 뿌리의 윗부분에 성장 자극을 주는 것도 알 수 있었다. 싹이 위로 자라는 동안 뿌리는 아래로 자란다. 이 화학물질은 잎, 열매, 뿌리와 같이 식물의 특정 형태를 만드는데 영향을 줄 뿐만 아니라 식물 전체의 성장 과정에도 깊숙이 관여한다. 이 화학물질은 우리에게도 잘 알려진 옥신auxin(*auxe*=성장)으로, 옥신은 노화, 발아, 성장, 움직임, 곤충 및 미생물에 대한 방어와 같은 다양하고 핵심적인 작용들에 영향을 미친다. 또 다른 식물 호르몬과 함께 상호작용하기도 한다. 분화된 식물세포의 운명은 뿌리, 눈, 아니면 두 곳 모두에서 옥신 혹은 다른 호르몬들의 상호작용에 의해 그 운명이 결정된다(그림 2.9).

옥신 외에도 사이토키닌cytokinin, 지베렐린산, 앱시스산, 에틸렌, 살리실산 및 자스몬산jasmonic acid 등의 복잡한 상호작용에 대한 여러 가지 연구가 진행 중이다(부록 A, 그림 9.4). 물론 이런 식물 호르몬의 상호작용은 아직도 밝혀지지 않은 것들이 많다. 그러나 몇몇 기본 사실들은 기정 사실로 여겨지고 있다. 예를 들면 사이토키닌은 지베렐린산이 세포의 길이를 늘리는 동안 세포의 분열을 촉진시키는 호르몬으로 밝혀졌다. 또 에틸렌은 잎이 노화되는 동안 옥신 및 사이토키닌은 성장 촉진작용을 억제시키고, 앱시스산은 종자 발아 중 지베렐린산, 옥신 및 사이토키닌의 성장 촉진작용을 억제한다. 호르몬들은 때로는 성장을 촉진하고 때로는 다른 행동을 억제하면서 함께 작용한다. 살리실산과 자스몬산은 식물이 곤충이나 균류의 공격에 방어하기 위해 만

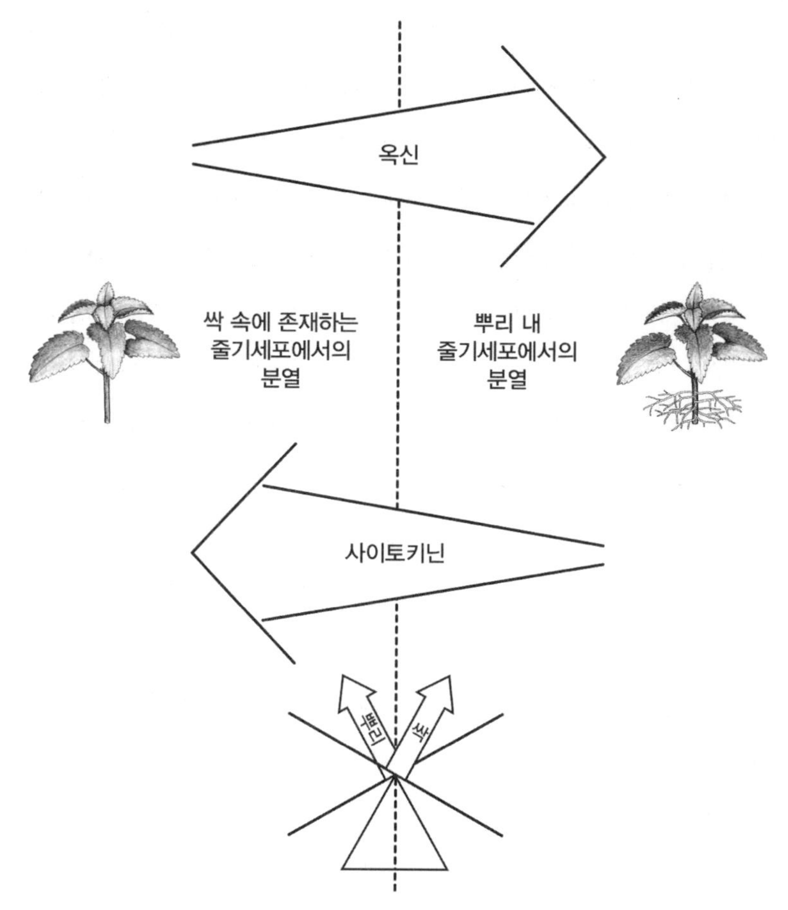

그림 2.9 두 호르몬 옥신과 사이토키닌의 상대적 농도는 어린 싹과 뿌리 분열조직에서 줄기세포의 분열과 분화를 조절한다. 이 두 호르몬 균형이 싹과 뿌리의 운명을 결정하는 셈이다. 싹이 나올 때는 옥신의 농도가 상승한다. 때문에 옥신 대 사이토키닌의 비율이 너무 증가하면 땅 바로 옆에서 발달하는 부정근, 즉 측면뿌리가 많아진다.

들어내는 호르몬이다. 그리고 식물세포 크기에 영향을 미치는 우리 몸 속 스테로이드성 호르몬과 유사한 브라시노스테로이드brassinosteroid (*brassica*=양배추; *ino*=속에; *steroid*=호르몬)로 알려진 호르몬이 최근에 발견된 것처럼, 아직도 식물의 호르몬 연구는 계속되고 있다.

옥신은 단순한 유기 합성물이어서 실험실에서도 쉽게 합성하여 만들 수 있다. 때문에 천연 호르몬을 대신해 합성된 옥신을 사용해 옥신이 과잉되었을 때 세포와 조직이 어떤 반응을 보이는지 가설을 세우고 실험할 수 있다. 옥신은 일반적으로 뿌리 형성을 촉진하는 절단된 식물의 줄기에 발라주는 파우더로 판매가 되고 있다. 옥신의 첨가는 식물의 옥신 대 사이토키닌의 비율을 증가시킨다. 이러한 호르몬의 변화는 그림 2.9의 다이어그램에 의해 묘사된 것처럼 절단된 면에 부정근의 형성을 촉진시킨다.

눈은 주줄기에 매달린 위치에 따라 그 순위가 할당된다. 줄기의 맨 끝, 끝눈이 가장 높은 순위를 얻는다. 콜레우스, 콩, 바질 세 식물의 끝눈이 제거되면 옥신 호르몬의 자연적인 영향으로 줄기의 곁눈에 어떤 변화가 일어날까? 줄기를 따라 형성되는 곁눈과 그 줄기세포의 발달은 줄기 끝눈의 세포에 밀려 명백하게 생장이 저해된다. 이제 막 싹을 틔운 유사한 네 가지 종류의 콩으로 눈의 성장을 관찰해보자. 뻗어나가는 주줄기 옆에 마주보며 두 개의 잎이 생겨나고, 그 사이에 잎눈이 자리를 잡는다. 이 옆으로 돋아난 것을 흔히 엽액axil이라고 부르고, 여기에 생기는 싹을 액아 또는 곁눈이라고 한다. 그렇다면 수직으로 자라는 줄기의 싹과 잎을 제거했을 때와 싹이 그대로 남아있을 때의 눈의 변화를 관찰해보자(그림 2.10). 끝눈의 싹은 줄기의 낮은 곳에 있는 눈을 제치고 좀 더 많이 성장하기 위해 옥신을 가장 많이 분출하는 곳으로 알려져 있다. 그렇다면 끝눈을 제거하게 된 경우, 옥신이 잘려나간 끝눈 대신 다른 눈에 작용하게 될까?

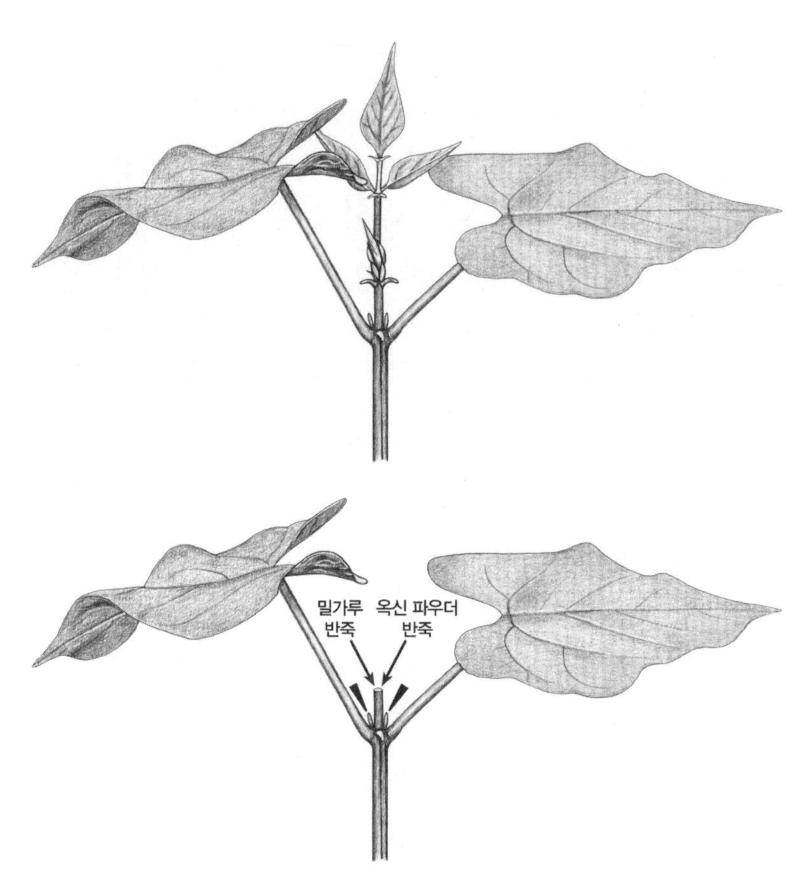

그림 2.10 중앙에 수직으로 뻗는 줄기 옆으로 두 개의 측면잎이 보인다. 중앙의 정단 싹은 성장 호르몬인 옥신이 생산되는 주요 지점이다. 옥신에 의해 자극된 정단의 지배력은 콩 전체의 성장과 형태에 영향을 미친다. 이 근원이 제거됐을 때, 정단의 싹(화살촉)이 측면에서 자라며 싹과 식물의 전체적인 성장에 어떤 영향을 미치는지에 대해 관찰해본다. 정단의 싹은 옥신 파우더 반죽이 발라진 상태에서도 옥신의 영향 하에 잘 자랄 수 있을까?

꼭대기의 싹 또는 분열조직이 존재하면 일어나지 않았던 분열이 이를 제거한다면 어떤 일이 생길까? 상단과 하단 측면의 싹을 모두(두 싹은 가장 멀리 떨어져 있는 것을 택한다) 제거한다면 어떤 일이 일어

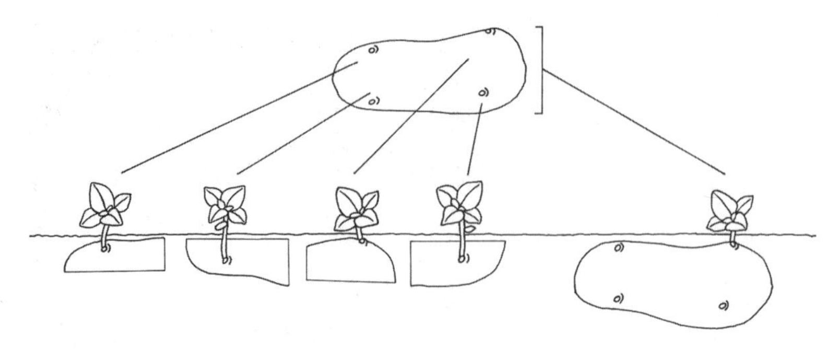

그림 2.11 감자의 '눈'이 운명을 결정하는 방법. 감자를 네 조각으로 잘라 심으면 각각 새로운 싹이 나와 새로운 식물을 만든다. 그러나 한 알 전체를 심으면 다른 세 개의 싹보다 우세한 하나의 싹이 난다.

날까? 중간에 눈이 없는 경우에도 줄기 위쪽의 눈이 여전히 아래쪽 눈의 성장을 억제할 수 있을까? 하단의 싹과 끝눈의 싹 거리가 어떻게 영향을 미치는지 주목하자. 정단의 분열조직으로부터의 측면 거리가 성장과 크기에 어떻게 영향을 미치는가?

잘라낸 줄기의 표면에 정원용품점에서 산 옥신 파우더를 물에 개어 발라보자. 두 번째 절단면에는 밀가루를 물에 개어 발라본다. 감자 열매는 땅속에서 자라지만 실제로는 줄기의 눈이 부풀어 오른 저장소다. (감자 및 기타 덩이식물의 성장에 대한 자세한 내용은 3장 및 그림 3.4 참조)

감자 한 알을 온전히 심으면 하나의 싹이 돋아난다. 감자의 정단에 있는 끝눈이 다른 곁눈의 성장을 지배했기 때문이다. 그러나 감자를 여러 조각으로 자르고 각 조각의 눈에서 개별의 싹이 나면 단일 끝눈의 지배에서 벗어나게 된다. 결국 이렇게 감자 조각을 심게 되면, 각 조각마다 새로운 정단의 끝눈이 생겨 모두 싹이 나게 된다(그림 2.11).

그림 2.12 방울양배추 알맹이의 직경이 약 1.3센티미터 정도 됐을 때, 맨 위 끝눈을 제거하면 줄기 옆면에서 자라는 양배추가 수확할 만한 크기로 자란다. 세력을 점유한 정단의 끝눈을 제거하게 되면 약 한 달 만에 아래 양배추들의 크기가 균일하게 커진다.

방울양배추Brussels sprout는 많은 곁눈과 싹이 긴 줄기를 따라 자라는 채소이다(그림 2.12). 이 작물을 재배하는 사람들은 가을에 좀 더 탐스러운 방울양배추를 수확하는 제일 좋은 방법이 맨 위 싹을 제거하는 것이라는 것을 잘 알고 있다. 지배력이 강한 성장 눈을 제거해 아래쪽 곁눈이 제대로 자라지 못하는 것을 막는 것이다. 식물의 꼭대기에서 계속해서 방울양배추를 수확하려면 정단부의 우세한 싹을 잘라서 억제 호르몬이 아래로 내려가는 것을 막아야 한다. 이 방울양배추는 줄기를 따라 나선형으로 열매가 열린다. 종종 이런 식물의 아름다운 형태나 패턴은 감상적이고 미적인 용어로 묘사되기도 하지만 물리, 수학적 언어로 설명되기도 한다. 스코틀랜드의 생물학자, 달시 웬트워스 톰슨D'Arcy Wentworth Thompson은 1917년 자신의 책 《성장과 형태에 대하여On growth and form》에서 자연의 수학적 아름다움에 대해 다음과 같이 말했다. "세포와 조직, 껍질과 뼈, 잎과 꽃은 비례의 문제다. 입자들이 물리의 법칙에 따라 움직이고, 형태를 만들고, 구성된다."

식물 성장의 기하학

식물의 싹, 눈, 첫 잎사귀가 식물 꼭대기의 끝눈 주위에 어떻게 배치되는지를 결정하는 요소는 무엇일까? 정단 분열조직에서 줄기의 잎을 자세히 보면 햇볕이 어떻게 잎표면에 고르게 분포되는지 볼 수 있다. 각 잎은 줄기를 중심으로 규칙적인 나선형으로 배열되어 햇빛을 잘 흡수할 수 있다. 나선형으로 자라야 위의 잎이 아래 잎을 완전히 가리지 않기 때문이다(그림 2.13). 해바라기의 씨앗, 파인애플의 열매, 솔방울과 도토리 뚜껑의 비늘도 나선형이다. 이렇게 했을 때 씨앗의 수가 최대치로 많이 들어갈 수 있다. 이 순서 배열은 0과 1이라는 일련의 숫자로 표현해 수학적으로 설명하면 더 쉬워진다. 앞의 연속되는 숫자를 더하는 방식을 택하면 다음과 같은 숫자의 조합

그림 2.13 식물의 잎을 내려다보면 분열조직의 줄기를 나선형으로 따라 자라는 잎을 통해 그 크기와 피어난 시기를 짐작할 수 있다. 왼쪽은 담배꽃, 니코티아나*Nicotiana*의 정단분열조직 사진이다. 오른쪽은 해바라기 꽃이 피기 전 위에서 내려다본 모습을 스케치한 것이다.

을 얻을 수 있다. 0, 1, 1, 2, 3, 5, 8, 13, 21, 34, 55, 89, 144, 233…

줄기의 맨 위 잎을 숫자 0으로 지정한다. 그런 다음 줄기를 따라 360도로 돌리면서 나선형으로 배열된 잎의 수가 0으로 지정한 잎 바로 아래 위치한 잎에 도달할 때까지 계산을 해본다. 줄기를 따라 최상부 잎 바로 아래에 있는 두 번째, 세 번째 잎까지 계속해서 잎의 수를 계산해보자. 맨 위에 있는 잎과 정렬되는 아래 잎에 할당된 숫자가 바로 수학자 이름을 딴 '피보나치 수열'의 숫자임을 알 수 있다.

이 숫자의 패턴은 해바라기와 같은 식물의 나뭇잎, 꽃, 씨앗에서도 쉽게 볼 수 있다. 예를 들어 상록수의 솔방울 열매의 독특한 비늘을 제

그림 2.14 윗줄 왼쪽에서부터 오른쪽으로 가문비 나무, 소나무, 전나무와 잣나무의 솔방울. 솔방울의 나선형 패턴의 숫자는 피보나치 수열과 일치한다. 솔방울을 뒤집어 보면 나선형이 좀 더 뚜렷이 표시되어 세기 편하다. 아랫줄의 솔방울에서는 각각 여덟 개와 열세 개의 나선이 보인다. 윗줄 두 번째 잣나무의 경우는 솔방울에 다섯 개의 나선이 있다.

거하면 과일 속에 씨를 맺는 속씨식물과는 달리 비늘 사이에 씨가 노출된 채 자리잡고 있는 모습을 볼 수 있다. 이 비늘은 꼬인 나선형 패턴으로 원뿔의 길이와 밑면을 따라 이어지는 나선의 수가 피보나치 수열과 일치한다(그림 2.14).

전나무의 솔방울에서 규칙적인 매끄러운 비늘 가운데 흔히 '쥐의 꼬리'로 묘사되는 삐죽 나온 비늘을 찾아보자. 이 비늘은 나선형 패턴을 좀 더 쉽게 구분할 수 있게 해준다. 상록에 의해 표시된 나선형 패턴은 상록수의 겉씨식물과 파인애플의 열매, 아티초크의 꽃눈처럼 속씨식물에도 똑같이 나타난다.

바질, 개박하, 콜레우스 등의 흙에서 자라는 식물의 가지는 크기가 작은 피보나치 수열을 따른다(그림 2.15). 우리가 만일 식물 가지의 나선형 3차원 배열을 혼란스럽게 한다면 이 수열의 질서는 어떻게 될까?

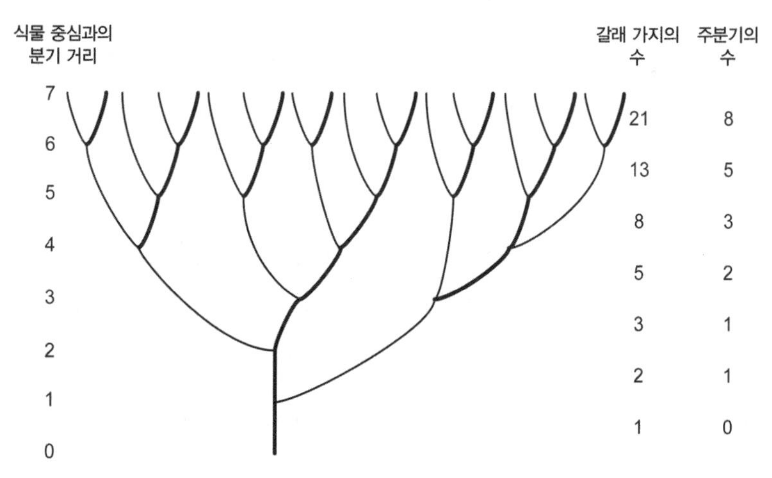

그림 2.15 초본식물, 관목, 나무는 전형적인 분기 패턴을 가지고 있다. 각 주분기(굵은 선)와 갈래 가지가 분기하는 모습(1~7). 각 2차지점은(가는 선) 1의 자리에서 분기한다.

그림 2.16 정원의 땅을 가로질러 퍼져 있는 잡초, 대극과 석류풀은 피보나치 수열대로 수학적으로 반복 분기되어 있다.

땅에 바짝 엎드려 자라는 잡초의 2차원적인 분기 패턴은 식물 가지의 규칙적인 배열을 잘 보여준다. 또 옆으로 기는 잡초의 2차원적인 분기 패턴에서도 이 규칙적 배열을 잘 볼 수 있다. 여뀌*Polygonum*, 갈퀴덩굴*Galium*, 쇠비름*Portulaca*, 석류풀*Mollugo*, 대극*Euphorbia*과 같은 수평으로 퍼지는 잡초의 가지에서 성장 끝점의 수를 세어보면 이 역시도 피보나치 수열의 숫자다(그림 2.16).

빠르게 성장하는 잡초 하나를 선택해 두세 개의 가장 낮은 가지를 제거한 뒤, 몇 주 동안 어떻게 변하는지 관찰해보자. 무성하게 자란 정원 식물 중 하나를 골라 최상단 가지 하나 또는 두 개를 제거하면 어떻게 될까? 다른 가지들은 주변 가지가 사라진 것에 어떻게 적응할까? 가지의 위치는 견고한 형태에 고정된 채 시간이 흘러도 패턴을 바꾸지 않을까? 아니면 사라진 가지의 빈자리를 메꾸며 다시 가지의 모양을 정상화할까?

잎의 계획된 탄생과 죽음

성장기가 끝난 가을에는 식물 노화에 따라 잎이 줄기에서 떨어져나가는 현상이 생긴다. 나뭇잎의 이 방대한 낙엽 현상은 무엇이 통제하고 있을까? 노화된 잎의 분리는 매년 가을 숲에 수천 킬로그램의 낙엽을 만들어 낸다. 그렇다면 노화라는 요소 외에 다른 요소가 식물의 잎을 떨어뜨리는 현상을 관여할 수 있을까?

중요한 관찰점 하나는 나무가 잎만을 단순히 제거하는 것이 아니라 잎자루 자체를 완전히 박리한다는 점이다. 시금치, 콜레우스의 잎은 제거가 되었다고 해도 잎자루가 그대로 남아 있으면 잎자루는 점점 녹색을 잃고 노란색으로 변화한다(그림 2.17). 그러나 며칠 내로 노란 잎자루는 다시 녹색으로 변화하는 현상을 보이다 여름이 되면 잎자루가 떨어져 마치 10월이나 11월의 바람에 떨어진 가을 낙엽처럼 된다. 그렇다면 이렇게 잎의 노화를 가속화하는 요인이 무엇이라고 가설을 세울 수 있을까?

식물성 호르몬인 옥신, 사이토키닌, 지베렐린산이 성장을 촉진하고 잎을 포함한 식물 전체의 노화를 방지하지만, 호르몬인 에틸렌은 이 세 호르몬의 작용을 방해하는 것으로 나타났다. 에틸렌은 식물 호르몬이기도 하지만 온실을 가열하는 데 사용되는 가스이기도 하다. 지금으로부터 100년 전, 식물 재배자들은 온실 공기의 특정 가스가 잎이 조기에 떨어지는 현상에 영향을 준다는 것을 발견했다. 나이든 식물일수록 민감하게 반응했다. 화학적 분석을 통해 그 가스의 정체가 에틸렌이라는 것이 밝혀졌다.

이 기초적인 관찰은 호르몬 에틸렌이 어떻게 식물의 성장에 영향을

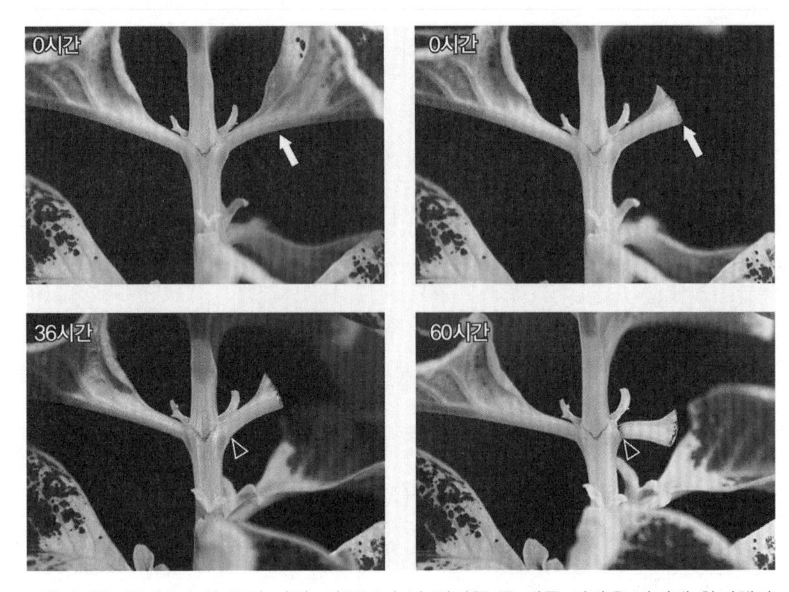

그림 2.17 콜레우스의 줄기 사진. 마주보며 난 잎자루 두 개를 시간을 달리해 촬영했다. 0시간 경과 기록에서 화살표로 표시한 사진을 보면 오른쪽 사진은 잎자루는 둔 채 잎이 제거되었고, 왼쪽 사진의 잎과 잎자루는 온전하다. 화살촉으로 표시한 사진에서는 오른쪽 잎이 제거된 후 잎자루가 몇 시간 이내에 떨어져 나간 모습을 볼 수 있다.

미치고 있는지, 그리고 어떻게 에틸렌이 다른 동반 호르몬들과 함께 영향을 미치는지에 대한 실험이다.

콜레우스 잎의 4분의 3 혹은 절반만 제거한다면 잎자루의 운명은 어떻게 될까? 우리는 어떻게 잎의 성장을 촉진시키는 호르몬 옥신, 사이토키닌과 함께 잎을 노화시키는 에틸렌이 상호작용하는지를 알 수 있을까?

잎을 제거하자마자 잎자루에 옥신 파우더 반죽을 바르면 어떻게 될까? 옥신 반죽을 잎자루에 바르기 전에 하루를 기다리면 어떻게 될까? 식물의 잎은 일단 식물 정단에 꽃이 형성되면 수명이 짧아진다. 콜레우스나 시금치에 꽃이 만들어지면 즉시 제거하여 근처 아래의 잎들을 생장시키는 이유도 이 때문이다. 꽃이 빨리 제거될수록 그 아래

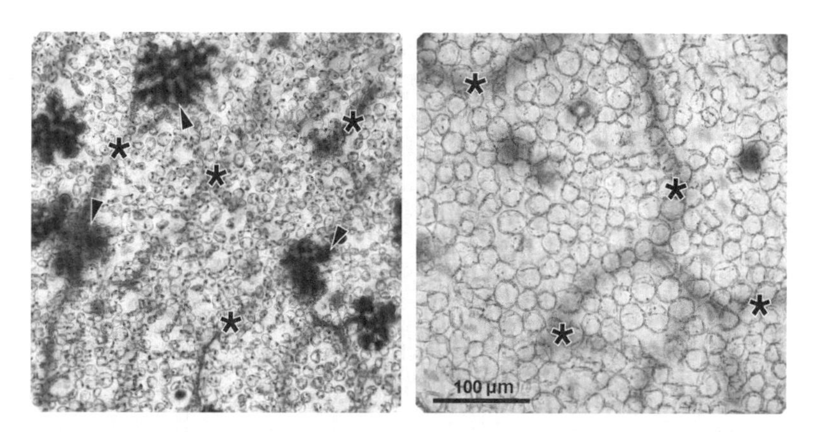

그림 2.18 사진은 시금치 잎이 왼쪽의 옅은 녹색에서 오른쪽의 노란색으로 변화되는 과정을 보여준다. 잎은 나이 들어가며 팽창하고, 크기가 커지다 엽록소의 대부분을 잃는다. 별표로 표시된 어둡고 구불구불한 통로는 잎 표면 아래에 있는 물관부와 체관부의 관묶음이다. 화살촉이 가리키고 있는 어둡게 나타난 얼룩은 어린 시금치 잎의 표면에 있는 타닌 색소다.

식물의 잎이 오랫동안 살아남을 수 있다. 결국 꽃의 형성을 막으면 시금치 잎의 수확을 몇 주간 연장할 수 있는 셈이다(그림 2.18). 정단 꽃눈(끝눈, 곁눈)의 제거 또는 '정단 따기'는 잎의 수명과 성장을 연장시키고 잎의 크기를 최대화할 수 있어 담뱃잎 재배자들이 아주 오래전부터 사용해온 방법이다. '정단 따기'는 정단 우세를 꺾고 성장 촉진 호르몬 옥신의 주공급을 제거하는 일로, 낮은 위치에서 자라는 줄기를 자극하게 된다.

원초적인 억제원이 제거되면 식물의 성장은 밑으로 향하고 끊어진 줄기의 아랫부분이 성장 촉진을 받게 된다. 어떻게 식물의 정단이 끊기고 옥신의 공급이 중단됐을 때 그 아래의 성장이 촉진되는지에 대한 자세한 경로는 아직까지 연구 중이다. 그러나 최근의 실험에 의해 정단에 옥신이 사라지면 뿌리에서 가장 멀리 떨어진 싹으로 옥신이 이동하고, 옥신, 사이토키닌 및 지베렐린산의 작용을 통해 성장을 촉진한다는 사실이 밝혀졌다.

노화가 시작될수록 잎이 녹색과 황색으로 변하기 시작하는 콩이나 담배풀의 정단을 잘라주었을 때, 빛이 이미 노화가 시작된 잎에 어떤 영향을 미치는지 알아보는 실험을 해보자. 노화되고 누렇게 변한 잎을 수정펜으로 점을 찍어 표시한다. 식물의 위쪽, 더 어린 잎과 새싹이 제거되었을 때 아래의 노화된 잎에 어떤 현상이 일어나는지를 살펴본다. 이 정단의 제거가 줄기 옆 새싹의 성장을 촉진하고 노화된 잎도 다시 활력을 찾게 하는 현상을 볼 수 있다.

오크라의 열매 꼬투리가 딱딱하고 목질화가 되기 전에 딴다면, 오크라는 서리가 올 때까지 계속 꽃을 피운다. 그러나 식물의 꼬투리가

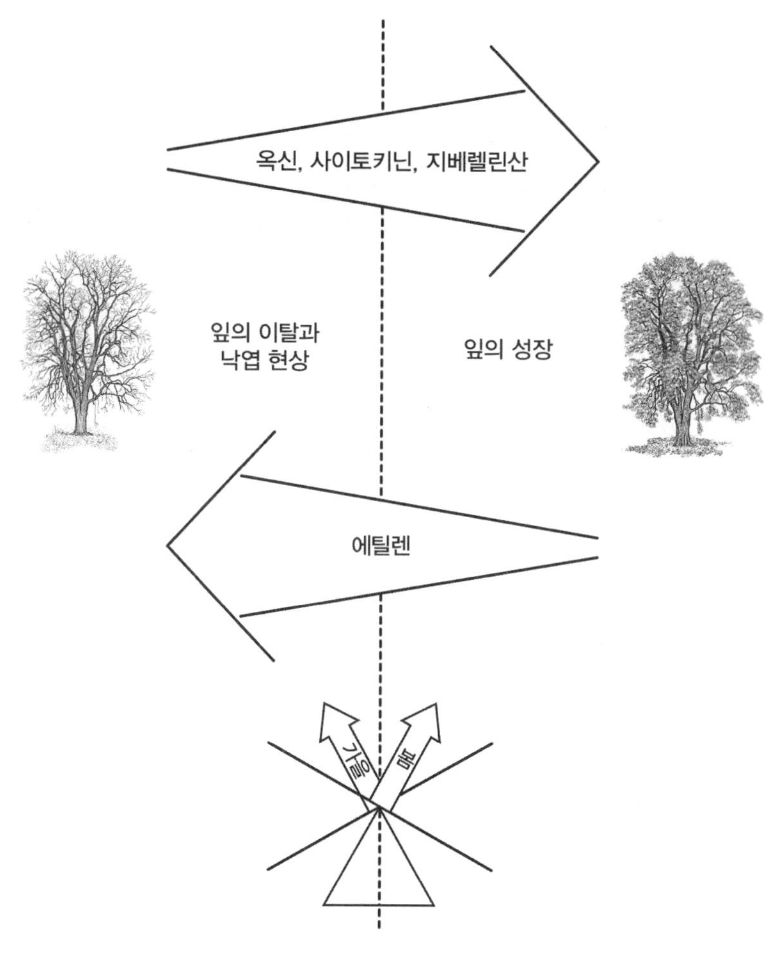

그림 2.19 옥신, 사이토키닌, 지베렐린산과 이들 호르몬의 상대농도는 잎의 성장과 쇠퇴, 성장, 노화, 이탈 등에 영향을 미친다. 이 호르몬 농도의 균형에 의해 가을마다 잎의 운명이 결정된다.

남겨지는 경우, 전체 식물은 개화를 멈추고 잎을 떨어뜨리기 시작한다. 식물의 특정 부분의 제거에 대한 전체 식물의 반응을 연구함으로써 과학자들은 식물과 호르몬들이 어떻게 모든 부분의 발달을 통합하는지에 대한 수수께끼를 풀 수 있었다. 식물의 성장은 다른 것과 마찬가지로 서로 다른 호르몬들의 작용에 의해 각각의 식물 세포가 무엇이 될 것인지가 결정된다. 다른 실험에서 나오는 식물의 반응을 잘 관찰하다 보면 또 다른 실험에 대한 가설을 제안할 수 있게 된다.

03
알뿌리, 덩이줄기 그리고 뿌리

씨앗 내부의 하배축이 자라나 형성되는 뿌리는 물과 영양분을 찾기 위해 무수한 뿌리를 땅속으로 뻗는다. 뿌리는 주변 토양에 물질을 배출하고 뿌리와 결합하는 수많은 토양 미생물을 유인하고 그들에게 영양을 공급하기도 한다. 또한 뿌리는 미생물이 흡수할 수 있는 형태로 토양 영양분을 전환시키는(만드는) 데 도움을 준다. 물과 영양분은 관을 통해 위로 올라가 식물의 지상부 생장을 위해 영양을 공급한다. 토양에서 나온 영양분과 지상에서 생산된 영양분 일부는 뿌리, 알뿌리 및 덩이줄기에 저장된다. 정원에서 키우는 텃밭작물의 일부는 눈에 보보이지 않게 영양분 저장소를 땅속에 숨기고 있는데 대표적으로 감자, 당근, 순무, 루타바가rutabaga, 양파, 마늘

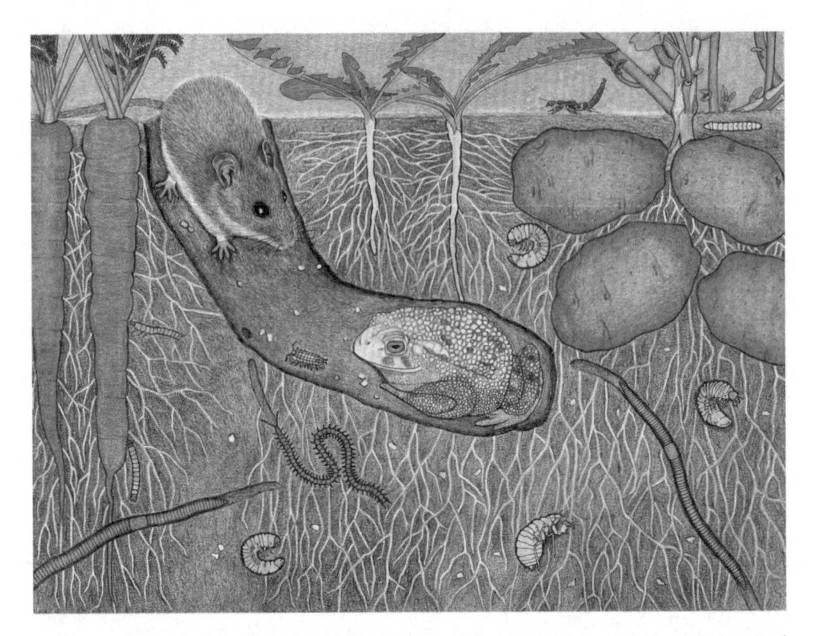

그림 3.1 쥐, 두꺼비, 그리고 쥐며느리가 차가운 지하의 굴 속에 모여있다. 지렁이는 근처에서 땅을 파서 수많은 뿌리와 식물들 사이에 통로를 만들어 다른 생물들에게 땅속 세계를 공유한다. 길고 구불구불한 지네는 지렁이가 남긴 터널에서 사냥을 하고, 딱정벌레가 땅에서 배를 들어올리며 지표면의 곤충에게 살며시 다가간다. 파리의 유충이 토양 표면 바로 밑의 곤충을 사냥하고 있고, 다른 쇠똥구리 유충과 매미 유충은 영양분이 풍부한 뿌리를 먹는다. 딱정벌레 유충 두 마리가 당근을 갉아먹고 있다.

등이 있다. 식물은 잎을 통해 태양의 에너지를 흡수하고 뿌리, 알뿌리 및 덩이줄기를 형성하여 에너지를 저장하고 성장을 위한 영양분으로 쓴다.

식물의 에너지가 저장되는 부분이 어디인지 그리고 새로운 식물이 시작될 때 이 에너지가 전달되어야 하는 눈의 위치가 어디인지에 따라 작물은 덩이줄기, 알뿌리 그리고 뿌리줄기의 형태를 띠게 된다. 이 모든 형태는 땅속에 있기 때문에 뿌리와 혼동될 수 있지만 덩이줄기와 알뿌리는 진정한 뿌리가 아니다. 알뿌리는 줄기가 변형되어 땅속에 있다가 적절한 조건이 되면 그곳에서 진정한 뿌리를 만들어 낸다.

놀라운 속도로 성장하는 뿌리

뿌리는 놀라운 속도로 성장한다. 한 과학자는 호밀 씨앗의 뿌리가 얼마나 오래 그리고 얼마나 빨리 성장하는지를 관찰했다. 씨를 뿌린 지 4개월째 되었을 때, 뿌리의 모든 토양을 씻어버리고 뿌리의 수와 그 길이를 쟀다. 호밀은 단시간에 무려 1,500만 개의 뿌리를 길러냈고, 이 뿌리의 총 길이는 611미터였다. 뿌리를 덮고 있는 작은 뿌리털(그림 1.7)을 모두 포함한다면 뿌리의 길이는 1만 1,200킬로미터일 정도였다.

100밀리미터 배양접시에서 호밀 씨앗의 첫 번째 뿌리가 이동하는 속도를 측정한다.

- 젖은 여과지로 바닥이 덮인 접시 중앙에 씨앗을 놓는다.
- 하루 만에 첫 뿌리는 씨앗에서 싹을 틔우고 뿌리를 뻗기 시작한다 (그림 3.2).
- 어떤 호밀의 씨앗이 가장 빨리 자라며 가장 먼저 자라는 뿌리는 어떤 것인지 관찰한다.

뿌리는 어두운 지하 공간에 숨어있기 때문에 관찰이 쉽지 않다. 일부 과학자들은 식물이 다른 식물의 뿌리와 자신의 뿌리를 구별할 수 있을 뿐만 아니라 다른 식물의 뿌리를 인식하게 되면 부딪히지 않도록 뿌리의 성장을 적극적으로 억제한다는 증거를 제시하고 있다.

싹을 틔운 호밀 씨앗들

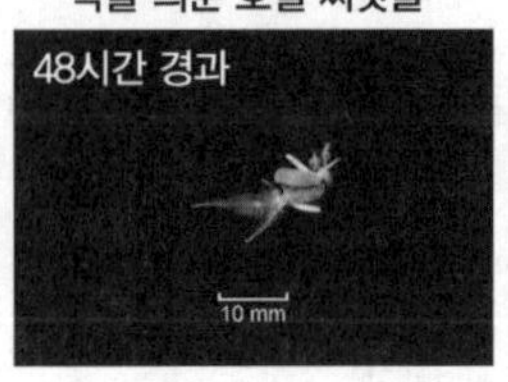

그림 3.2 실험 시작 24시간에서 72시간째의 변화. 뿌리와 뿌리털이 두 개의 호밀 씨앗에서 빠르게 성장하고 있다.

- 세 개의 100밀리미터 배양접시에 젖은 여과지를 놓는다.
- 첫 번째, 두 번째 접시에 호밀 씨앗을 하나씩 놓는다.
- 세 번째 접시에 세 개의 호밀 씨앗을 놓는다.
- 첫 번째 접시의 호밀 종자 옆에 잔디(켄터키 블루그래스Kentucky bluegrass) 씨앗 두 개를 더한다.
- 두 번째 접시의 두 개의 보리 씨앗을 추가한다.

다른 식물의 뿌리가 서로 접촉할까? 한 종의 뿌리 성장은 다른 종의 존재와 다른 종과는 또 다른 종의 존재에 의해 어떻게 영향을 받을까?

씨앗이 없어도 증식이 가능한 뿌리의 능력

알뿌리, 덩이줄기 및 뿌리는 모두 뿌리식물이라고도 한다. 뿌리식물 중 당근, 파스닙, 비트, 순무, 루타바가 그리고 무의 지하부는 줄기가 아닌 진정한 뿌리다. 모든 뿌리식물의 땅속 부분은 잎이 광합성을 통해 만들어낸 초과 당분을 저장하는 장소가 된다. 감자와 고구마는 당분을 주로 전분 형태로 저장하는데 전분은 당분이 함께 묶인 사슬 또는 중합체polymer를 말한다. 식물이 에너지를 필요로 할 때마다 전분의 긴 사슬을 더 작은 당분(설탕) 단위로 분해하여 에너지 요구량이 많은 새싹으로 운반하는데, 이때 지하 저장분을 활용한다. 양파와 같은 종류의 알뿌리인 마늘, 부추 등의 진정한 뿌리식물은 여름이 끝날 때 약간의 전분과 많은 양의 당분을 저장한다. 대부분의 뿌리, 알뿌리 및 덩이줄기는 2년생 또는 다년생 식물로 첫 번째 겨울 동안 저장하고, 그 다음해 겨울에도 뿌리에 당분을 저장한다. 성장기가 끝날 때 당분과 전분이 지하 줄기에 저장되어 있는데 이것들은 다음해 성장과 꽃을 피우기 위한 에너지도 공급된다. 가을에는 식물의 체관부가 전분과 설탕을 운반하여 땅속으로 보내고, 겨울 동안 잘 보관한다. 초봄에는 식물의 새싹이 빠르게 잎과 꽃으로 성장함에 따라 뿌리, 알뿌리, 덩이줄기의 유조직parenchyma(*par*=옆에; *enchyma*=삽입하다)에 저장된 에너지가 지상의 맥관을 통해 지하부의 에너지 수요가 많은 곳으로 이동한다.

일반적으로 식물의 맥관부vascularsystem인 물관세포xylem cell와 체관세포phloem cell 사이의 업무의 구분은 명확하다. 가운데 긴 관 형태의 물관부는 토양에서 나오는 물과 미네랄 영양분의 통로 역할을 하고, 체관부는 광합성을 통해 형성되는 당분을 운반한다. 그러나 봄철에는 반대로 물관세포가 당분의 운반체 역할을 한다. 단풍나무에서 매년 봄에 모은 달콤한 수액은 뿌리부터 나무의 물관부를 통해 상부로 이동하는 현상이다. 마찬가지로 늦여름과 가을에 체관부세포는 과일과 씨앗을 성장시키는 데 필요한 물과 영양소를 운반하게 된다. 이런 교환 방식은 식물의 맥관 전달 시스템에 특별한 요구가 있을 때, 이 두 채널을 연결하는 특수한 세포, 전송세포를 통해 물관부와 체관부 사이에서 물질을 교환하는 것으로 알려져 있다.

요오드(I)와 요오드화 칼륨(KI)을 함유한 요오드 용액은 식물세포에서 전분의 특정 염색제로 사용된다. 루골 용액Lugol's solution으로 불리는 이 용액은 과학실험용품점에서 판매한다. 날카로운 나이프 또는 면도날을 사용하여 식물조직의 얇은 조각을 자른다. 신선한 상태로 잘려진 조직에 크기를 덮을 만큼의 요오드 용액을 몇 방울 추가한다. 존재하는 모든 전분은 개별세포 내에 별개의 과립으로 나타나며 갈색 또는 검은색으로 얼룩지게 된다(그림 3.3). 이 조직은 수돗물로 씻어 개별 세포를 면밀히 검사하기 위해 현미경 슬라이드에 놓는다. 얼룩진 조각 위에 유리뚜껑을 얇게 덮어두면 식물세포를 두 층의 유리 사이에 끼워서 선명하게 볼 수 있다. 전분 과립이 존재하는 곳은 녹말체라 불리는 엽록체인데 이는 전분 저장을 위해 특화된 엽록체이다. 식물에 당분이 필요할 때, 이 녹말체는 전분 과립을 다시 당분으로 전환시켜 돋아나는 싹과 분열조직으로 이동시킬 수 있다.

식물의 뿌리, 알뿌리 및 덩이줄기의 요오드 용액의 염색 정도는 어떻게 다를까? 어떤 채소에 가장 많은 전분이 들어있으며 어떤 채소가 가장 달콤할까? 일부 뿌리, 구근 및 덩이줄기는 영양분을 저장하는 동안 자신이 가진 어떤 맛을 잃기도 하고 다른 풍미를 향상시키기도 한다. 종자가 발아하기 시작하고 뿌리, 구근 및 덩이줄기가 싹이 트기 시작할 때, 세포에 저장된 영양분이 사용되어 새로운 식물의 성장 발달을 촉진한다. 그렇다면 채소의 맛을 최상으로 유지하거나 맛을 향상시키는 최적의 조건은 무엇일까? 채소의 맛을 변화시키는 요인은 무엇일

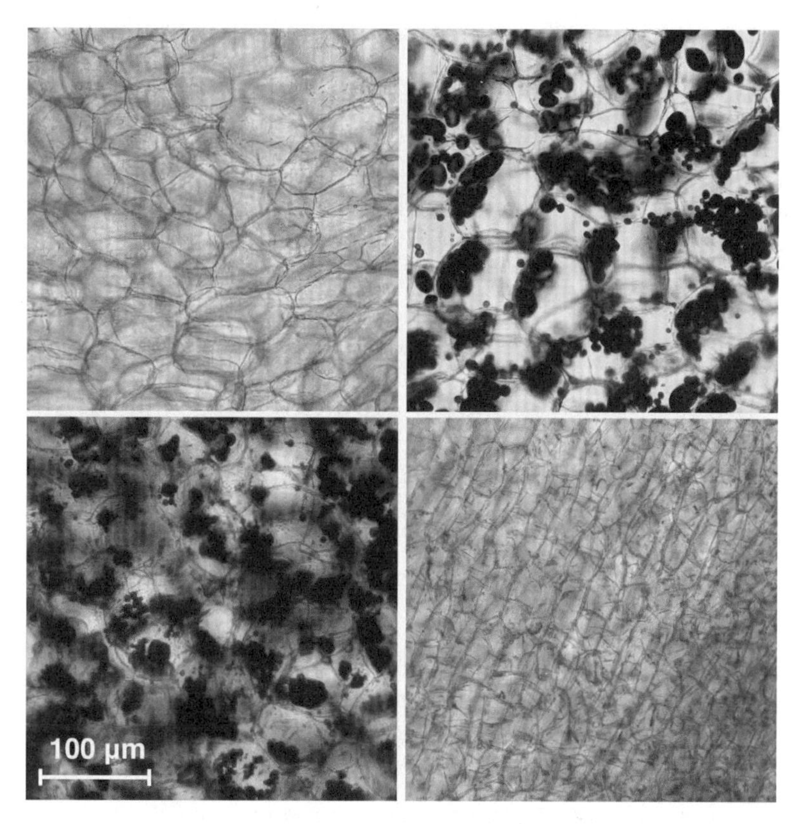

그림 3.3 상단 왼쪽부터 순무뿌리, 감자 덩이줄기, 고구마 덩이줄기, 당근뿌리의 얇은 조각에 남은 녹말얼룩. 이 식물들의 유조직세포들은 전분과 당분의 저장을 전문으로 하고 있다.

까? 저장 시간과 전분과 당분의 균형, 세포에서 전분 과립과 녹말체가 손실되거나 증가되는 것이 맛에 영향을 미칠까?

오랫동안 많은 정원사들은 뿌리, 알뿌리 및 덩이줄기의 수확물을 빛이 들어오지 않는 저장고에서 겨울을 나도록 저장했다. 이 과정에서 다년간의 경험을 통해 농부와 정원사는 각 유형의 채소를 장기간 보관할 때 맛을 유지하는 최상의 조건을 알아냈다. 예를 들면 뿌리채소인 당근, 파스닙, 사탕무, 순무, 루타바가는 줄기를 약 2.5센티미터 또는 5센티미터 정도만 남겨두면 잎으로부터의 지속적인 증발을 최소화하고 보관 중에도 신선도를 유지할 수 있었다. 뿌리채소들은 춥지만 영하의 기온이 아닌 곳에서 보관 상태가 가장 좋았다. 특히 뿌리채소는 섭씨 1도 정도에서 가장 잘 보관이 된다. 하지만 섭씨 3도보다 낮은 온도에서는 감자가 맛을 잃게 된다.

고구마는 섭씨 12~16도, 양파는 섭씨 4~10도에서 저장하는 것이 가장 좋았다. 한 가지 중요한 점은 감자와 양파는 함께 보관하면 안 된다는 것이다. 감자는 양파의 냄새에 영향을 받고, 양파는 감자의 물기(수분)에 의해 싹이 나는 등의 영향을 주기 때문이다. 다 익은 사과를 저장고에 고구마와 함께 넣으면 고구마의 싹이 돋지 않는다. 이유는 사과의 특정 호르몬이 덩이줄기의 발아에 영향을 줄 수 있는 호르몬으로 작용하기 때문이다(그림 4.15 참조). 더불어 사과 근처에 당근이 있으면 사과를 숙성시키는 호르몬이 당근이 쓴맛을 내도록 하는 특정 화합물을 형성하는 데 기여하는 것으로 알려져 있다.

진정한 뿌리채소인 당근, 파스닙, 비트, 순무 및 루타바가는 모두 씨앗에서 시작된다. 감자, 고구마, 마늘, 양파도 씨앗이 있지만 씨앗에서 덩이줄기와 알뿌리를 시작하는 경우는 거의 없다. 씨앗에서 시작되는 감자, 고구마, 마늘, 양파는 씨앗을 통해 성장하기 때문에 소형 덩이줄기 또는 소형 알뿌리에서 시작한 것보다 성장이 훨씬 오래 걸린다. 마늘과 양파는 일반적으로 마늘 한 쪽 또는 작은 알뿌리에서 시작하며, 감자와 고구마는 소형 덩이줄기나 녹색 눈에서부터 성장한다. 마늘, 양파, 감자, 고구마의 새로운 식물은 모두 분열조직의 줄기에서

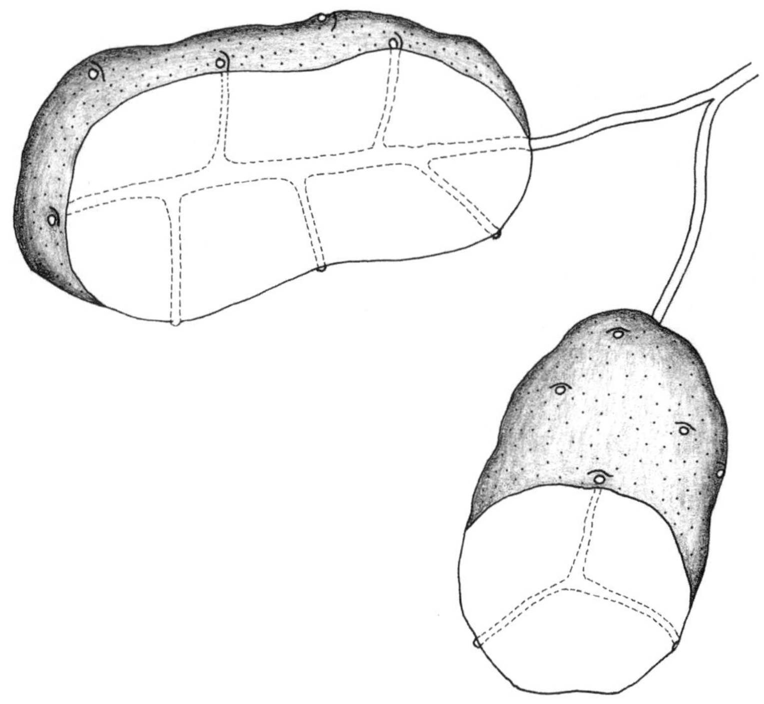

그림 3.4 감자 덩이줄기의 세로 방향과 가로 방향의 절단면에서 줄기의 기원이 되는 봉오리가 보인다.

자라며, 알뿌리와 덩이줄기에 종종 자리잡고 있다. 그러나 줄기가 변형된 것이 아닌 진짜 뿌리채소는 씨앗에서 훨씬 더 쉽게 싹트고 자란다.

감자와 고구마 덩이줄기는 땅속에서 자랄 뿐 부풀어 오른 줄기와 같다. 지상의 줄기처럼 이 지하 줄기에는 표면에 많은 싹이 흩어져 있다. 빛에 노출되면 감자 덩이줄기는 지상의 줄기처럼 녹색이 된다. 감자와 고구마 덩이줄기에는 지상부의 줄기 위에서 발견되는 것과 동일한 호흡구멍인 피목lenticel이라는 숨구멍이 있다. 이것이 비록 덩이줄기가 지하부에 서식하지만 줄기 부분이라는 증거가 된다.

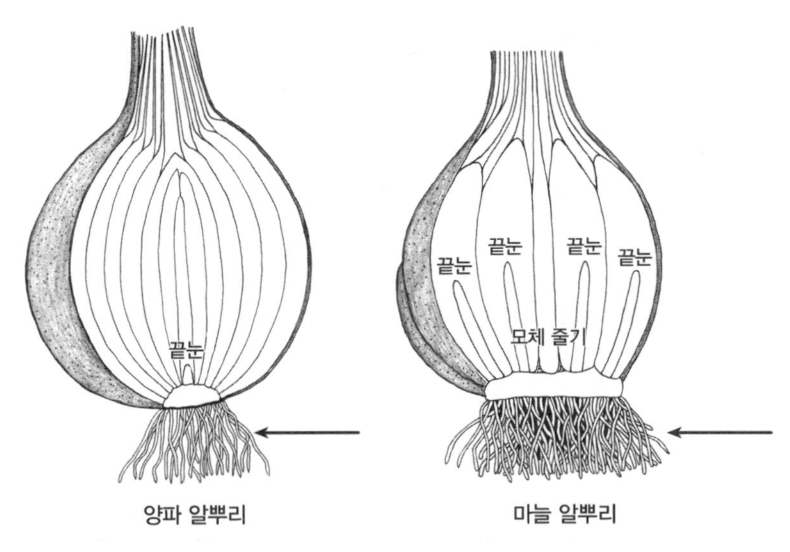

그림 3.5 양파 알뿌리의 가운데를 잘라내면 짧은 끝눈과 화살표로 표시된 밑뿌리가 있고 위로 동심원으로 배열된 엽록소가 없는 잎(비늘잎)이 보인다. 마늘 알뿌리는 다발형태로 중앙에 위치한 모체 줄기에서 옆으로 퍼지면서 만들어진다. 두 알뿌리는 모두 끝눈과 밑뿌리가 있는 줄기를 지니고 있다.

세로로 긴 축을 따라 감자를 자른 다음 가로축을 따라 다른 감자를 자른다(그림 3.4). 딱딱하고 흰 바탕에 각 감자의 긴축을 따라 선명한 조직의 선이 보이는데 이것은 지하 줄기의 중앙 부분의 관다발을 나타낸다. 이 중앙 관다발은 식물의 지상부 새싹으로 관과 연결되어 있는 것처럼 그 연결조직을 감자의 눈(싹)에 보낸다.

양파, 마늘, 파는 진짜 뿌리가 아니다. 하지만 우리가 먹는 이 에너지 저장소를 우리는 쉽게 알뿌리라고 한다(그림 3.5). 얇은 껍질에 둘러싸인 것이 지하부의 눈이다. 마늘 알뿌리의 경우 중앙 줄기에서 몇 개의 눈(마늘 한 쪽)이 측면에 돋아나고, 양파나 서양 파인 리크leek는 알뿌리 중심 새싹 주위에 고리 모양으로 배열된 잎과 같은 형태가 나타난다.

작은 줄기의 아래에서 뿌리 덩어리가 돋아난다. 그러나 마늘은 부모 알뿌리 옆에 작게 자식 알뿌리가 돋아나고, 이 자식 알뿌리가 커서 제대로 된 줄기를 갖게 되면 다시 그 옆에 손자뻘인 알뿌리가 돋아난다.

뿌리, 알뿌리 및 덩이줄기는 씨앗을 발아시키지 않고도 새로운 식물을 번식시킬 수 있는 특수한 능력을 지니고 있다. 뿌리, 덩이줄기 또는 알뿌리의 특수한 부분은 줄기세포로 구성되며, 이는 전능성totipotent(*toti*=모든; *potent*=강력한)으로 식물의 지하부분에서 시작하더라도 지상과 지하로 성장하게 된다. 그렇다면 덩이줄기, 뿌리 및 알뿌리는 생물을 자라게 하는 전분화세포의 배치가 다른 식물과 어떻게 다른 걸까? 새로운 식물을 만들 수 있는 덩이줄기, 알뿌리 또는 뿌리의 가장 작은 조각은 무엇일까?

뿌리관 속의 물과 영양분의 이동

식물 속 뿌리세포는 다른 살아있는 세포와 마찬가지로 물에 녹아 있는 소량의 미네랄 영양소, 비타민, 당류, 단백질 및 핵산과 함께 다양한 농도의 화학물질이 포함돼 있다. 식물이 토양에서 영양을 흡수할 때, 뿌리세포의 세포막은 에너지를 사용하여 미네랄 영양소를 세포 외부에서 세포 내부로 들여보낸다. 토양에서 미네랄 영양소는 상대적으로 많은 양의 물에 용해되어 훨씬 낮은 농도로 존재한다. 물은 토양의 높은 농도에서 뿌리세포의 막을 가로질러 물의 농도가 낮은 지역으로 이동한다. 즉, 물은 삼투성osmosis(*osmos*=밀다) 원리를 이용해 토양에서 뿌리세포로 이동하게 된다(그림 3.6). 뿌리세포는 물을 자유롭게 통과시키지만, 세포막은 선택적으로 화학물질의 외부 이동을 막기도 한다. 식물들이 물을 흡수하게 되면 부풀어오르게 되는데 그건 빨아들인 물이나 팽창 압력이 영향을 주기 때문이다.

식물세포의 정상적인 팽창 압력은 식물 조직에 생기와 탄력을 준다. 그것은 세포벽을 부풀려 세포가 더 크게 성장하는데 도움을 준다. 물이 더 이상 세포의 벽에 압력을 가하지 않게 되면, 조직 내 세포의 팽창 압력이 상실되어 식물의 조직은 시들거나 쪼그라들게 된다. 시든 식물에 물을 다시 주게 되면, 물은 다시 식물 속에 침투해 세포 안으로 들어가 세포벽을 팽창시키고 늘어나게 만든다.

흙 속에 있는 높은 농도의 물이 낮은 농도인 잎으로 전달되는 과정은 뿌리의 압력이 물을 미는 이른바 '밀어넣기'로 껍질을 벗긴 감자 덩이줄기를 물 속에 넣는 간단한 실험을 통해 알아볼 수 있다.

감자 가운데 구멍을 내고, 이곳에 설탕시럽을 넣는다. 그리고 이곳을 마개로 막아주는데 마개에 빨대(유리관)를 꽂아준다(그림 3.7). 이때 감자는 껍질을 벗겨 세포관을 제거해주어 물관을 통해 물이 움직이지 않도록 한다. 이 실험에서 꽂아놓은 유리관은 물을 전달하는 물관부를 의미하고, 비커에 있는 감자는 토양에 둘러싸여 있는 상황을 재현한 것이다. 이제 시간이 흐르면 비커 밖의 고농도의 물이 감자 덩이줄기의 지엽세포peripheral cell를 통해 삼투압에 의해 점진적으로 낮은 농도 쪽으로 밀려나가는 것을 볼 수 있다. 또 물이 희석되면서 '시럽화'되어 있던 덩이줄기 중앙의 고농축된 당분과 미네랄의 농도가 낮아지는 것을 볼 수 있다.

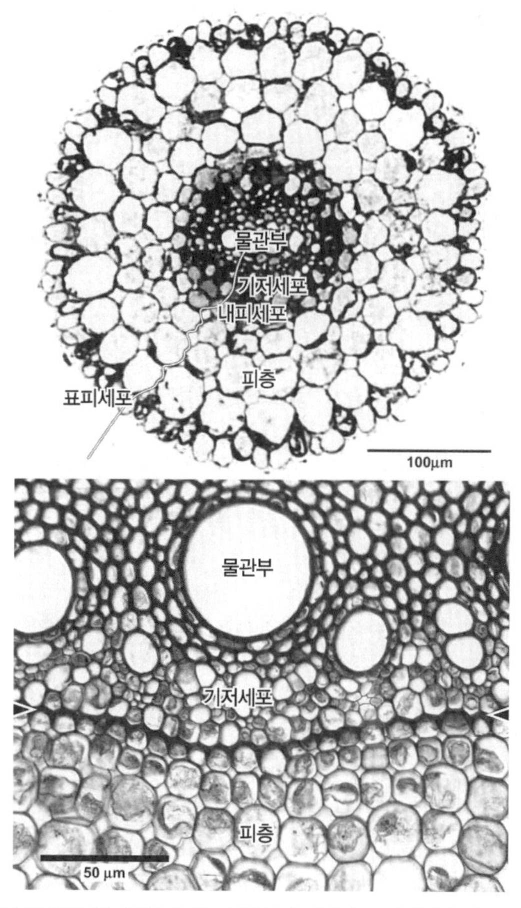

그림 3.6 위: 이 무 싹의 뿌리단면에서는 삼투압에 의해서 토양에서 물관으로 이동하는 물의 움직임을 포함하는 세포 환경을 볼 수 있다. 길고 꼬불꼬불한 화살표는 물이 지나가는 수많은 길 중 하나를 나타낸다. 물은 또한 세포를 연결하는 미세한 채널을 통해 한 세포에서 다른 세포로 전달된다. 물은 삼투압에 의해 표피세포 사이로 들어가게 되고, 피층세포 사이를 지나 내피세포의 고리에 닿게 된다. **아래**: 그림 오른쪽 화살촉이 가리키고 있는 내피층의 세포벽은 왁스질로 두껍고, 세포 주위와 세포 사이의 물과 미네랄의 흐름에 장벽 역할을 한다. 내배엽은 뿌리 맥관 시스템의 문지기이며, 주위를 돌아가지 않고 바로 통과해서 이동한다. 처음으로 피질세포를 통과한 후 토양의 물이 이 세포층에 도달하면 삼투압은 다시 내피세포를 가로질러 이동한 다음 특수막 단백질이 특정 미네랄 영양소를 선택적으로 운반하거나 차단한다. 내피를 가로지른 후 물은 기저세포 주위로 흘러 뿌리의 중심에 있는 물관부의 속이 빈 전도성 관으로 들어간다.

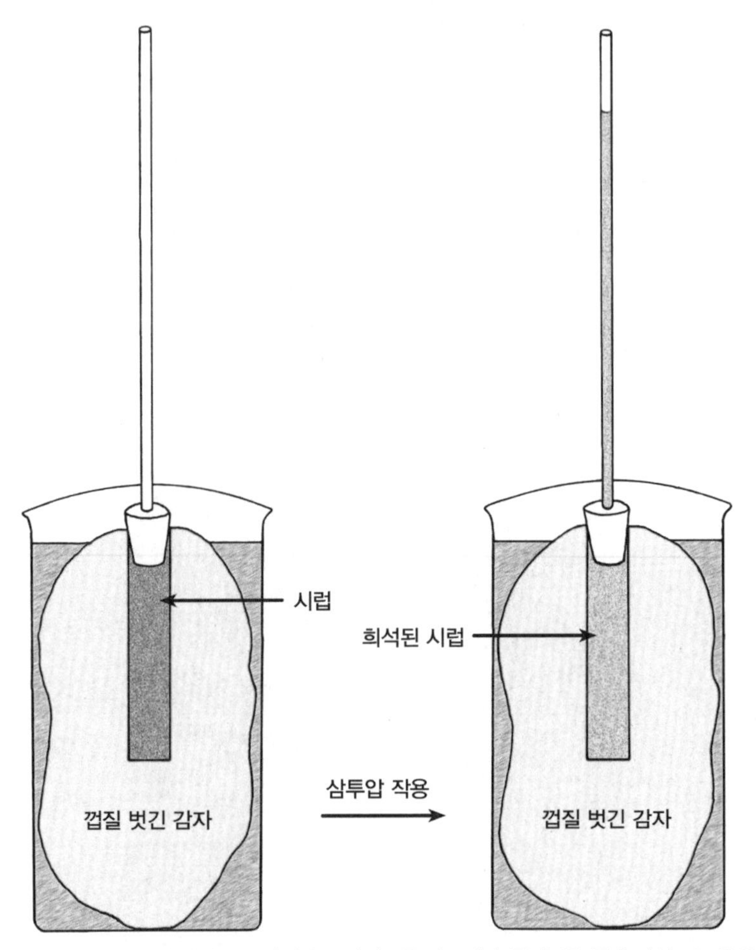

그림 3.7 위의 감자 실험은 토양에서 뿌리세포를 가로질러 물관부를 통해 지상으로 물을 이동시키는 삼투압의 원리를 보여준다.

뿌리 중심부의 물관부와 체관부의 통로세포에서 흔히 발견되는 고농축의 당분과 미네랄 역할을 수행하는 실험을 위해 다른 감자의 중심부는 시럽으로 대체한다. 물의 '밀어넣기'는 실험 유리관의 액체 기둥이 상승하게 만든다. 그렇다면 물은 유리관 위로 얼마나 빨리 올라갈까? 물은 관에서 언제 멈출까? 결국 유리관 속 물에 가해진 압력은 감자 속 물을 밀어내는 역할을 하게 된다.

식물뿌리의 삼투압을 통해 모이는 물은 밤이 지나고 아침이 되면 잎의 가장자리에 물방울로 나타난다. 삼투압 현상은 주간에는 증산transpiration(*trans*=횡단; *spiro*=호흡) 또는 증발로 기체가 되어 공기 중에 날아가지만, 습기가 많은 밤이 되면 증기가 아닌 액체 형태로 잎 표면에 물방울이 형성된다(6장). 이 수액에는 물뿐만 아니라 뿌리를 통해 토양으로부터 흡수한 미네랄이나 화학물질(농약 포함)도 들어있다. 저녁이 되면 잎의 기공이 닫히고 기공에서 하던 물의 증산(수증기 형태로의 증발)이 중단된다. 때문에 잎의 기공을 통해 물을 위로 끌어올리는 물관부의 일이 멈추는 셈이다. 그러나 밤에도 잎에서 일어나는 증발은 일어나지 않지만 뿌리로부터의 물관부를 통한 수액의 이동은 계속된다. 잎의 특정 지점에서 물방울로 스며나오는 이 수액을 종종 아침 이슬로 오인하는 경우도 많다(그림 3.8). 이 수액은 각 잎의 끝에 진주 모양의 방울로 형성된다. 아침 이슬은 이 과정이 아니라 나뭇잎의 차가운 표면 위의 공기가 주변 공기와 응축되면서 방울로 만들어진다. 이슬은 뿌리압력에 의해 잎으로 분출되는 물과는 달리 미네랄이나 화학물질이 전혀 없는 순수한 물이다.

이러한 식물들은 잎의 끝부분으로 물방울이 맺히게 만드는 배수현상guttation(*gutta*=방울)을 일으킨다. 이러한 환경 조건에서 뿌리는 압력을 가해 특정 식물의 가장자리를 따라 위치한 특수 땀샘을 통해 물을 내보내는 것이다. 이 샘은 배수조직hydathode(*hydat*=물의; *hod*=길)으로 알려져 있다. 시원하고 습기가 많은 아침 시간에 정원 식물의 잎에 맺

그림 3.8 왼쪽: 시원하고 습한 여름 아침에 딸기는 잎끝의 배수조직에서 물관부의 수액을 분비한다. **오른쪽**: 검은색 화살표가 가리키고 있는 각 배수조직은 화살촉이 가리키는 잎맥 끝에 있는 세포의 특수배열로, 이곳으로 수액이 배출된다. 잎의 기공은 흰색 화살표로 표시되어 있다.

힌 물방울을 통해 샘의 위치가 잎의 끝부분이라는 것을 알 수 있다. 이 배수조직은 물관의 수액을 조절하는 밸브 역할을 한다. 딸기, 포도, 토마토, 목초 및 장미의 잎은 정원식물 중에 배수현상이 가장 두드러지게 나타나는 식물들이다.

배수현상의 과정을 면밀히 살펴보면 식물이 맥관의 물관을 통해 어떻게 물과 영양분을 움직이는지를 잘 이해할 수 있다. 딸기는 가장 좋은 배수현상의 예를 보여준다. 여름밤에는 호밀 모종과 토마토의 잎을 통한 배수현상을 쉽게 발견할 수 있다. 어떤 환경적 조건이 배수현상을 촉진할까?

실외에서 배수현상이 일어나는 환경 조건이 발생하기를 기다리는 대신 배수현상을 유도하거나 발생하지 못하도록 가설을 세우고 토마토, 딸기 또는 호밀의 화분 속 토양 및 공기의 조건을 변화시켜 식물을 제어해보자.

배수현상은 물관부에서 뿌리압력에 영향을 주기 때문에, 뿌리압력이 증가함에 따라 나뭇잎을 통한 배수현상도 증가한다. 그렇다면 어떤 환경 조건이 뿌리압력을 상승시키고 배수현상을 강화하는가?

- 식물의 무기 영양소 농도를 높이기 위해 화분에 담긴 흙에 티스푼만큼의 비료를 넣고 다른 화분에는 비료를 첨가하지 않는다. 심은 두 식물을 호밀 모종의 잎 끝 또는 토마토와 밀 잎의 여백에 물방울이 나타날 때까지 매일 아침 확인한다. 어떤 온도 조건이 배수현상을 촉진시키는가?
- 한 화분은 흙의 수분을 늘려보고, 다른 화분에는 물을 더하지 않는다. 화분 한 쌍을 아침에도 물방울이 나타나지 않을 때까지 옥외에 둔다. 이때 어떤 특별한 조건으로 배수현상이 생겼을까?
- 토마토나 딸기, 또는 호밀을 심은 두 개의 화분을 매우 더운 날 따뜻한 태양 아래에 둔 뒤, 두 개 중 하나의 식물을 옥외에 방치하고, 다른 하나는 실내 온도가 조절된 방에 둔다. 실외 온도가 섭씨 영하 12도 이상 떨어지면 어떻게 될까? 에어컨이 가동된 방의 습도는 식물의 배수현상에 어떤 영향을 미칠까?
- 작고 어린 잎과 크고 성숙한 잎의 배수현상은 어떻게 다를까?

흙으로부터 흡수한 영양분과 물은 뿌리에서 시작하여 나뭇잎, 꽃,

과일 등 목적지까지의 여러 경로를 거쳐 이동한다. 이 이동관은 뿌리 끝에서 잎의 끝까지 배관 파이프처럼 속이 비고 긴 두꺼운 벽을 가진 세포로 만들어진다. 속이 빈 배관 파이프의 튼튼한 측벽은 길고 원통형인 물관세포로, 뿌리부터 식물 윗부분까지 수액을 이동시키는 일을 전문으로 한다. 밝은 식용색소가 들어가있는 영양 용액을 샐러리 줄기의 바닥에 놓는다. 착색된 용액이 샐러리 줄기의 꼭대기에서 잎으로 이동하면 이때 줄기를 자르고 색상이 집중되는 곳을 확인해보자. 이는 흙에서부터 얻은 영양과 물이 잎, 줄기, 꽃과 같은 지상부로 이동하는 '파이프 라인'을 그대로 보여준다.

다른 식물의 뿌리에는 고유의 물관이 있다. 식용색소를 통해 물과 영양분이 통과되는 물관이 선명해지면, 관이 지니고 있는 고유의 특정 형태를 알 수 있다. 푸른색 염료 용액에 황금빛 비트 뿌리의 끝을 몇 번 찍어 놓는다. 몇 시간 후에 각 뿌리의 바깥 쪽 표면에서 색을 씻고 날카로운 칼을 이용해 가로 세로로 자른다. 색소를 흡수한 뿌리에서 드러난 염색 패턴은 우리에게 물관의 배열에 대해 알려준다(그림 3.9).

무와 순무는 동일한 식물군에 속해 있기 때문에 물관의 배열이 비슷할 것으로 예측한다. 순무 또는 무 뿌리의 끝을 염료 용액에 몇 시간 동안 담가놓게 되면, 염료(물과 미네랄 영양분)가 순무 및 무 식물의 모든 부분으로 동일한 경로를 따라 흐르는 것을 볼 수 있다. 식물 뿌리의 분열성 형성층 세포는 내부와 외부로 나뉘어져 있다. 이곳은 분화되지 않은 줄기세포를 생산하는데, 바깥쪽을 향한 줄기세포가 분화되어 물관부가 되고, 이곳을 통해 토양으로부터 흡수한 물과 미네랄 영

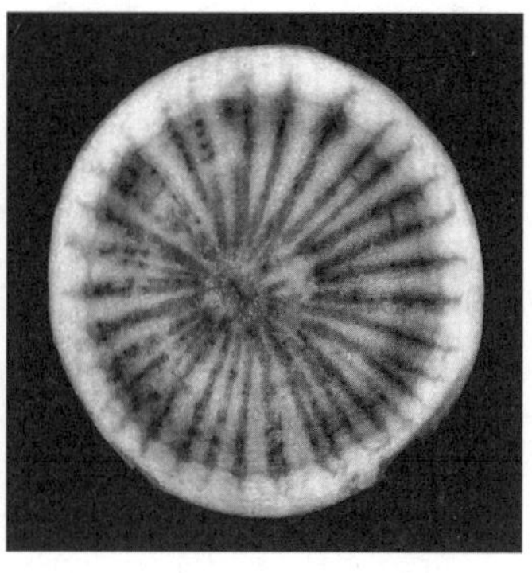

그림 3.9 비트 단면 사진에 보이는 어두운 색깔은 동심원으로 배열된 뿌리의 물관을 나타낸다. 오른쪽 사진에서 확인할 수 있듯, 색소는 그림 2.5의 당근 뿌리에서와 같이 비트 뿌리의 중앙 물관부의 물 전도 배관을 통해 이동한다.

양분을 운반하게 된다. 각 순무, 무 및 당근 뿌리는 이 형성층 줄기세포의 단일 고리의 형태로 중심을 향해 있다(그림 2.5).

비트(명아주과)의 뿌리는 여타 식물의 뿌리와는 다른 방식으로 일한다. 유사한 근대를 비롯해 대부분의 채소 색소와 화학적으로 다를 뿐만 아니라 물과 영양분을 운반하기 위한 뿌리 통로의 배열도 다르다.

비트의 동심원 고리는 나이테가 나무의 나이를 알려주듯이 비트의 나이를 알려준다. 비트 뿌리의 고리는 매주 추가되며 세포의 번성 고리가 번갈아 나타난다. 뿌리가 오래되고 커질수록 더 많은 세포의 고리가 생긴다. 비트 뿌리의 경우, 형성층의 줄기세포는 영양소의 운반을 위해 특화된 세포와 영양소 저장을 위한 실질세포parenchyma cell로 구분된 여러 개의 동심원 고리로 나타난다. 각 고리 내의 줄기세포는 뿌리의 주변을 향해 나뉘어져 잎에서 당분을 형성하는 특수한 체관세포가 되며 줄기세포는 뿌리의 중심을 향해 분열하여 토양으로부터 물과 영양소를 운반하는 특수 물관세포를 형성한다.

물과 영양분을 위로 보내는 물관은 세포벽이 운송관 역할을 하는데 죽어있는 속이 빈 세포이다(그림 3.10). 길이가 긴 물관의 텅 빈 튜브는 뿌리와 줄기의 길이를 따라 평행한 묶음으로 배열되어 있고, 한쪽이 공기 또는 바이러스에 의해 막히는 경우 작은 구멍이 그 옆면에 수직과 수평으로 연결되어 새로운 관으로 이동될 수 있다.

따뜻한 여름날에 나무 껍질을 통한 수액의 상향 운동은 첫 잎이 나타나기 전에 따뜻한 봄날에 수액이 뿌리에서 가지의 끝으로 움직이는 것과 어떻게 비교되는가? 이른 봄에는 기공에서 물을 뿜어내는 잎은 아직 없다. 그러나 여름에는 잎 표면에서 물이 증발하므로 물관부에서 더 많은 물이 위로 끌어당겨진다. 뿌리 끝에서 잎 끝까지 연결된 물관부의 물은 식물의 높이를 따라 위쪽으로 올라간다(이 엄청난 운동과 잎에서 나오는 물의 증발은 6장에서 논의된다). 물관부의 상단에서 일어나는 물의 증발현상은 빨대로 물을 끌어올리는 것과 같은 방식으로 위쪽의 당김으로 일어난다.

식물의 성장기에는 수분 증발과 함께 열리고 닫히는 무수한 기공을 통해 물과 토양 영양분이 포함된 수액이 뿌리에서 위쪽으로 당겨진다. 대신 잎에서 광합성에 의해 생성된 당분은 체관세포의 식물 주위로 옮겨지고 가을에는 이 당류가 아래쪽으로 흘러가 뿌리에 전분으로 저장된다. 다음해 봄에 지하에 저장된 전분이 당분으로 전환될 때쯤이면 이번에는 당분을 위쪽으로 이동시키게 된다. 이때 나무는 연례행사로 당분과 수액을 위로 밀어올리는 현상을 만든다. 단풍나무의 수액을 받아 단풍시럽을 만들 수 있는 것도 이 때문이다.

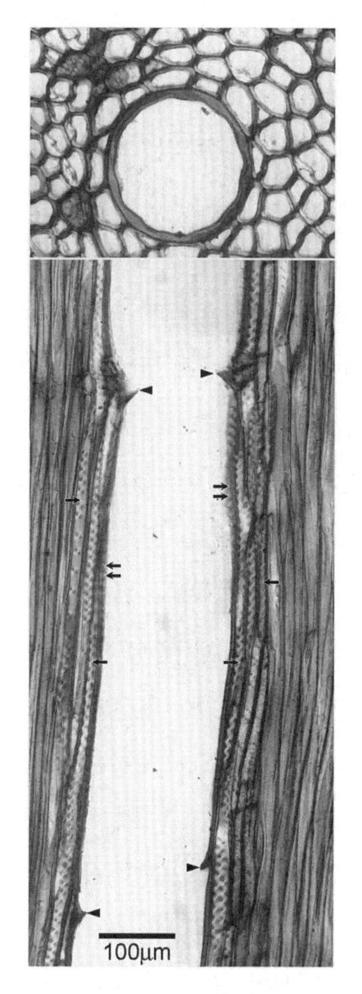

그림 3.10 위: 참나무 줄기의 횡단면. 작은 헛물관 중간에 위치한 크고 텅 빈 물관이 두드러진다. **아래**: 줄기의 종단면을 보면 큰 물관과 작은 헛물관이 뿌리와 줄기에서 물이 상승하는 방향으로 나란하게 배열되어 있다. 한 개의 관에서 분리된 세포가 분해된 후 남은 세포벽(화살촉)이 길고 이어진 수직 통로를 만들게 된다. 물관세포를 둘러싼 좀더 가는 형태의 관세포인 헛물관은 양쪽 끝이 막혀 있다. 헛물관들은 끝이나 중간에서 구멍(화살표)으로 연결되어 있다. 관세포의 구멍은 옆면에 있다(이중 화살표). 소나무와 가문비나무와 같은 양치류와 침엽수의 관다발 조직에서는 물관세포가 없으며 헛물관이 단단한 물관세포 역할을 한다.

단풍나무 수액은 영하의 밤을 지나 날이 따듯해지면 그제서야 흐른다. 그러나 모든 식물이 봄에 이런 수액을 올리지는 않는다. 버드나무, 느릅나무, 물푸레나무, 참나무의 수액은 초봄의 따뜻한 날에는 흐르지 않는다. 단풍나무의 물관부는 아침에(어둠이 지나간 후에) 수액으로 채워진다. 잎관과 잎맥에 찬 가스(예: 이산화 탄소)는 차가운 수액에 용해된다. 해가 떨어지고 기온이 낮아지면 단풍나무의 물관부에 수액이 가득 찬다. 이 수액은 맥관에 있던 이산화 탄소 가스와 함께 물방울이 되어 떨어지는데, 이때 설탕과 가스의 농도가 삼투압에 의해 뿌리끝의 주변 세포로 돌아간다. 밤의 기온이 지속적으로 내려가면 비어있는 물관이 얼고, 용해된 가스는 점점 압축된다. 그리고 이 물관부는 다음날 아침이 되기 전까지 수액과 가스를 함께 내보내는데, 수액이 다시 한 번 위로 올라가게 되면서 압력이 팽창한다.

동결과 해동의 주기는 나뭇잎이 형성되기 전 봄철 단풍나무의 수액 흐름을 유도하는 데 필수요소다. 꽃봉오리가 팽창하고 이른 봄에 잎이 펼쳐지기 전에 단풍나무 가지를 포함하여 다른 나뭇가지의 끝을 가지치기한다. 수액이 잘려진 가지의 끝에서 물방울로 떨어진다. 나뭇잎이 펴진 후에도 가지의 끝을 잘랐을 때 수액이 흐르는지를 확인한다. 기온이 높은 밤과 따뜻한 날이 밤나무에서 수액 흐름을 유도하지는 않는다. 단풍나무의 뿌리 압력은 분명히 잘린 나뭇가지까지 수액을 밀어올리기에 충분하다. 하지만 다른 식물들도 뿌리 압력으로 수액을 충분히 올릴 수 있을까?

자작나무나 야생 또는 재배 포도의 덩굴을 가지치기한 후에는 어떻게 될까? 뿌리세포의 높은 삼투압은 초봄에 포도덩굴과 자작나무 가지까지 수액의 흐름을 유도한다. 뿌리 압력이 여름밤에 통풍 과정을 일으키는 것과 같다. 포도덩굴이나 자작나무 가지의 절단면에서는 2~3분 안에 한 잔을 채울 수 있을 만큼 수액이 나온다. 뿌리세포를 통해 여과된 이 순수 수액은 수크로오스sucrose로 약간 달고 칼륨, 칼슘, 마그네슘, 나트륨 및 망간과 같은 무기질 영양소, 말산malic acid, 시트르산citric acid 및 숙신산succinic acid과 같은 간단한 유기산으로 인해 향이 난다. 그리고 다양한 아미노산을 포함한다. 야생 포도는 많은 숲과 버려진 들판에서 잡초가 될 수 있다. 봄 수액을 가볍게 추출하면 상쾌하고 소박하며 영양가 있는 음료가 된다.

04
꽃에서부터 씨앗으로의 여정

식물은 꽃을 피우고, 꽃이 진 자리에는 훗날 과일이 맺힌다. 꽃봉오리가 장차 피어날 꽃의 구조를 담고 있다면(그림 4.2), 씨앗에는 식물의 전체 구조가 담겨 있다(그림 1.2). 각각의 꽃을 주의 깊게 관찰하다 보면 앞으로 열리게 될 과일(그림 4.7)이 보인다. 수분이 많은 토마토, 토실한 호박, 달콤한 완두콩 등 모든 식물은 수꽃 혹은 수술의 꽃가루가 암꽃 혹은 암술의 꽃가루에 묻어 수분이 진행될 때부터 이미 씨앗이 형성되는 셈이다. 꽃의 수술, 암술 구조와 역할을 이해하면 꽃의 수분 과정과 수정이 되었을 때 일어나는 일, 과일 혹은 씨앗의 형태로 다음 세대가 태어나는 놀라운 과정을 그대로 이해할 수 있다. 즉, 아직은 완전하지 않은 수배우체가 암배우

그림 4.1 호박의 꽃과 줄기 사이로 쥐와 두꺼비, 수분매개곤충, 포식곤충, 해충 그리고 잡초가 공생하고 있다. 호박덩굴벌레squash borer moth는 왼쪽 가운데와 위쪽에 있는 두 꿀벌처럼 식물의 수분매개자다. 벌레의 유충이 호박줄기에 구멍을 뚫고 줄기와 잎에 상처를 남긴다. 사마귀와 그 아래에 있는 늑대거미, 그리고 호박 열매 아래 왼쪽의 장다리파리는 은밀하고 빠르게 움직이는 포식동물이다. 사마귀의 오른쪽에서 작은 깔따구가 정원 흙 위로 날아오른다. 이 흙은(무수한 곰팡이의 도움으로) 식물의 재활용 개체로 살아간다. 깔따구의 오른쪽 아래에 있는 키 큰 잡초는 목화와 오크라처럼 가시가 있는 잡초다.

체를 만날 때 꽃에서 과일까지의 여정이 시작되는 셈이다. 그림 4.3과 4.4는 이 긴 여정의 초기를 추적해보는데 도움이 될 듯 하다. 꽃이 씨앗을 맺는 여정으로 떠날 준비를 할 때, 수술의 있는 꽃가루 소포자가 우선 수배우체로 변형됨을 알 수 있다(그림 4.3, 위). 그리고 꽃의 암술에 있는 대포자 역시 암배우체로 바뀌게 된다(그림 4.3, 아래).

수분은 꽃가루의 소포자가 암술 위 끈적끈적한 부분으로 들어가서

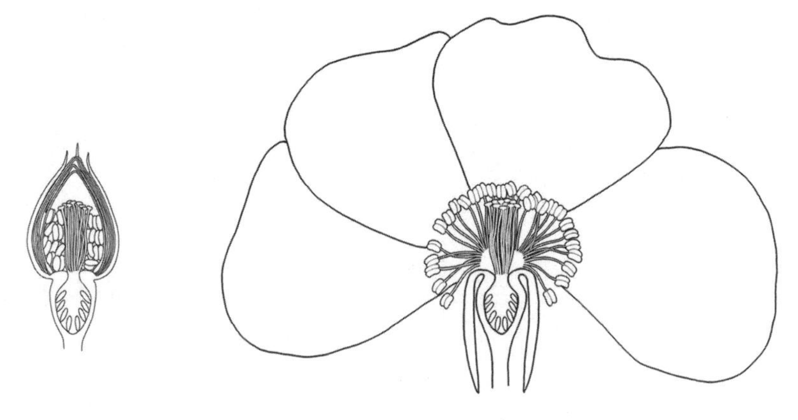

그림 4.2 간단해 보이는 꽃봉오리지만 그 속에는 장차 꽃이 될 구조가 들어있다. 장미꽃 수술 속에는 수배우체가 있고, 암술 속에는 암배우체가 있다. 수배우체의 정세포와 암배우체의 난세포가 결합하여 새로운 수정체가 만들어진다.

씨방 안의 밑씨(배주)에 있는 암배우체가 만난 후, 분열하고 성장하여 수정체를 형성하는 것을 말한다(그림 4.4). 꽃의 밑씨는 씨앗이 되고 밑씨의 외피는 종피가 된다. 밑씨 안에 암배우체는 핵이라 불리는 일곱 개의 세포와 여덟 개의 세포 기관으로 이루어져 있다. 일반적으로 모든 세포는 유전 정보를 포함하는 단일 핵을 가지고 있다. 중앙세포로 알려진 암배우체는 식물의 가장 큰 핵으로, 두 개를 가지고 있다. 수분 후, 암배우체의 세포는 수배우체 세포와 결합하여 씨앗의 배와 씨앗의 영양분이 되어 줄 배양체를 형성하며, 모두 종피(씨앗껍질)에 싸여 자란다. 일단 수술의 꽃가루가 암술의 끈적끈적한 표면에 붙으면, 암술의 아랫부분에서 밑씨와 결합이 될 수 있도록 관이 돋아난다(그림 4.4). 이때부터 어린 소포자 내에서 단일 세포는 비대칭적으로 분할을 시작한다. 작은 생식세포와 관세포가 생겨난다. 그리고 관세포

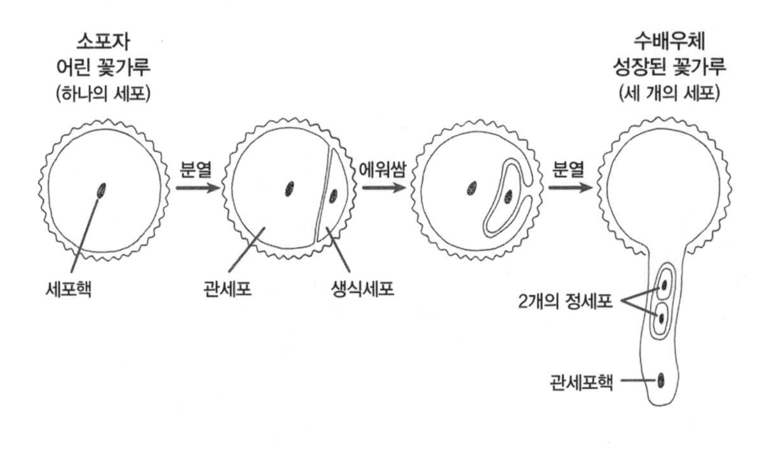

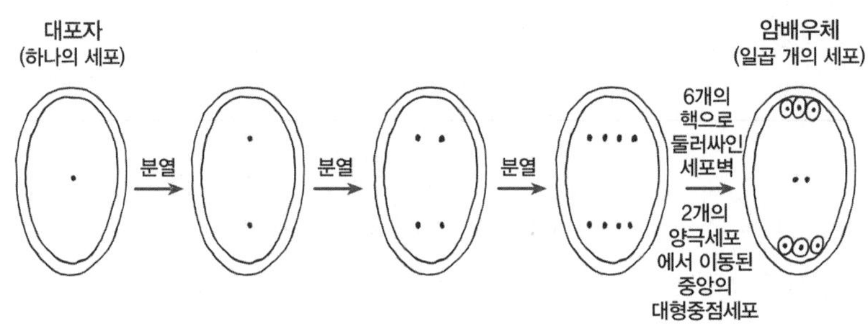

그림 4.3 위: 소포자에서 수배우체로의 성장은 꽃 속에서 일어난다. 꽃가루 입자의 수명은 단일 세포인 소포자에서 시작하여 세 개의 세포인 수배우체로 완성된다. 그림에서 세포의 핵은 흑점으로 표시되었다. **아래**: 대포자에서 암배우체로의 과정이 꽃 속에서 일어난다. 각 밑씨의 암술 아래에서 대포자라는 단일 세포는 일곱 개의 세포로 완성되고, 이를 암배우체라고 한다.

는 다시 분열하여 관세포 속에 두 개의 정세포를 형성한다. 두 개의 작은 정세포는 후에 밑씨에 이르는 여행을 떠나게 된다. 관세포가 완성되면 두 개의 정세포가 활동을 시작한다.

꽃가루관에는 세 개의 동일한 세포가 있다. 그 중 관세포는 두 개의 정핵에 둘러싸여 밑씨로 이동한다. 한 개의 정핵이 난자와 결합하여

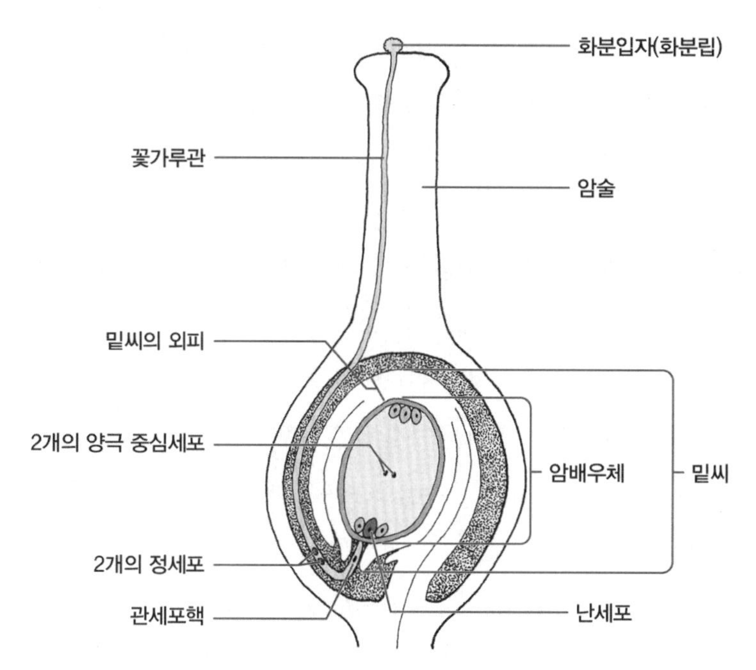

그림 4.4 꽃가루가 암술의 표면에 닿았을 때 수분이 생기고, 암배우체가 두 개의 정세포가 들어 있는 수배우체와 결합해 수정이 일어난다.

새로운 식물의 배를 만들고, 나머지 정핵은 난자의 큰 중앙세포의 극핵 두 개와 결합하여 속씨식물 씨앗에서 나타나는 영양조직 배젖이 된다. 배젖은 배의 성장을 도울 뿐 아니라 식물의 성장 초기에 영양을 공급한다. 밑씨는 관세포 내의 정세포 두 개와 융합된 후에 씨앗이 된다. 콩, 땅콩 및 사과의 밑씨는 씨앗이 발아할 때 이 배젖을 영양분으로 모두 사용한다(그림 1.2 및 1.3). 그러나 후추, 호밀, 토마토와 같은 다른 씨앗들에서(그림 1.4) 밑씨는 싹을 틔운 후 나중에 영양을 공급해주기 위해 발아하는 동안 영양분을 소모하지 않고 주위에 머물러 있는다.

표면이 끈적끈적한 암술을 찾아가는 꽃가루는 옥수수, 밀, 호밀처럼 바람에 의해서 수정되지만 대부분 곤충, 벌새, 박쥐의 힘을 빌려 수정된다. 그러나 수분이 이뤄지기 위해서는 종종 수동적인 운반보다는 더 많은 작전이 필요하다. 토마토, 가지, 감자, 블루베리, 크랜베리와 같은 일부 꽃의 경우 바람이나 곤충이 닿지 않을 수 있는 곳에서도 꽃가루 알갱이를 단단히 고정시키기 위해 관 모양을 만들어 꽃가루를 포획한다(그림 4.5).

이 꽃가루 알갱이가 암술에 도달하여 수분이 되려면 수술을 활발하게 흔들어줘야 하는데 이때 가장 좋은 방법이 바로 꿀벌의 윙윙거림이다. 이 윙윙거리는 소리는 수술을 미세하게 흔드는데 이 행위를 '음파 파쇄 수분'이라고도 한다. 이 방식은 꿀벌이 수술의 꽃가루를 아주 강력하게 흔드는 것으로 안경이나 보석에 달라붙은 먼지나 흙을 떼어내는 데 사용되는 '초음파 세탁기'의 주파수를 말하기도 한다. 초당 약 270회(270Hz)의 윙윙 소리가 발생하면 꽃가루 알갱이가 수술로부터 빠져나가게 된다. 꿀벌들은 이 과정을 통해 꽃가루와 꿀을 얻고, 일부는 암술에 이 꽃가루를 정착시켜 새로운 생명체가 시작되는 여정을 만든다.

정원에서 꽃을 자세히 관찰해보자. 우선 수술의 다양한 모양을 찾아본다. 대부분 둥근 모양이며 필라멘트라고 불리는 긴 줄기가 있다(그림 4.2 및 그림 4.7의 완두콩 꽃). 다른 형태로는 관형이지만 긴 필라멘트가 없다(그림 4.5와 그림 4.7의 토마토 꽃). 어떤 꽃에 수술 꽃가루가 뿌려지는 것일까? 화분립이 없는 부드러운 수술도 있을까? 나비, 딱정벌레, 파리, 말벌, 꿀벌 등의 수분 매개자는 각각 선호하는 꽃이 따로 있을까?

사탕무와 토마토의 꽃에서는 밑씨까지 도달하는 화분관의 길이가

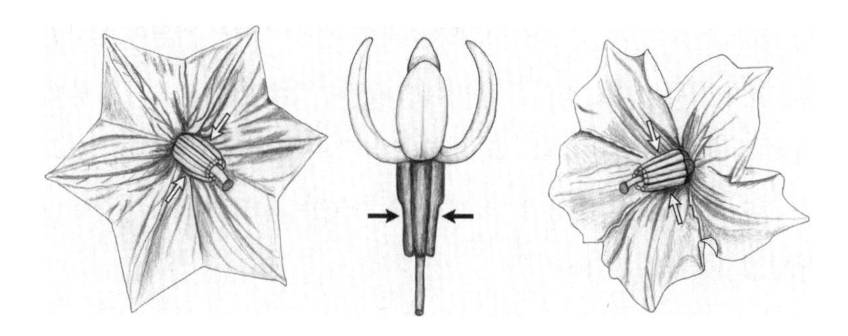

그림 4.5 화살표로 표시된 관엽식물의 줄기에 붙어 있는 꽃가루가 꿀벌의 윙윙 소리에 떨어져 나간다. 각각의 꽃 중앙에 암술이 있고, 그 주변을 수술이 에워싼다. 중앙의 크랜베리와 같은 진달래과의 일부 식물과 왼쪽의 가지, 오른쪽의 감자와 같은 가짓과 식물들의 꽃가루는 꿀벌의 윙윙거리는 소리에 의해서만 꽃가루가 떨어져 나가기도 한다.

2.5센티미터 정도로 매우 짧다. 그러나 이례적으로 옥수수의 화분관은 무려 61센티미터까지 길다. 때문에 식물에 따라 화분관에서 수정을 맺는 일은 불과 몇 시간이 걸릴 수 있지만 몇 달이 걸릴 수도 있다. 그러나 수정을 위해 이동해야 하는 거리가 수정을 완료하기까지의 시간과 반드시 비례하는 것은 아니다.

꽃가루와 암술의 만남

호박과의 식물은 많은 꽃을 피운다. 호박꽃은 꽃가루가 암술의 꼭대기에서 어떻게 밑씨가 있는 부분까지 찾아가는지 그 경로를 관찰하는 데 좋은 예가 되어 준다. 호박은 같은 식물에서 암꽃과 수꽃이 따로 핀다. 하나는 수꽃에서 꽃가루만 생산하고, 다른 하나는 암꽃이 피고 수분이 맺어지면 열매를 맺는다(그림 4.1). 첫 번째 꽃은 수꽃으로 수술만 있다. 그리고 두 번째는 암꽃으로 암술만 있고, 여기에서 과일이 생산된다. 꽃가루 특수 배양접시를 준비하여 꽃가루 알갱이가 이동하는 동선을 시뮬레이션 할 수 있다. 물, 당분(수크로오스), 꿀, 붕산 결정체, 그리고 마마이트Marmite(상업적으로 이용 가능한 효모 추출물)와 간단한 배양접시를 준비한다.

당분 2g
꿀 1.4g
붕산, 세 개 정도의 작은 결정
마마이트라는 농축 효모추출물의 유약 $1cm^2$ 가량
증류수 40mL

위 용액을 잘 섞어서 100밀리미터 배양접시에 담는다. 호박꽃 중 수꽃을 찾아내 노란 꽃가루를 모으고 배양접시에 뿌린다. 10분 동안 어떤 변화가 생기는지 관찰한다. 다음으로, 이 접시의 중앙에 암술을 놓는다. 몇 분간 수술의 꽃가루가 암술에 어떻게 반응하는지 관찰한다.

화분관 혹은 꽃가루 알갱이에서 얼마나 빨리 싹이 트기 시작할까? 싹은 얼마나 자랄 수 있을까? 화분관이 자라면서 근처의 다른 관에도 영향을 미칠까? 관이 서로 겹치거나 서로 피하면서 자랄까? 이 화분관의 싹은 무 씨앗에서 나오는 첫 뿌리의 뿌리털과 흡사할까? 수꽃 꽃가루는 하나 이상의 암꽃술과 수정이 가능할까? 실험실 배양접시에서 꽃가루와 암술 사이에서 일어나는 일을 관찰한 후, 정원에서 수분된 꽃이 어떻게 열매로 성장하는지를 동일하게 관찰해본다. 그림 4.6의 꽃

가루 상세 이미지는 식물의 숨겨진 아름다움을 보여준다. 존 뮤어John Muir는 식물의 가장 미세한 부분은 그 자체로 아름답고 의심할 여지없이 균형과 배려를 이루며 조화롭고 아름답게 서로 엮여 있다고 했다.

수분은 보통 씨앗과 과일이 만들어지는 가장 기초적인 현상(그림 4.7)이지만 늘 그런 것은 아니다. 수분이나 수정 없이, 씨앗을 만들지 않는 식물에서도 과일이 만들어질 수 있다. 슈퍼마켓에서 판매되는 씨 없는 수박, 씨 없는 오렌지는 수정되지 않은 꽃으로 만들어진 대표적인 과일이다. 식물이 꽃에서 과일로 변화되는 과정에서 수분과 수정을 대신할 수 있는 방법은 무엇일까? 씨 없는 과일이 만들어지는 과정을 과학적으로는 단위결실parthenocarpy(*parthenos*=수정 없이, 처녀; *carpy*=과일)이라고 부른다.

일단 수정이 이루어지면 꽃에서 과일로 변형이 진행되는데 이때 식물의 호르몬이 주요 생장을 관여한다. 우리에게도 친숙한 호르몬인 옥신, 지베렐린산, 사이토키닌이 대표적인 호르몬이다. 호르몬 홀로 꽃이 과일로 변화하는 역할을 하고 있을까? 만약 호르몬만이 이 변형 능력을 지녔다고 가정한다면, 꽃이 피는 시기에 이러한 호르몬을 외부에서 하나 이상 넣어주면 꽃은 수분이 되지 않았는데도 수분이 된 것처럼 행동하게 되는 셈이다. 고맙게도 정원용품 판매점에서 뿌리의 성장을 촉진시키는 파우더로 판매하는 옥신을 이용해 이 가상 실험을 쉽게 해볼 수가 있다.

성장 촉진 파우더를 토마토의 꽃에 각기 다르게 분무해보자(100mg/L과 500mg/L 살포). 여기에 식물성 기름 한 방울과 주방세제를 작은수저로 한 수저 추가한다(주방세제와 기름은 분무기로 호르몬

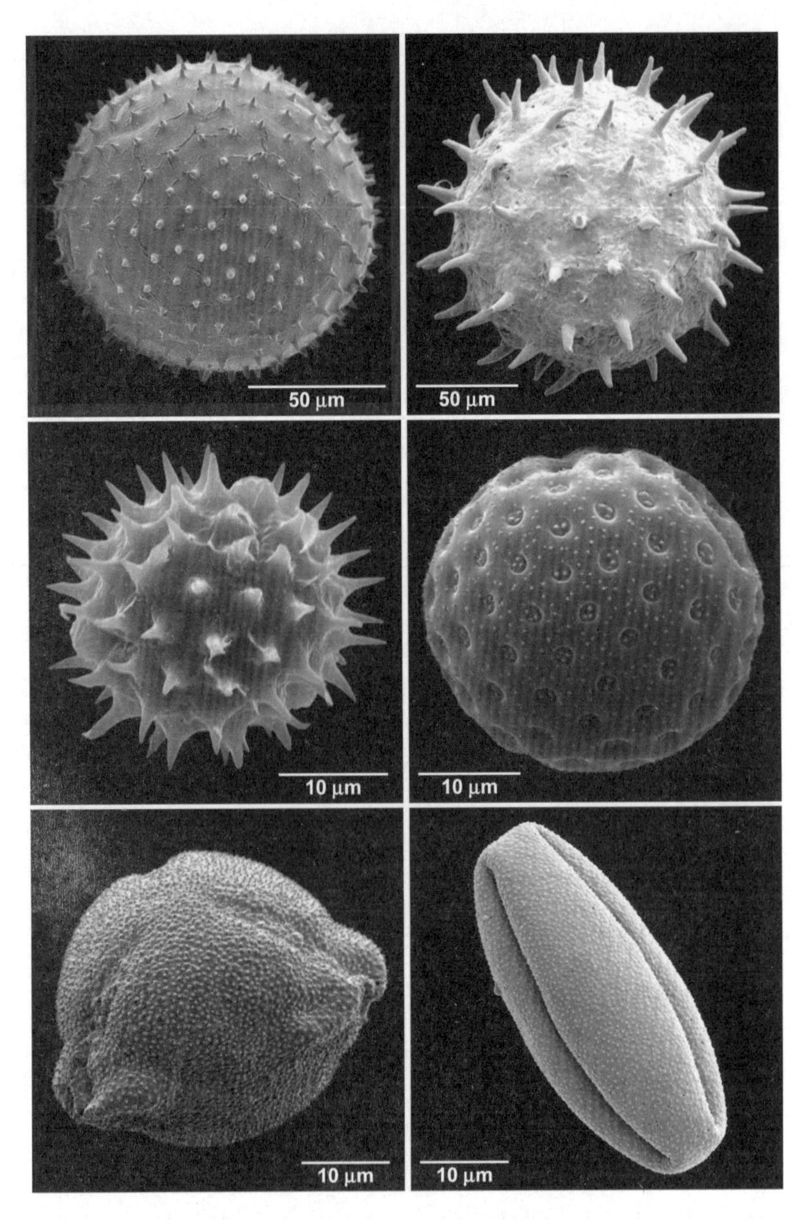

그림 4.6 전자 현미경으로 들여다본 대표적인 정원 채소의 꽃가루 알갱이 6종. 윗줄부터 순서대로 호박, 오크라, 해바라기, 시금치, 콩, 붉은 고추.

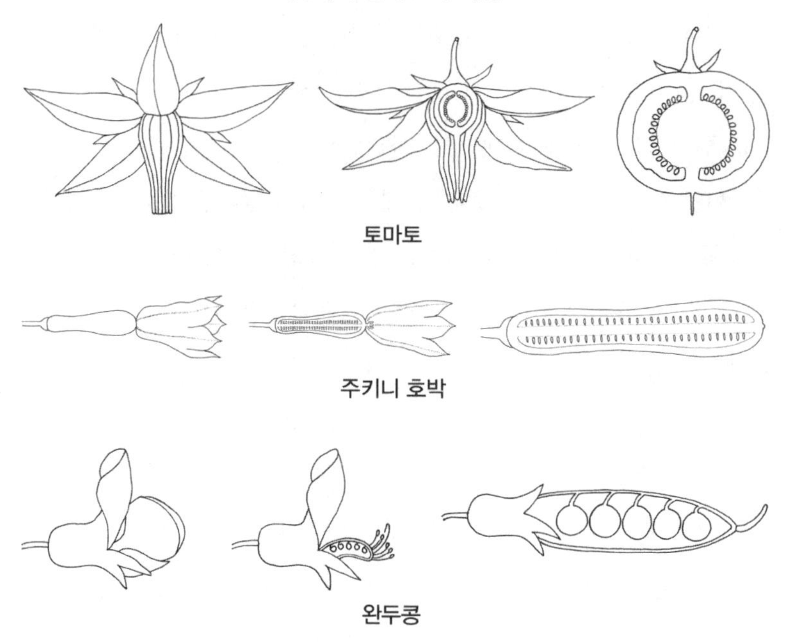

그림 4.7 꽃에서 과일의 형태로 어떻게 변화하는지 관찰할 수 있다. 꽃이 과일로 변화된 부분은 유실된 꽃, 성장하지 않은 부분과 성장하는 부분을 자세하게 관찰함으로써 확인할 수 있다.

을 뿌릴 때 꽃 표면에 부착되는 것을 돕는다). 옥신을 뿌린 경우와 뿌리지 않은 경우의 옥수수 씨앗 형태와 크기를 예측해보자.

씨앗과 포자의 차이점

우리가 관리하는 정원에서 키우는 식물의 대부분은 포자가 아니라 꽃이 피고 씨를 맺는 식물이다. 씨앗은 두 개의 포자, 웅성 소포자와 자성 소포자에서 유래한 두 세포의 만남으로 만들어진다. 그렇다면 이 씨앗의 형성은 어떻게 가능할까? 씨앗 형성은 포자와는 그 방식이 매우 다르다. 그 차이점은 포자를 만들어내는 이끼, 양치류의 생명주기(그림 4.10)와 씨앗을 만드는 호박, 토마토와 같은 개화식물의 생명주기(그림 4.8, 4.9)를 비교해보면 명확해진다.

씨앗은 두 개의 생식세포인 난세포와 정세포의 융합으로 발생하는 배에서 출발한다. 각각의 배우체는 전체 유전물질(2n)의 반(n)만 지니고 있다. 이 배우체는 식물의 생명주기 중 배우체 세대라고 불리는 시기에 나타난다.

정세포는 소포자와 수컷 배우체에서 파생되었고, 난세포는 대포자와 암컷 배우체에서 유래되었다. 정세포(유전물질 n)와 난세포(유전물질 n)가 결합된 결과로 태어난 배는 식물의 다른 세대, 즉 포자체 세대(n+n=2n)의 시작을 알려준다. 씨앗(2n)은 포자체의 시작을 의미하고, 포자(n)는 배우체 개체의 첫 번째 세대 구성원이다.

꽃이 피는 식물의 각 씨앗은 실제로 암술의 거대한 대포자 한 개와 수술의 작은 소포자 두 개의 만남으로 발생한다. 꽃 식물의 씨앗은 이후, 수술의 작은 미세포자에서 분열된 세 개의 수배우체와 암술의 큰 거대포자에서 분열된 일곱 개의 세포로 변형된다.

그러나 양치류와 이끼류와 같은 녹색식물은 포자에서 새싹을 만들고 씨를 형성하지는 않는다. 개화되는 식물의 씨앗은 배 형태로 자란다. 하지만 포자에는 배와 같은 조직은 없다. 씨앗은 많은 세포들로 이루어져 있지만 포자는 단지 하나의 세포일 뿐이다.

씨앗을 생산하는 모든 식물이 숨은 포자를 갖고 있다는 사실을 아는 사람은 거의 없다. 씨앗에서 나오는 모든 개화식물 또한 꽃의 수술

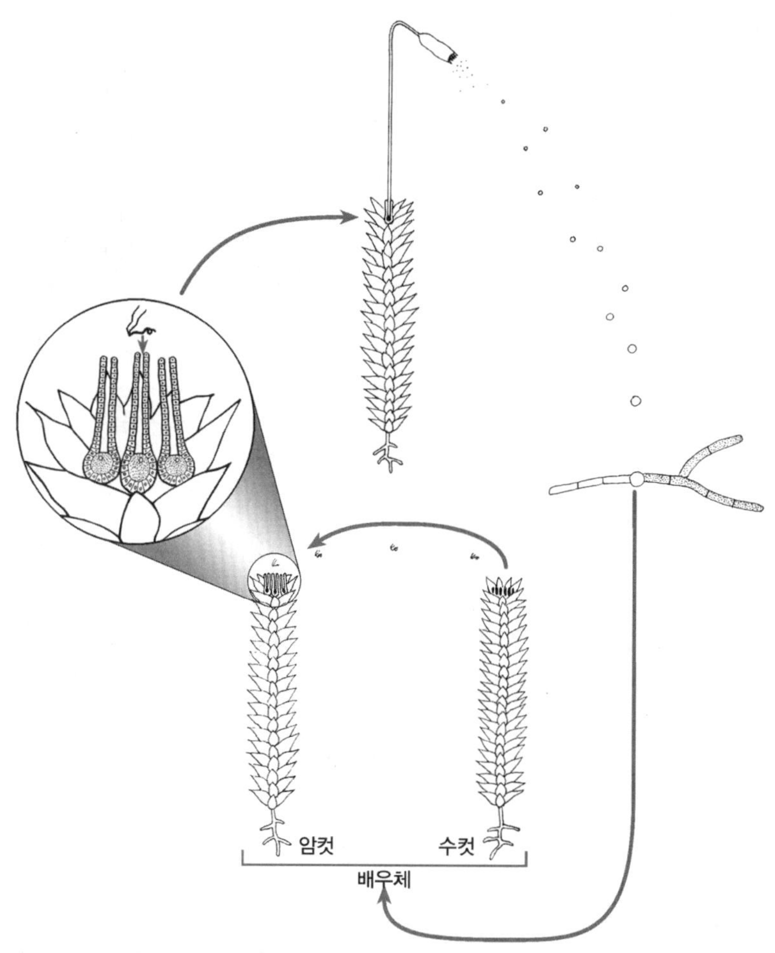

그림 4.8 이끼의 생명주기에서 포자체(씨앗의 역할을 하는 포자를 안고 있는 세포)는 영양을 위해 배우체에 의존한다. 확대된 모습에서 볼 수 있듯이 정세포와 난세포가 부유하며 만나는 과정이 포자체에서 이뤄지는 것을 볼 수 있다.

에 작은 포자를 생성하고 꽃의 암술에서는 대포자를 생산한다. 그러나 포자를 생산하는 식물이 모두 씨앗을 생산하는 것은 아니다. 이끼와 양치류는 꽃도 씨앗도 생산하지 못한다(그림 4.8, 4.9).

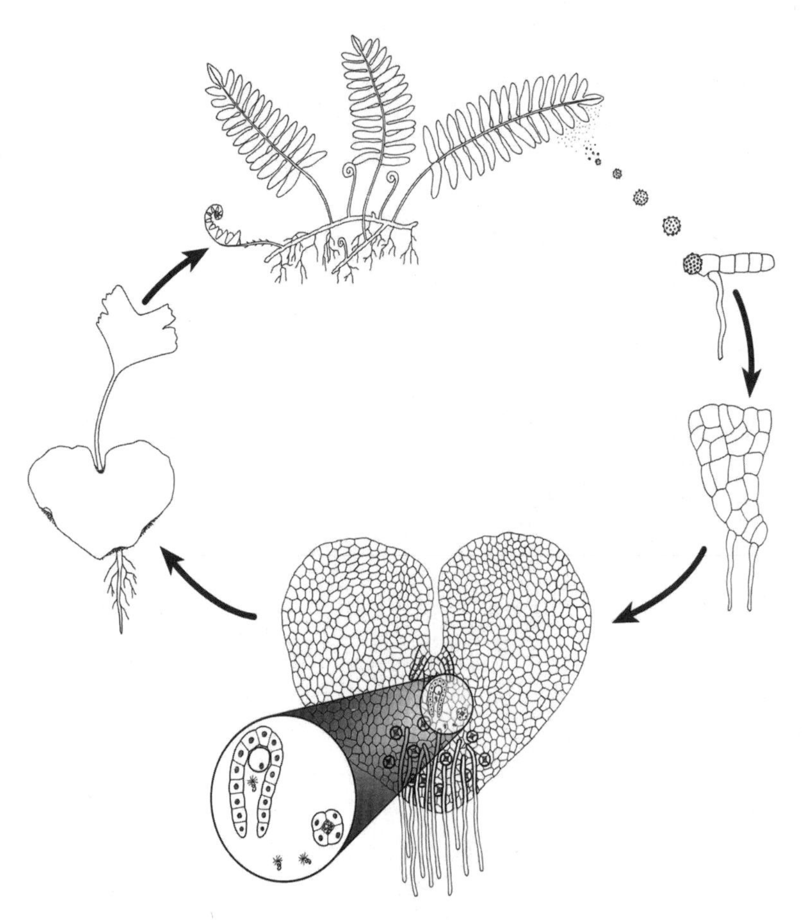

그림 4.9 고사리의 생명주기에서 포자체는 배우체로부터 독립된다. 양치류 식물은 배우체 시절, 포자체와는 별개의 식물로 성장한다. 포자체의 탄생은 정세포와 난세포가 만났을 때야 비로소 생겨난다. 양치류와 이끼의 배우체 기간 중에 장란기archegonia(*archae*=원생동물; *gonia*=암컷 생식기관)라는 구조에서 난세포가 만들어진다. 타원형 모양의 정세포도 배우체 기간 중에 장정기antheridia(*antheros*=수꽃; *idion*=작음)라고 불리는 세포 구조에서 헤엄쳐 나온다. 이렇게 나온 정세포는 편모를 이용해 물속을 헤엄치며 원형질체의 난세포와 융합을 시도한다. 그러나 꽃을 피우는 식물의 경우 꽃가루관이 편모가 퇴화되어 두 개의 정세포가 더 이상 유영을 하지 않는다. 반면 꽃이 피는 식물과 겉씨식물은 미리 형성된 소포자를 가지고 있다.

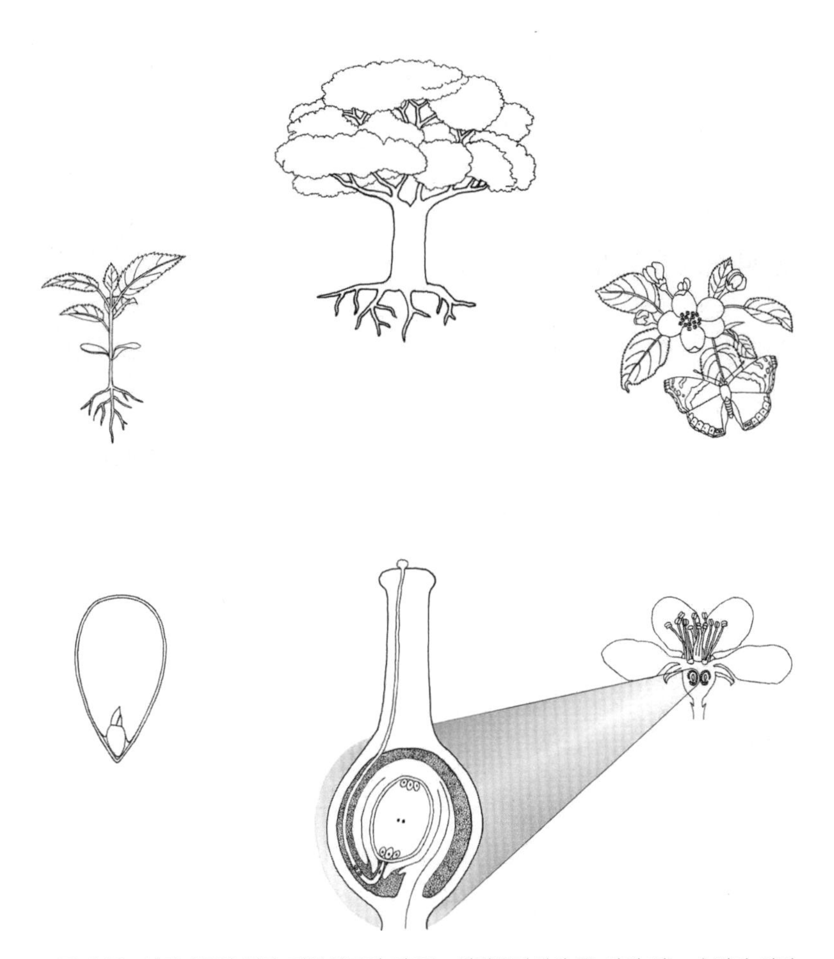

그림 4.10 사과나무와 같은 개화식물의 경우는 생명주기에서 꽃 안에 있는 수컷과 암컷의 배우체 모두 녹색의 포자체에 전적으로 의존한다. 확대된 이미지는 꽃가루(수배우체)와 밑씨의 중심부에 자리잡은 암배우체가 어떻게 만나는지를 보여준다. 꽃을 피우는 식물만이 꽃과 씨앗을 만들어낸다.

놀라운 사실은 각각의 씨앗에서 발견된 배가 실은 명백한 조직 없이 세포의 융합에서 비롯된다는 점이다. 세포에서의 이러한 융합현상은 예측이 불가능하다. 소포자와 수배우체, 대포자와 암배우체 안에는 앞으로 펼쳐질 이 놀라운 미래에 대한 어떤 예측도 관찰되지 않는다(그림 4.10).

꽃 피는 시기 알기

각각의 식물은 특정 계절에 피어나고 그 계절의 특징을 반영한다(그림 4.11). 우리는 봄에 튤립이 피고 여름에는 토마토, 가을에는 국화가 꽃봉오리를 연다는 것을 안다. 식물은 일정한 크기나 특정 연령에 도달해야 꽃을 피울까? 꽃을 피우는 시기에 대한 식물의 결정은 환경, 즉 계절에 대한 정보, 온도, 빛과 어둠의 길이, 강수량 등에 기초한다고 판단된다. 이러한 기능 중 하나 또는 전부가 식물의 의사결정을 내리는 데 도움이 되는 정보를 제공할까? 꽃의 개화 결정에 식물의 특정 부분이 필수적인 역할을 할까?

꽃이 봄에 피는 식물로는 튤립과 수선화, 여름에 피는 식물로는 루드베키아와 호박, 가을에 피는 식물로는 미역취와 국화, 적지만 겨울에 피는 식물로는 풍년화와 포인세티아 등이 있다.

계절에 대한 정보가 꽃을 피우는 시기에 결정적으로 중요한지 알아보기 위해 우선 식물은 일조량에 반응하여 꽃을 피운다고 가정해보자.

- 모든 식물을 동일한 온도와 비 조건에 맞추고 빛에 대한 노출만 다르게 한다. 루드베키아, 미역취, 국화, 콜레우스, 백일홍, 세이지 또는 작년 연말 시즌부터 자란 포인세티아를 매일 16시간 또는 8시간 동안 형광등 아래 둔다. 이 두 가지 노출 시간량은 각각 여름철과 겨울철에 야외에서 자라는 식물의 노출을 설정하는

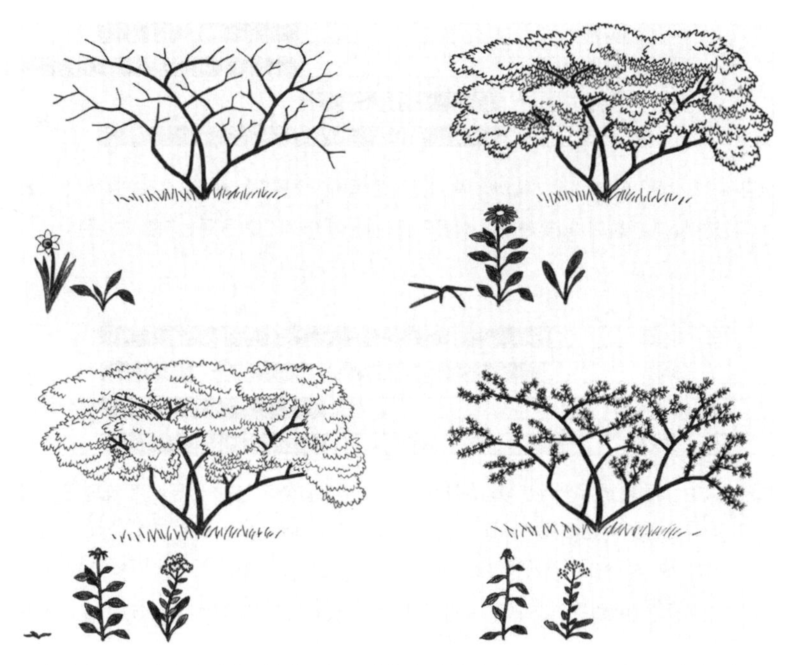

그림 4.11 사계절의 개화. 윗줄부터 순서대로 봄의 수선화, 여름의 루드베키아, 가을의 미역취, 겨울의 풍년화.

셈이다. 봄, 가을에 피는 식물의 일조량을 실험하려면 매일 12시간의 조명을 켜주면 된다. 무슨 식물이 어떤 빛의 조건에서 꽃을 피우게 될까? 빛의 노출과 관계 없이 개화하는 식물도 있을까?

– 식물들은 빛의 길이, 어둠의 길이, 또는 빛과 어둠의 길이에 모두 반응해 하루의 길이를 측정할까? 만약 식물이 빛의 길이를 측정한다면, 어둠의 길이에 관계없이 빛에 노출되면 무조건 꽃이 피어야 한다. 16시간 동안 빛에 노출한 뒤 16시간 빛을 차단하거나, 16시간 동안 빛에 노출하고 8시간을 빛을 차단하는 경우를 비교해본다. 또 8시간은 빛에 노출하고 8시간은 빛

☼ 16시간 8시간
☼ 16시간 16시간
☼ 8시간 8시간
☼ 8시간 16시간

그림 4.12 식물은 빛이나 어둠의 지속시간에 반응하여 하루의 길이를 측정할까? 이 도표는 다양한 빛과 어둠의 노출 시간이 식물의 꽃 결정에 어떤 영향을 주는지를 보여준다.

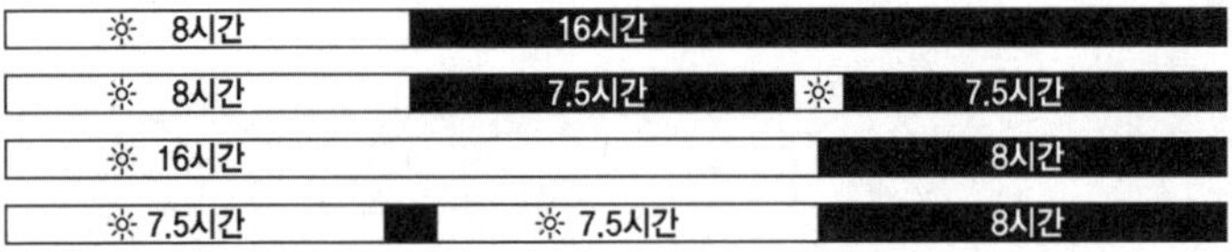

☼ 8시간 16시간
☼ 8시간 7.5시간 ☼ 7.5시간
☼ 16시간 8시간
☼ 7.5시간 ☼ 7.5시간 8시간

그림 4.13 식물은 하루의 길이를 측정하는 능력을 상실한다. 빛을 차단시켜 빛의 지속성을 중단시키고 빛을 노출시켜 어둠의 지속성을 중단시키는 것 중 어떤 과정이 더 식물이 꽃을 피우는데 큰 영향을 줄까? 둘 다 똑같이 영향을 받거나, 둘 다 영향의 요소가 되지 않을까? 이 도표는 식물의 개화 결정에 영향을 줄 수 있는 빛과 어둠의 지속성을 단절시키는 과정을 보여준다.

을 차단하는 것과 8시간은 빛에 노출하고 16시간은 빛을 차단하는 것의 결과를 비교해본다(그림 4.12). 여기에 변형실험을 추가해 빛의 차단 시간 중간에 한 시간 정도 빛을 공급해본다(그림 4.13). 16시간의 어둠, 8시간의 어둠 중간에 한 시간씩 빛을 공급해 방해해보자.

국화과의 식물(예: 아스타 혹은 루드베키아, 미역취와 보라색 수레국화)를 꽃이 피기 전에 서로 접목시키면 어떻게 될까? 이 두 식물 중 아스타와 미역취는 이른 가을에 꽃을 피우고, 수레국화는 초여름에 핀다. 2장에서 설명한 접목 기법을 사용하여 줄기, 잎 및 뿌리를 활용해 아스타 혹은 미역취와 수레국화가 하나가 되도록 접목시킨다.

식물 생리학자의 실험에 의하면 식물의 잎이 먼저 꽃을 피우도록 자극을 받은 다음, 봉오리나 싹의 줄기세포에 이 자극을 전달하는 것으로 나타났다. 그래서 잎이 제거된 상태에서는 빛의 길이에 관계없이 꽃이 피지 않는다.

오직 하나의 잎이 있는 식물은 정확한 계절에 꽃을 피울 수 있는 환경으로 충분한 정보를 계속해서 받아들일 수 있다. 어떤 요인은 식물이 노출되는 빛의 조건에 의해 식물 잎 안에서 유도되기도 한다. 추측하건대 이 요인은 잎을 통과하여 꽃봉오리의 형성을 유도한다. 접목된 식물 전체를 해의 길이가 짧은 날(8시간의 빛)에 노출시켜 꽃이 어떻게 피어나는지 확인한다. 동시에 또 다른 접목식물은 장시간(16시간의 빛) 노출시킨다. 각각의 실험식물에 꽃이 어떻게 형성되는지에 대한 결과는 무엇을 암시할까? 봄에 피어 짧은 빛의 노출이 필요한 식물이 장시간 빛에 노출되어 개화하는 식물을 자극할 수 있을까? 반대로 장시간 노출되어 개화하는 식물이 짧은 시간 노출되어도 식물의 개화를 자극할 수 있을까?

초여름에 꽃이 피기 시작하기 며칠 전 수레국화 또는 미역취를 잔디 깎듯 잘라주자. 늦여름에 피는 미역취와 국화 같은 식물도 늦여름에 꽃이 피기 시작할 무렵 잘라주자. 꽃을 피우려던 식물이 이렇게 잘렸을 때 어떤 식물군이 더 생장에 어려움을 겪을지 예측할 수 있을까? 이 식물들이 특정 시간 동안 꽃을 피우도록 유도하는 빛과 암흑 시간주기에 노출되면, 첫 꽃봉오리가 제거되더라도 결국 새로운 꽃봉오리를 형성하고 개화할까?

과일은 숙성할 시기를 어떻게 알까

사과상자 속에 썩고 있는 사과 하나가 상자 전체를 망쳐 놓는다 (그림 4.14). 과일의 숙성은 나무와 초본식물이 잎을 떨구는 가을, 잎의 노화와 함께 일어난다. 썩는 과정은 정말로 전염성이 있을까? 썩은 사과가 다른 사과와 접촉하거나 같은 공간에서 공기를 공유하면 이런 일이 일어날까? 썩은 사과에서 방출되는 어떤 물질에 대한 증거가 있을까?

잘 익은 사과 하나가 있다. 이 익은 사과와 바로 옆에 녹색(아직 덜 익은) 사과를 놓는다. 두 번째 녹색 사과는 잘 익은 사과와 떨어뜨려 둔다. 그리고 이 그룹과 분리된 덜 익은 사과 두 개를 서로 접촉한 상태로 배치하고, 잘 익은 바나나와 접촉하여 네 번째 사과를 놓는다.

이 관찰의 목적은 완숙한 과일에서 방출되는 어떤 물질이 덜 익은 과일에 어떤 영향을 주는지를 알아보는 것이다. 플라스틱 통에 토마토, 배, 사과, 바나나 등의 과일을 덜 익은 과일과 익은 과일로 분리해 넣어둔다면 각각의 과일이 익는 데까지의 시간에 어떤 영향을 미치게 될까?

– 깊은 비닐 봉투 안에 단단한 녹색 사과와 아주 잘 익은 사과 두 개를 서로 접촉하도록 놓는다.
– 두 개의 사과가 서로 15센티미터 떨어지도록 하되, 동일한 비닐 봉지에 넣는다.
– 각각 다른 비닐봉투에 단단한 녹색 사과와 익은 사과를 따로 넣는다.
– 비닐봉투에 두 개의 덜 익은 녹색 사과를 같이 둔다.

그림 4.14 썩은 사과 하나가 근처 사과와 바나나의 숙성을 가속화한다.

– 덜 익은 배와 바나나 등의 과일로 동일한 실험을 시도할 수도 있다.

식물이 생성한 화학물질은 가까운 거리가 있는 다른 식물의 조직과 세포에 영향을 줄 수 있다. 그러나 한 식물이 다른 식물에게 무엇인가를 전달하려면 화학물질이 가스 또는 액체 형태여야 한다. 설탕과 같이 식물이 생산하는 고형 화학물질은 물에 녹을 때만 움직인다. 어떤 경우에는 화학물질이 활동을 촉진하기도 하고 억제하기도 한다. 썩은 과일이나 익은 과일이 다른 과일의 숙성(노화)을 촉진하는 물질을 생산한다면, 그 화학물질은 호르몬일 것이다. 이 호르몬은 어떤 화학적 형태(액체 또는 기체)로 작용할까? 수 세기 동안 중국 농부들은 과일을 잘 익게 하기 위해 저장용기에 향을 태웠다. 다른 나라의 농부들은 같은 목적으로 소똥을 태웠다. 우리는 향과 소똥의 연기가 과일 숙성을 담당하는 물질인 에틸렌 가스를 함유하고 있음을 알고 있다.

그러나 열매의 숙성 속도를 높이는 에틸렌은 줄기, 잎, 꽃, 과일이 되는 싹의 성장을 늦출 수 있다. 앱시스산은 씨앗의 발아뿐만 아니라 싹의 성장을 억제한다. 이 두 유사한 식물 호르몬은 다른 호르몬의 작용에 대항하기 위해 함께 연합하여 작용하기도 한다.

감자의 눈은 감자의 성장에 관한 모든 정보를 담고 있다. 잘 익은 열매가 설익은 열매에 미치는 영향과 이 열매가 감자 싹에 미치는 영향을 비교한다. 어둠 속에 방치하면 감자는 곧 눈에서 줄기와 잎을 내보낸다. 이때 감자를 잘 익은 바나나 또는 사과와 두면 어떻게 될까?

- 과일과 감자를 한 줄씩 배열하고 건조하고 어두운 곳에 둔다.
- 감자와 함께 종이봉지에 잘 익은 사과 또는 잘 익은 바나나를 놓는다.
- 감자를 사과나 바나나 없이 종이봉지에 넣는다.

식물의 생애에 옥신, 사이토키닌, 지베렐린산, 앱시스산 및 에틸렌과 같은 호르몬은 중요한 순간마다 반복해서 나타난다. 옥신, 지베렐린산 및 사이토키닌은 꽃을 만개할 수 있도록 하지만, 과일을 덜 익게 한다. 에틸렌과 앱시스산은 덜 익은 녹색과일을 단맛, 다채로운 익은 맛으로 바꾸는 임무를 맡는다. 이 호르몬들의 미묘한 균형이 수정에서부터 과일 숙성으로 가는 여정까지의 운명을 지배한다는 것은 더 이상 놀라운 일이 아니다(그림 4.15).

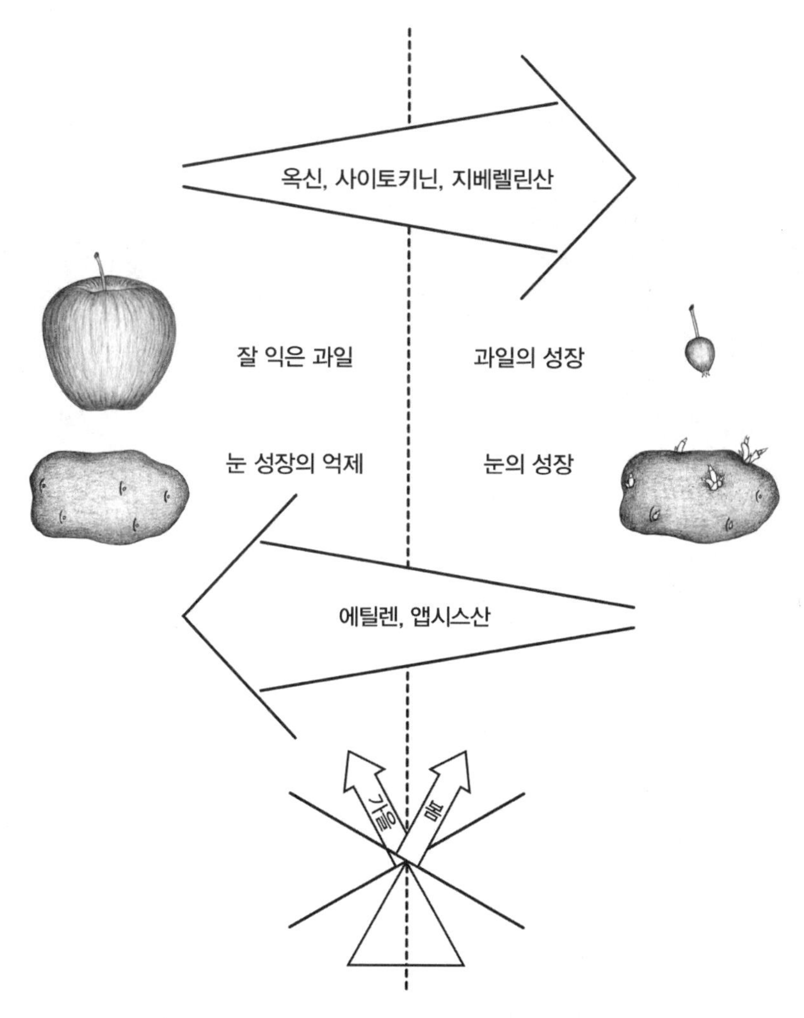

그림 4.15 옥신, 사이토키닌, 지베렐린산, 에틸렌 및 앱시스산은 과일이 성장하는 동안 호르몬 수치를 높이거나 낮춰 초기 성장과 궁극적 숙성을 야기한다. 호르몬의 균형은 가을 과일의 운명과 봄 새싹의 운명을 결정한다. 마치 한 세트처럼 움직이는 두 식물 호르몬의 균형에 의해 식물은 봄에는 새싹의 성장을 유발하고, 매년 가을엔 산과 에틸렌의 양이 증가해 봄까지 휴면에 접어들게 된다.

05

태양에서 얻는 에너지와 토양의 영양분

배추의 넓은 녹색 잎은 태양으로부터 에너지를 수집하여 더 크고 넓게 자란다. 식물은 햇빛으로부터 만들어지는 녹색 색소인 엽록소를 사용해 에너지를 모으고 태양 에너지를 화학에너지로 변환한다. 광합성photosynthesis(*photo*=빛; syn=함께; *thesis*=정렬)에서 모든 녹색 식물은 햇빛 에너지를 식물과 모든 동물이 사용할 수 있는 형태인 당분이라는 화학에너지로 전환시킨다. 이 과정으로 햇빛의 에너지와 이산화 탄소(CO_2)와 물(H_2O)의 간단한 화합물이 결합되고, 동시에 포도당($C_6H_{12}O_6$)과 산소(O_2)가 생산된다. 식물이 지구에서 생명을 유지하기 위해 햇빛과 화학물질을 어떻게 사용하는지를 알아내려고 과학자들은 수많은 시간 동안 연구를 거듭했다.

그림 5.1 양배추과의 식물이 제공하는 에너지와 영양분은 나비 유충과 잎을 씹어먹는 벼룩잎벌레flea beetle에게 먹이로 직접 전달된다. 결국 식물의 에너지와 영양분이 유충과 벌레에게 전달되고, 이것이 쥐, 두꺼비, 땅벌, 명주딱정벌레에게로 옮겨지는 셈이다. 유충 사냥과 무관하게 노린재가 잡초 씨앗을 찾고 있다.

18세기까지는 식물의 광합성과 화학반응에 대해 밝혀진 것이 거의 없었다. 식물의 햇빛 노출과의 연관성을 조사한 관찰은 영국 과학자 조지프 프리슬리Joseph Priestley에 의해서였다. 그는 햇빛에 노출되었을 때 식물이 소위 보관물질을 생산한다는 것을 밝혀냈고, 이 물질이 새로운 화학원소라는 것도 알아냈다. 밀폐된 투명용기 안에서 촛불을 태우면 초가 곧 꺼지는데 이는 공기의 고갈 때문이다. 밀봉된 용기 안으로 공기가 들어가는 것을 막기 위해 프리슬리는 식물을 심은 화분 옆에 양초를 놓은 뒤, 전체를 큰 유리 용기로 덮었다(그림 5.2).

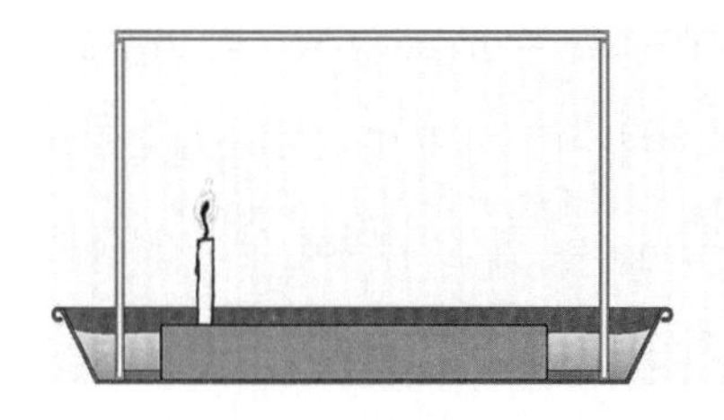
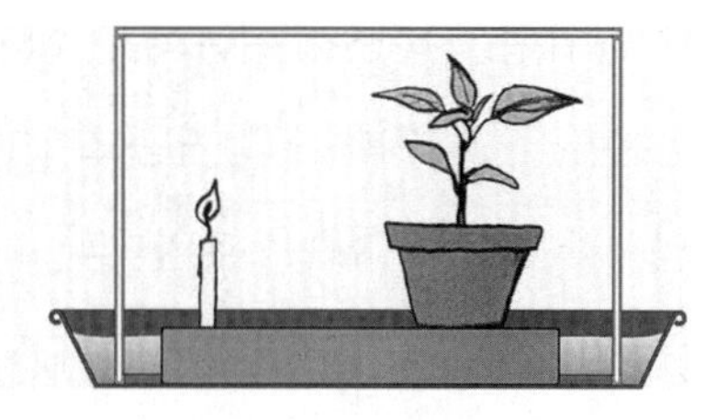

그림 5.2 밀폐된 용기에 담긴 양초는 곧 불이 꺼진다. 그러나 동일한 상태로 식물과 함께 있는 양초는 식물이 햇빛 아래에서 광합성을 수행하는 동안 계속 불꽃을 피운다.

그는 이 실험을 통해서 공기의 공급이 식물과 관련 있음을 관찰했다. 햇빛을 받은 식물들은 유리로 밀폐된 공간 속에 공기를 공급하는 능력을 보였고, 이로 인해 촛불이 지속적으로 탈 수 있었다. 이 식물이 만들어내는 물질이 '산소'라는 것이 밝혀졌고, 이로 인해 새로운 화학 원소가 만들어지기도 했다. 더불어 산소를 배출하는 동시에 식물이 이산화 탄소를 흡수한다는 사실도 알려졌다. 이 실험을 통해 18세기 말 식물의 광합성 작용이 과학적으로 밝혀졌고, 이후 세부사항은 지금도 여전히 전 세계 과학자들에 의해 연구되고 있는 중이다.

방이나 현관의 밝고 햇볕이 잘 드는 곳에 작은 유리 수조나 수족관을 준비한다. 벽돌이나 물체를 한쪽 구석에 세워서 그 위에 불을 켜놓고 촛불 위에 유리 용기를 엎어놓는다. 밀폐된 유리덮개 밑에서 촛불은 얼마나 오래 탈까? 이제 촛불을 다시 켜고 작은 화분을 옆에 놓은 뒤 다시 유리덮개를 덮는다. 식물의 존재가 촛불이 계속 타게 할 수 있을까? 만약 날이 흐리다면 식물의 공기 복원력은 어떻게 진행될까?

수생식물 엘로데아*Elodea*를 수족관의 밝은 햇빛 아래에 두면 엘로데아 잎에 급속히 거품이 생기기 시작한다. 엘로데아 잎이 햇볕을 받아 광합성을 하면서 이산화 탄소와 물을 흡수한 뒤 당분으로 바꾸고, 남은 물질을 수백 개의 거품으로 배출하는데 이게 바로 산소다. 유리 덮개가 덮인 수족관은 태양빛과 수생식물의 협업에 의해 산소가 생겨나고 이로 인해 물고기와 곤충이 살아갈 수 있는 생명의 장소가 된다.

궁극적으로 태양 에너지를 사용하는 것 외에도, 모든 생물은 궁극적으로 토양에서 파생된 영양소가 필요하다. 양배추의 구불거리는 뿌리는 토양의 영양소를 8배로 농축하여 모아놓는다. 벼룩잎벌레와 유충은 이렇게 농축시킨 양배추의 영양소를 먹으며 에너지원으로 사용한다. 그리고 두꺼비, 말벌, 딱정벌레처럼 사람도 양배추를 먹으며 이제는 5배 더 농축된 에너지와 영양분을 얻는다.

식물의 성장에는 태양 에너지가 절대적이다. 알래스카는 여름에 거의 24시간 내내 태양이 뜬다. 이 '백야의 땅'은 기록상 가장 큰 배추를 재배한 곳이다. 이곳의 채소는 24시간 동안 광합성을 하며 자라게 된다. 알래스카 농부인 스캇 로브가 생산한 62.7킬로그램의 양배추는 2012년 알래스카주 축제Alaska State Fair에서 새로운 세계 기록을 세웠다. 이 기록을 깨기 위해서는 더 많은 햇빛과 토양의 영양분을 사용해야 한다(이전 알래스카주 양배추 재배 최고 기록은 57킬로그램이었다).

과일과 견과류 열매를 맺는 데에도 많은 에너지가 필요하다. 떡갈나무, 너도밤나무, 사과나무와 같은 나무들은 2~5년마다 풍성한 열매를 맺는다. 해를 걸러 풍성한 열매를 맺는 현상을 영어로는 '마스트mast'라고 한다. 이렇게 해를 건너서까지 살찌고 풍성한 열매를 맺는 데 많은 에너지를 소비하는 이유는 아직 잘 알려지지 않았지만, 이런 종류의 나무들은 열매 맺기를 쉬는 해에는 휴식을 취하여 더 많은 영양분과 에너지를 모아 그 다음 해에 크고 알찬 열매를 맺는 데 온 힘을 쏟는다.

가을철 해가 짧아지면서 빛에 대한 노출이 날마다 줄어들 때, 인공조명을 켜주면, 후가 에너지가 제공된다. 이 효과로 엽록소 생산이 계속 촉진되어 나뭇잎의 수명이 연장되고, 노화현상도 늦춰진다. 가로등이 켜진 주변으로 초록 잎이 유난히 풍성한 이유는 나뭇잎들이 가로등의 빛을 여분으로 더 흡수하기 때문이다. 이 빛을 받은 잎들은 엽록소를 추가로 만들어 포도당으로 전환시켜 영양분으로 공급하게 된다. 당분 함유량이 많은 잎들은 노화가 더디게 진행되고, 마침내 단풍이 드는 경우에도 강렬한 밝기의 빨강과 주황, 노란색으로 변환된다. 식물의 성장에는 반드시 에너지가 필요하다. 식물은 자신의 굵기와 키를 키우는 데 많은 에너지를 사용한다. 이 에너지의 근원이 태양으로부터 공급되기 때문에 만약 빛을 받는 면적이 일부 혹은 대부분 차단될 경우 식물은 성장 속도가 줄어들 수밖에 없다.

식물이 빛에너지를 사용하여 성장하는 방법

식물이 햇빛에너지에 골고루 노출되면 식물은 곧게 자라고, 녹색을 띠게 된다. 그러나 식물이 한쪽 면만 햇볕에 노출되면 햇빛에 노출되지 않은 쪽이 노출된 쪽보다 늘어나 휘어지는 현상이 생긴다. 결론적으로 태양으로부터 더 적은 에너지를 받는 잎, 줄기 및 뿌리 부분이 상대적으로 더 많은 햇빛에너지를 받는 식물보다 길어지는 셈이다. 만약 식물 전체가 완전히 어두운 곳에 있어서 저장해둔 에너지 외에 어떤 빛 에너지도 얻을 수 없다면 어떤 반응이 일어날까? 동물의 경우, 식물이나 초식동물을 먹지 못하여 화학에너지를 얻지 못하게 되면 점점 야위고 창백해져서 결국에는 에너지가 고갈되어 굶어 죽게 된다.

세 개의 화분에 세 개의 콩을 심는다. 잎 두 개가 지상으로 올라오면 화분 중 하나를 완전히 어두운 상자, 캐비닛 또는 실내로 옮긴다. 또 다른 화분은 직접 빛을 받을 수 있도록 해주고, 마지막 세 번째 화분은 한쪽 면만 빛에 노출시킨다. 모든 화분의 흙은 발아가 잘 되도록 촉촉하게 유지한다. 10일 후 세 화분 속의 콩을 확인해본다(그림 5.3). 햇빛 에너지에 대한 노출의 차이에 따라 식물의 지상과 지하 부분의 반응은 어떻게 달라졌을까? 10일 동안 콩의 떡잎은 모두 줄어들었을까? 식물의 지하 부분을 확인하기 위해 물이 큰 그릇에 식물의 뿌리를

그림 5.3 이 세 화분 속 식물은 같은 온실에서 10일 동안 자랐지만 빛의 노출 조건이 제각각 달랐다. 가운데 화분은 햇볕을 그대로 받은 상태이고, 오른쪽 화분은 상자에 넣어 한쪽에서만 빛을 쬐어주었고, 왼쪽의 화분은 빛이 안 드는 닫힌 상자에 넣었다.

담고 부드럽게 흙을 제거해본다. 지상에 가까운 부분부터 흙 속 깊이 위치한 뿌리까지 어떤 영향을 미쳤는지 조사해본다.

햇빛으로부터 에너지를 포착하지 않을 때도 식물이 부분적으로 성장하게 되는 원인은 무엇일까? 더 적은 빛에 노출된 식물이 더 크게 성장한 이유에 대해 어떤 가설을 세울 수 있을까? 이 가설들을 시험해 볼 수 있을까? 식물이 지니고 있던 에너지를 모두 소진하기 전까지 식물들은 어둠 속에서 얼마 동안이나 살 수 있을까?

식물은 이산화 탄소와 물을 결합시켜 당분을 만드는데 햇빛에너지를 사용한다. 이 때의 화학적 조합은 무엇일까?

$$\text{광합성: } 6CO_2 + 12H_2O + \text{빛에너지} \rightarrow C_6H_{12}O_6\ (\text{포도당}) + 6O_2$$

고온다습한 날에는 식물이 물방울이 들어오는 것을 막을 뿐만 아니라 이산화 탄소의 침투를 막기 위해 기공을 닫는다. 그러나 이렇게 되면 산소가 잎 속에 갇히게 되면서 광합성 작용이 역작용을 일으켜 오히려 포도당(글루코스$_{\text{glucose}}$)의 생산을 감소시키게 된다. 광합성의 이러한 반전은 당분의 생산을 감소시킬 뿐만 아니라 이산화 탄소를 다시 발산하는 '광호흡'이 일어난다.

$$\text{광호흡: } C_6H_{12}O_6\ (\text{포도당}) + 6O_2 + 6H_2O \rightarrow 6CO_2 + 12H_2O + \text{에너지}$$

일부 식물은 추가적인 에너지를 사용해 모든 이산화 탄소가 광합성을 위해 사용되고, 분산되지 않도록 만들어 비효율적인 포도당 및 이산화 탄소 손실을 극복한다. 식물들은 모든 이산화 탄소를 광합성의 초기 단계로 보내는데, 이 초기 단계 동안 이산화 탄소의 각 분자는 먼저 다섯 개의 탄소(C5)분자와 결합해 여섯 개의 탄소화합물(C6=포도당)이 되기 전인 세 개로 결합된 탄소 유기화합물(C3=포스포글리세린산)을 두 개 만든다. 이것이 광합성의 최종 생성물이다.

광합성의 첫 번째 단계는 탄소 고정이라고 한다.

$$6CO_2 + 6C_5H_{12}O_6-2PO_3^{-3} \text{ (리불로스 이인산ribulose bisphosphate)}$$
$$\rightarrow 12C_3H_6O_4-PO_3^{-3} \text{ (포스포글리세린산phosphoglycerate)}$$

모든 식물은 광합성 작용의 첫 번째 반응으로 세 개로 결합된 탄소화합물을 생성한다. 그러나 지구식물 약 10%는 3탄소 화합물에 태양으로부터 추가 에너지를 받아 4탄소(옥살로아세테이트oxaloacetate, 말산염malate)를 만들기도 한다. 이산화 탄소를 흡수해 광합성의 첫 번째 단계만 수행하고 탄소화합물만 생성하는 식물을 'C3 식물'이라고 한다. C4 및 C3 식물은 두 종류 모두 포도당과 동일한 C6 최종 생성물을 형성한다. 그러나 C4 식물은 광합성의 필수 매개체인 이산화 탄소를 보다 효율적으로 사용한다는 특징이 있다.

이 C4 식물에서 이산화 탄소는 3탄소 포스포엔올피루브산염phosphoenolpyruvate, 피루빈산염pyruvate과 분자(미립자) ATP의 에너지인 인산염phosphate과 결합한다(그림 5.4). C4 식물의 세부 광합성 화학반응은 박스 5.1에 표시돼 있다. C4 식물은 산소와 광호흡의 간섭 없이 잎맥을 둘러싸고 있는 특수세포에서 이러한 화학 반응(1C4~4C4)을 수행할 수 있다. 잎세포의 조직화는 C4 세포의 특징이며, C3 세포가 단순히 달

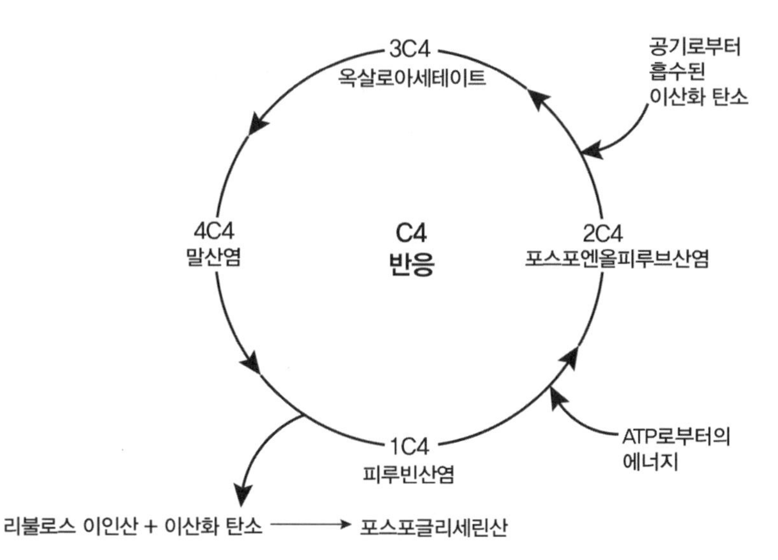

그림 5.4 광합성의 첫 단계로 이산화 탄소를 통과시키고 광호흡을 피하는 C4 식물의 반응을 나타낸 다이어그램.

성할 수 없는 세포 내 이산화 탄소의 축적을 수행할 수 있다(그림 5.5).

C4 잎에서 발견되는 특수 번들(외피 세포 내에서의 반응)에서 생성된 말산염은 C3 경로에 의해 고정된 이산화 탄소로 분해하고, 이산화 탄소의 손실을 최소화하면서 C4 사이클을 다시 시작하기 위해 피루빈산으로 처리된다. C3 경로보다 C4 포스포엔올피루브산염 경로가 이산화 탄소를 고정시키는 데 더 많은 에너지가 필요하다. 그러나 광호흡을 피할 수 있고, 광합성의 역전을 막는 데 필요한 에너지를 피할 수 있다.

C4 식물은 낮은 토양 수분, 고온 및 높은 광도 조건에서 C3 식물보다 우수하다. C4 식물은 강렬한 여름 햇빛 아래에서 여분의 태양에너지를 얻을 수 있으므로 C4 광합성을 수행할 능력이 부족한 주변의 다른 식물보다 유리하다. 여름철 건조기에 바랭이, 대극, 민들레와

5.1 C4 식물이 많은 태양 에너지를 사용하여 더 많은 이산화 탄소를 보존하는 방법

(1C4): $C_3H_3O_3^{-1}$ (피루빈산염) + ADP-PO_3^{-2} + NADPH
→ $C_3H_4O_3$-PO_3^{-3} (포스포에놀피루브산염) + ADP + NADP

피루빈산염과 같은 분자로의 에너지 전달은 보편적인 에너지 통화로 알려진 분자 ATP 또는 GTP(아데노신 또는 구아노신 3인산)로부터 인산기phosphate group를 첨가함으로써 발생한다. 분자에서 분자로 에너지가 풍부한 인산기의 교환을 보다 쉽게 수행하기 위해 ATP를 ADP-PO_3^{-2}로, GTP를 GDP-PO_3^{-2}로 지정할 수 있다.

이러한 생화학적 반응에서 보편적인 전자 수용체는 NADP(니코틴 아미드 아데닌 디 뉴클레오티드 포스페이트)이고, 그 전자 공여체는 NADPH이다. 생화학 반응에서 전자가 상실되거나 획득될 때마다 양성자가 동반된다. 이 전자와 양성자의 쌍은 수소 원자(H)로 지정된다.

세 개가 더 추가된 C4 반응(2C4 내지 4C4)은 광합성을 위해 이산화 탄소를 생성하고 피루빈산염을 재생시킨다.

(2C4): CO_2 + $C_3H_4O_3$-PO_3^{-3} (포스포에놀피루브산염) + GDP + NADP
→ $C_4H_3O_5^{-1}$ (옥살로아세테이트) + GDP-PO_3^{-2} + NADPH

(3C4): $C_4H_3O_5^{-1}$ (옥살로아세테이트) + 2 NADPH
→ $C_4H_5O_5^{-1}$ (말산염) + 2 NADP

(4C4): $C_4H_5O_5^{-1}$ (말산염) + 2 NADP → $C_3H_3O_3^{-1}$ (피루빈산염)
+ CO_2 + 2 NADPH

이러한 C4 반응에 의해 생성된 이산화 탄소(1C4 내지 4C4)는 C3 광합성의 첫 번째 단계(위에 도시됨)로 보내져 당분을 형성하는 데 사용된다. C4 식물에 의해 생성된 이산화 탄소는 C3 광호흡에서와는 달리 손실되지 않는다.

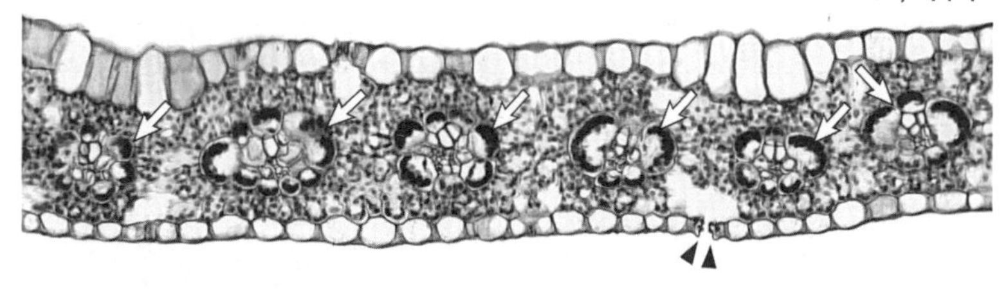

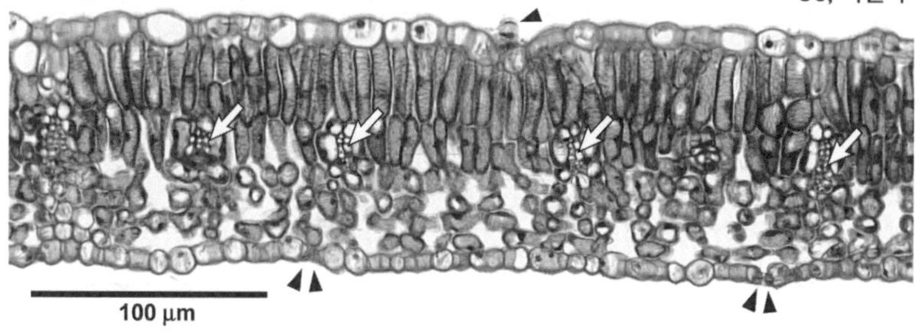

그림 5.5 C4계 식물과 C3계 식물에 대한 잎구조의 비교는 C4 잎의 특수화학반응을 담당하는 잎맥을 둘러싼 묶음칼집세포(화살표)의 다른 배열을 보여준다. 이곳은 이산화 탄소의 포도당으로의 전환을 극대화시킨다. 다발 피복세포에서 이산화 탄소의 농도는 여전히 높다. 단일 화살촉은 라일락 잎표면의 모상체trichome(식물에 붙어있는 털로, 모용이라고도 한다) 부분을 가리키며, 이중 화살촉은 기공을 가리킨다. C4계와 C3계 잎의 다른 부분을 각각 보여주는 그림 6.9와 9.2도 참조하라.

같은 C4 식물이 번식을 계속하는 동안 C3 식물인 블루그래스, 페스큐fescue, 구주개밀 등은 세력이 약해진다. 그래서 봄과 가을, 좀 더 추운 계절에 번식하는 C3 식물을 동형목초冬型牧草라고 부르는 반면, 바랭이나 강아지풀 같은 유사종은 뜨겁고 건조한 여름에 오히려 번성해 하형목초夏型牧草라고 부른다. 쇠비름 뿌리는 여름철 가장 화창한 날 채소밭의 콩과 토마토 사이에서 풍성하게 자란다. C4 계열 잡초는 C3계 식물이 스트레스를 받을 때 오히려 번성한다.

표 5.1 C4와 C3 식물이 될 수 있는 유사군의 작물과 잡초들

	작물	잡초
C4	옥수수	쇠비름
	사탕수수	개비름
	브로콜리	대극
	파인애플	민들레
	양배추	바랭이
C3	감자	페스큐
	호밀	블루그래스
	비트	명아주
	콩	구주개밀
	시금치	도꼬마리

토양 비옥도는 어디에서 오는가

지구의 모든 생명체는 태양의 에너지와 토양의 영양분으로 성장한다. 식물의 경우, 잎과 줄기는 태양으로부터 에너지를 얻는다. 식물은 공기와 물을 통해 세 가지 화학 원소, 즉 탄소, 수소, 산소를 모은다. 뿌리는 토양과 물에서 영양분을 모아 잎과 줄기와 공유하고, 자라면서 토양과 공기에서 얻은 물과 이산화 탄소를 사용하여 광합성을 한다. 그런데 화분에서 식물이 자랄 때, 토양의 양은 우리가 눈치챌 만큼 감소하지는 않는다. 지금으로부터 4세기 전, 흙과 버드나무 싹에 대한 간단한 실험은 이 사실을 잘 보여준다. 23킬로그램의 버드나무가 76.85킬로그램의 나무로 자랄 때까지 사라진 토양은 아주 적은 양이었다. 버드나무가 자라는 화분의 무게를 조사한 얀 밥티스타 반 헬몬트Jan

Baptista van Helmont의 실험으로 식물은 성장을 위해 토양으로부터 거의 감지되지 않을 만큼의 영양분을 사용했다는 것을 알 수 있다.

토양에서 나온 15개의 미네랄 중 여섯 개가 극소량, 아홉 개가 미량으로 식물에게 이용된다. 이들 영양소는 식물의 건강한 성장에 필수적인 것으로 나타났다. 이러한 영양소의 출처는 무엇일까? 붕소에서 아연까지, 15개의 영양소가 식물의 생존에 필수적인 이유는 무엇일까?

먼저 토양의 구성에 대해 좀 더 알아보자. 지구의 토양은 입자의 크기에 따라 모래, 미사, 진흙으로 구별된다. 이 세 종류의 토양이 어떤 비율로 들어 있느냐에 따라서 질감이 결정이 되는데 건강한 토양은 이 속에 무기광물과 분해된 유기광물이 잘 결합된 상태를 의미한다. 미생물(분해자)들은 생존을 위해 식물과 동물의 잔여물을 분해하여 필수 영양소를 지속적으로 재활용한다. 미생물의 유기물 분해는 기존 토양의 광물 미네랄에 유기물을 추가해 줄 뿐만 아니라 토양 자체를 스펀지처럼 부드럽게 만드는 놀라운 일을 만들어낸다(그림 5.6).

분해자는 뿌리가 거의 자라지 않아 구조가 없는 토양을 물이 빨리 또는 느리게 배출되어 뿌리, 물, 공기가 쉽게 이동할 수 있는 물리적인 형태로 변형시킨다. 모래, 미사, 진흙의 미네랄 입자가 토양의 질감을 결정하지만 이러한 미세입자와 유기물질의 결합은 토양의 구조를 결정한다.

큰 모래 입자, 중간 크기의 미사 입자와 작은 진흙 입자의 상대적 비율은 모든 토양에 독특한 질감을 부여한다. 모래는 거칠고, 진흙은 끈적이고, 미사는 매끈하다. 모래, 미사 및 진흙 입자의 비율이 같게 만들어진 토양을 롬loam이라고 한다. 이 장의 마지막 부분에서는 동일

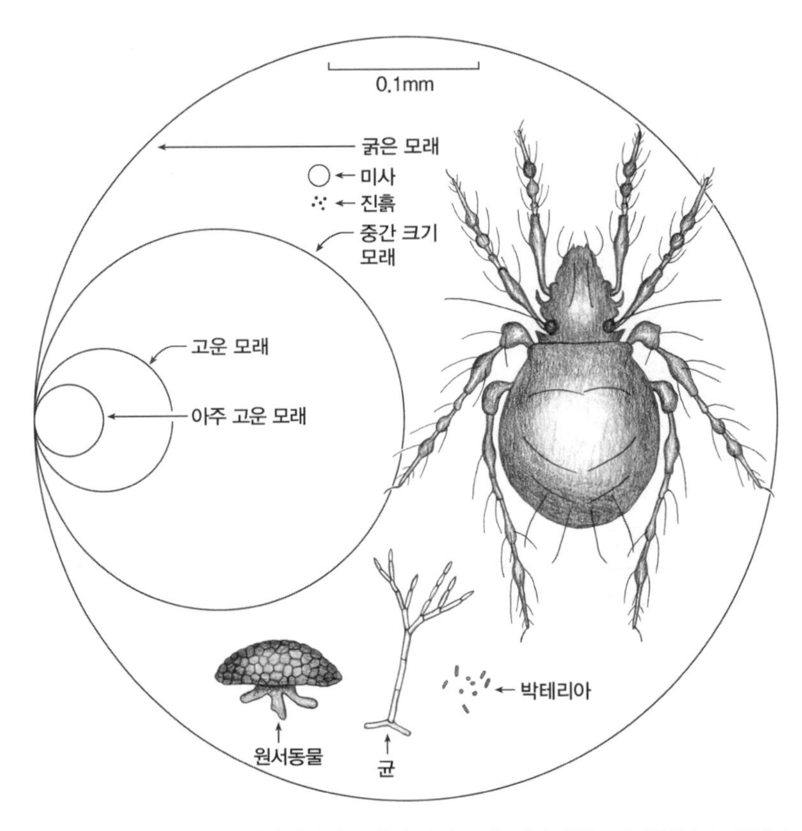

그림 5.6 지구의 토양은 질감(입자의 크기)에 따라 모래, 미사, 진흙으로 구별된다. 그리고 이 안에는 무기, 광물이 함께 공존하고 있다. 토양에는 유기적, 생물학적 파트너도 함께 살아가는데 대표적으로는 다양한 식물, 동물, 곰팡이 및 미생물이 있다. 토양은 생명체의 서식지로 미생물(곰팡이, 원생동물, 여러 박테리아) 및 작은 무척추동물(진드기 등)이 함께 살아간다.

한 질감의 토양에 유기물을 첨가하면 토양의 구조가 어떻게 비옥한 토양으로 변화할 수 있는지를 보여준다.

식물을 통해 토양 속에 어떤 영양소가 부족한지에 대한 징후를 찾는다. 특정 영양소가 없으면 광합성이 약화되고 세포벽이 변형되며 필수단백질과 핵산의 생성이 어려워지고, 빛에너지를 화학에너지로 전환시키지 못해 식물이 특정 증상을 보인다. 식물 성장에 특정 요소가 부족하다는 징후는 어떻게 나타날까? 이러한 징후 신호는 '결핍 증상'으로 나열된다(표 5.2와 박스 5.2 참조).

질소, 인, 칼륨의 동등한 분량의 합성비료는 식물에게 어떤 영향을 미칠까? 이 혼합비료를 흔히 '균형 잡힌 비료'라고 부르기도 한다. 종종 농부와 정원사는 농약상 혹은 농자재 판매소에서 흔히 구할 수 있는 이 혼합비료를 작물을 키우는 데 이용한다. 토양에 너무 많은 비료를 뿌리는 것은 어떤 효과를 가져올까?

4.5리터 화분에 토마토를 심고, 복합 화학비료 10그램을 추가해보자. 동일한 양의 화분에 마찬가지로 토마토를 심고, 이번에는 10그램의 유기질 재료를 약 6개월간 잘 숙성시킨 말 분뇨 또는 퇴비에 추가해본다. 질소, 인 및 칼륨의 세 가지 영양소는 일반적인 퇴비에서도 잘 나타난다. 여름 내내 필요할 때마다 화분에 물을 준다. 어느 정도 성장기가 끝나면 앞서 실험 대상이었던 두 개의 토마토 화분(하나는 복합화학비료를 넣어주고, 하나는 유기퇴비를 넣은 화분)에서 어떻게 토마토의 성장이 달라졌고 열매의 상태가 어떠한지의 차이를 볼 수 있다. 그렇다면 두 화분에서 모두 화학비료와 유기물 퇴비를 첨가해도 위에서 열거된 영양결핍 증상이 나타날 수 있을까?

토양의 비옥의 근원을 추적하기 위한 실험을 해보자. 영국 로담스테드Rothamsted에 있는 유명한 농업연구소에서 한 실험이다. 존 러셀John Russell은 1950년, 자신의 저서 《토양에 대한 연구Lessons on Soil》에서 '식물 먹이plant food'라고 부르는 것을 조명했다. 식물을 심지 않았던

5.2 식물 성장을 위한 필수원소

열다섯 개의 토양 속 영양분은 무엇이고 왜 필수적일까? 특정 광물의 결핍이 가져오는 징후는 무엇일까?

먼저 나열된 요소 여섯 가지는 식물에게 다량으로 필요한 영양소를 나타낸다. 나머지 아홉 가지의 요소는 아주 적은 양의 필요영양분으로 이것을 '미량 영양소'라고 한다. 또 이때 토양의 산성농도(pH)는 식물이 영양분을 섭취하고 이용하는데 영향을 미치는 중요한 요소가 된다. 다량으로 필요한 영양소는 pH 6.0에서 7.5 사이의 약산성 토양에서 많이 얻는다. 그러나 소량 영양소의 경우는 pH 농도가 7.5 이상으로 높은 경우 가장 쉽게 얻는다. 그 외의 것들은 산성이 강한 pH 6 이하의 농도에서 흡수가 잘 되는데 이런 토양에서는 여섯 개의 양이온(Fe^{+2}와 $^{+3}$, Mn^{+2}, Zn^{+2}, Cu^{+2}, Ni^{+2}, Co^{+2})의 활동이 활발해지기 때문이다. 미량 영양소 중 하나인 BO_3^{-3}은 pH가 낮은 토양에서 가장 많이 이용된다. 또 다른 미량 영양소와 달리 MoO_4^{-2}의 형태인 몰리브데넘 molybdenum은 알칼리성 토양에서 잘 흡수된다. 토양의 산성도는 요소의 섭취와 이용 가능성뿐만 아니라 종종 흡수와 이용성에까지 영향을 미치기 때문에 매우 중요하다.

다량 영양소

인(P, 식물에 의해 HPO_4^{-2}, $H_2PO_4^-$로 흡수됨)

인은 핵산, 단백질 및 막의 인지질을 구성하는 필수요소다. 세포의 에너지 통화인 ATP(인이 풍부한 화합물)는 광합성 과정에서 끊임없이 만들어진다. 인은 성장이 가장 활발하게 일어나는 곳(즉, 새싹과 뿌리의 분열조직)에서 필수적으로 요구된다. pH 5.0 미만에서 인산염은 Fe^{+3}와 불용성 화합물을 형성한다. pH 7.5 이상에서는 인산염이 Ca^{+2}와 함께 불용성 침전물이 만들어진다.

결핍 증상: 어두운 단풍색, 식물의 쇠약. 옥수수의 잎 끝이 보라색으로 변한다.

인을 공급할 수 있는 천연 자원: 뼛가루, 인광석.

질소(N, 식물에 의해 NO_3^-, NH_4^+로 흡수됨)

모든 필수요소 중에서, 질소는 공기와 토양에서 가장 많이 흡수된다. 질소는 핵산, 단백질 및 엽록소의 필수 구성요소로 토양에서 질산염, 칼슘, 칼륨 및 마그네슘 등의 형태로 존재한다.

결핍 증상: 느린 성장, 식물의 쇠약, 녹색의 결핍.

질소를 공급할 수 있는 천연자원: 혈액, 어분, 면직물, 분뇨.

칼륨(K, 식물에 의해 K^+로 흡수됨)

칼륨은 효소의 필수적인 보조 인자이며 세포의 삼투압을 조절한다. 또한 광합성, 질소 고정, 전분 형성 및 단백질 합성에 필수요소다. 칼륨은 해충을 방지하거나, 식물이 가뭄이나 겨울 추위를 이겨내는데 쓰인다.

결핍 증상: 잎의 손상, 오래된 잎의 끝과 가장자리 색이 변한다.

칼륨을 공급할 수 있는 천연자원: 나무 태운 재, 화강암 가루, 녹색 사암.

칼슘(Ca, 식물에 의해 Ca^{+2}로 흡수됨)

식물 세포벽을 형성하는 칼슘이 필요하다. 식물은 토양의 칼륨 농도가 너무 높으면 부족한 칼슘을 흡수한다.

결핍 증상: 막 싹을 틔운 눈이 사그라든다, 꽃봉오리가 피지 못하고 진다.

칼슘을 공급할 수 있는 천연 자원: 석회석, 달걀 껍질.

마그네슘(Mg, 식물에 의해 Mg^{+2}로 흡수됨)

각 엽록소 분자는 중심에 하나의 Mg원자를 가지고 있다. 마그네슘은 다른 원소, 특히 인의 섭취를 도울 뿐만 아니라 많은 효소의 보조 인자 역할을 한다. 식물은 토양의 칼륨 수준이 높아지면 마그네슘을 더 흡수한다.

결핍 증상: 오래된 잎에서 나타나는 잎맥 황변 현상.

마그네슘을 구할 수 있는 천연 자원: 백운암, 석회암.

유황(S, SO_4^{-2}으로 식물에 의해 흡수됨)

황 원자는 단백질의 필수 구성요소이며 단백질 사슬을 결합시킨다. 유황은 씨앗과 엽록소 생산에 중추가 되는 역할을 한다.

결핍 증상: 식물의 쇠약.

유황을 공급할 수 있는 천연 자원: 석고, 유기물.

미량 영양소

동물의 배설물은 다음과 같은 미량 영양소를 구할 수 있는 좋은 천연 자원이 된다.

망간(Mg, Mn^{+2}로서 식물에 의해 흡수됨)

망간은 엽록소의 형성, 질소의 처리 및 효소의 활성화에 필수적이다.

결핍 증상: 식물의 키가 크지 않는다. 새 잎에서 녹색 잎맥이 노랗게 변하고 나뭇잎에 얼룩이 나타난다.

붕소(B, 식물에 의해 BO_3^{-3}으로 흡수됨)

붕소는 특정 효소의 기능, 당분의 전이 및 세포 분화 촉진에 필수적이다. 이 원소는 핵산과 식물 호르몬의 합성에도 관여한다.

결핍 증상: 가지 끝의 꽃봉오리가 사그라든다.

몰리브데넘(Mo, 식물에 의해 MoO_4^{-2}으로 흡수됨)

몰리브데넘은 질소 고정 및 토양으로부터의 질소 흡수에 관여하는 효소의 기능을 위해 필수적이다. 이 영양소는 높은 알칼리성 pH에서 활발해진다.

결핍 증상: 염증, 성장 둔화, 열매량 감소, 어린잎 잎맥이 붉어진다.

니켈(Ni, 식물에 의해 Ni^{+2}로 흡수됨)

니켈은 질소의 적절한 사용과 효소의 기능 활성화를 위해 필요하다.

결핍 증상: 새싹이 옅은 녹색으로 변화하며 죽게 된다.

아연(Zn, 식물에 의해 Zn^{+2}로 흡수됨)

아연은 효소의 보조 인자이다. 이들 중 일부는 성장 호르몬 및 엽록소 생산에 관여한다. 인이 많아지면 Zn^{+2}의 섭취가 제한될 수 있다.

결핍 증상: 잎에 얼룩이 나타난다.

구리(Cu, 식물에 의해 Cu^{+2}로 흡수됨)

구리는 엽록소 생산, 리그닌lignin(세포벽의 거칠고 내구성 있는 구성물)의 형성, 철의 이용에 관련된 효소들의 보조 인자로 활동한다.

결핍 증상: 밝은 녹색 잎이 말단부터 말라간다.

철(Fe, 식물에 의해 Fe^{+2} 또는 Fe^{+3}으로 흡수됨)

철분은 엽록소 형성에 필요하며 특정 효소에 존재한다. 질소 고정 박테리아의 경우, 디니트로게나제dinitrogenase 효소에 철을 사용한다. 철분 결핍은 인산염이 불용성 인산철염의 형태로 변화할 때 발생할 수 있다.

결핍 증상: 새 잎의 잎맥이 노란색으로 변한다.

염화물(Cl, 식물에 의해 Cl^-로 흡수됨)

염화물은 삼투압 조절, 광합성 및 뿌리 성장에 관여한다. 이 원소는 식물에 의해 많은 양으로 흡수되며 부족현상은 드물다.

결핍 증상: 잎이 얼룩지고 시드는 증상, 뿌리끝이 비대해진다.

코발트(Co, Co^{+2}로 식물에 의해 흡수됨)

코발트는 질소 고정에 필요하다. 비타민 B_{12}는 코발트를 함유하고 있다.

결핍 증상: 균일하게 연한 녹황색의 잎이 생긴다, 일부 식물은 잎, 잎자루, 줄기가 붉어지거나 성장이 저하될 수 있다.

표 5.2 영양결핍 주요 증상

증상	결핍 영양소
a. 오래된 나뭇잎이 받는 영향	
b. 효과는 대부분 식물 전체에 일반화되어 있다. 아래쪽 잎이 마르면서 죽는다.	
c. 연한 녹색 식물. 더 낮은 잎은 노랗고, 갈색으로 마른다. 줄기가 짧고 가늘다.	질소 (N)
c. 진한 녹색 식물. 자주, 적색 또는 보라색이 나타나고, 아래쪽은 노란색, 어두운 녹색으로 마른다. 줄기가 짧고 가늘다.	인 (P)
b. 효과는 주로 국소부위에 한정되어 있다. 얼룩 또는 염색증 현상. 아래쪽 잎은 마르지 않지만 얼룩이 지거나 엽록소가 된다. 잎 끝이 찻잔 모양으로 말린다.	
c. 괴사성의 얼룩덜룩한 잎 또는 엽록색의 잎, 때로는 적색이 된다. 괴사성 반점. 줄기가 가늘어진다.	마그네슘 (Mg)
c. 얼룩덜룩한 또는 황록색의 잎. 작은 괴사성 반점이 혈관 사이 또는 잎끝과 가장자리 근처에 생기며 줄기가 가늘어진다.	칼륨 (K)
c. 일반적으로 잎맥을 포함하는 크고 일반적인 괴사성 반점. 잎이 두껍고 줄기가 짧다.	아연 (Zn)
a. 어린 나뭇잎이 받는 영향	
b. 단자 봉오리가 죽는다. 어린 잎의 뒤틀림과 괴사가 일어난다.	
c. 어린 잎은 구부러지고, 잎 가장자리와 끝부터 죽는다.	칼슘 (Ca)
c. 어린 잎은 밝은 녹색으로 자라지만 곧 죽고 잎은 쭈그러든다.	붕소 (B)
b. 끝 봉오리는 살아 있지만 황백화하는 부위 없이 시든다.	
c. 어린 잎은 황백화 현상 없이 시든다. 줄기 끝이 약해진다.	구리 (Cu)
c. 어린 잎은 시들지 않지만 황백화 현상이 발생한다.	망간 (Mn)

표 5.2 (계속)

증상	결핍 영양소
d. 작은 괴사성 반점. 잎맥은 녹색으로 남아 있다.	
d. 괴사성 반점이 없다.	
e. 잎맥은 녹색으로 남아 있다.	철 (Fe)
e. 잎맥은 황백화된다.	유황 (S)

주: 미국 포타쉬 기관(American Potash Institute)에서는 채소의 11가지 영양 결핍 진단을 위한 간단한 검사법을 발표했다. 이 검사법은 경험이 부족한 정원사도 식물 질병을 스스로 진단할 수 있도록 해주었다.

발췌: 〈Diagnostic Techniques for Soils and Crops〉, American Potash Institute, Washington, D.C.(1948).

맨땅에 깊이 60센티미터의 원형 구멍을 판다. 이때 바닥층 흙(심토)과 윗층 흙(상토)이 섞이지 않도록 조심한다.

짝수 2, 4, 6으로 표시된 화분 세 개에는 심토를 넣고, 홀수 1, 3, 5로 표시된 화분 세 개에는 상토를 넣는다. 각각의 화분 속 흙은 적어도 사분의 일 이상 차도록 한다.

1번과 2번 화분에 각각 50개의 호밀 씨앗을 심는다. 4~5주 후쯤 호밀의 싹이 약 20센티미터까지 자라면 이때 화분을 뒤집어 호밀을 꺼내 뿌리와 싹을 제거한 뒤, 그 흙을 다시 화분 1, 2에 넣는다. 이제 겨자씨를 준비해 여섯 개의 화분에 각각 심는다. 이때 3번과 4번 화분에는 60그램의 파쇄된 신선한 시금치 잎과 섞어 만든 퇴비를 넣는다. 그리고 화분 5와 6은 아무것도 추가하지 않은 원래의 흙을 그대로 사용한다. 결론적으로 다시 말하면 화분 1과 2의 토양은 이미 호밀 식물에 양분을 제공한 셈이다. 그리고 화분 3, 4는 시금치 성분의 퇴비가 공급되어 있고, 화분 5와 6에는 아무런 추가 물질이 없다.

이제 여섯 개의 화분에 각각 20개의 겨자 씨앗을 심는다. 각 화분의 흙은 촉촉하게 젖어있어야 한다. 화분에서 겨자가 자라고 6주 후, 가장 잘 자란 화분은 어떤 것일까? 화분 1과 2의 경우, 영양분 고갈 현상에 대한 증거가 있을까? 화분 속 식물의 상태를 보고 '식물의 먹이(필요 영양분)'(그림 5.7 상단)에 대한 단서를 얻어낼 수 있을까?

이제 실험을 좀 더 단순화하기 위해 화분을 네 개로 한정한다(상토를 넣은 화분 3과 5 한 쌍, 심토를 넣은 화분 4와 6 한 쌍). 각 쌍의 한 화분에는 그냥 흙을 넣고, 다른 쌍에는 60그램의 신선한 시금치를 갈아 만든 퇴비가 들어있다(그림 5.7 하단).

눈에 보이는 생물체 혹은 보이지 않는 미생물은 토양에 살면서 식물과 동물이 내뱉는 영양분을 재활용하여 다시 영양소로 살아있는 식물에 제공한다. 식물에게 제공되는 이러한 흙 속의 비옥한 영양분은 보이든, 보이지 않든 지하 생물체의 활동에서 비롯된다(그림 5.6).

1943년 《살아있는 토양The Living Soil》을 쓴 이브 발포어Eve Balfour는 "토양의 생물들은 식물과 동물의 유해물을 부식시켜 영양분으로 전환시킨다. 이 과정을 통해 성장과 부패 사이의 완벽한 균형이 형성되고 토양의 비옥함이 영구적으로 유지된다"라고 했다. 존 러셀도 식물의 부산물의 분해를 지적하면서 "땅속 생물체들은 모든 자원을 낭비하지 않고 재생시켜 다음 곡물을 위한 식량으로 만든다"고 언급했다. 부식 과정에서 영양분은 부엽토(부식질)로 남게 된다. 부엽토는 분해자에 의해 잘게 찢어지고, 섭취되고, 소화된 상태로 발견되는 유기물질이다. 부엽토의 입자는 음전하를 유지하고 양이온을 갖고 있는 미네랄

그림 5.7 위: 화분의 겨자들은 동일한 시간 동안 재배되었고 햇빛과 온도가 동일한 지상 환경에 노출되었다. 세 개의 화분에 있는 식물(1, 3, 5)은 상토의 흙에서, 다른 세 개의 화분(2, 4, 6)의 식물은 심토의 흙에서 키워졌다. 화분 1과 2의 토양은 겨자씨를 심기 4주 전까지 호밀을 심었고, 화분 3과 4에는 60그램의 시금치 잎을 넣은 천연 퇴비가 넣어졌다. 대신 화분 5와 6에서는 아무런 조치를 취하지 않은 맨 흙에서 겨자씨를 키웠다. **아래**: 겨자들은 동일한 환경 조건에 노출되어 같은 기간 동안 자라왔다. 위의 실험처럼 홀수 화분(3과 5)에 상토, 짝수 화분(4와 6)에 심토를 넣었다. 3번 항아리와 4번 항아리에는 겨자 씨앗을 심기 전에 60그램의 신선한 시금치 잎을 갈아 만든 퇴비를 넣었다. 겨자 씨앗은 5번과 6번 항아리에 동시에 심었는데, 토양이 처리되지 않은 채 남아 있었다.

영양소에 잘 결합한다. 부엽토는 수년간 토양에 남아 천천히 부서지며 물과 영양소를 저장하는 역할을 하고 식물이 잘 뿌리내리도록 돕는다. 부식은 광합성을 하는 식물을 재활용 처리한 과정이기 때문에 탄소와 에너지가 풍부하게 남아 있다(그림 5.8).

모든 정원사는 파트너로 토양 속 미생물을 찾는 데 노력할 수밖에 없다. 이 생물들은 토양을 비옥하게 하는 데 큰 도움이 되기 때문이다. 건강한 토양은 무기질 미네랄이 모래, 미사, 진흙 입자가 속에서 유기물에서 배출된 영양소를 충분히 끌어안고 있는 상태를 말한다. 탄소가 풍부한 부식질이 토양에 첨가되면 흙은 스펀지 구조로 변화한다. 부식질을 포함한 흙은 물을 잘 보유하기 때문에 여름의 더운 날과 건조한 날에도 수분을 잘 유지한다. 토양이 부식질 없이 큰 모래 입자

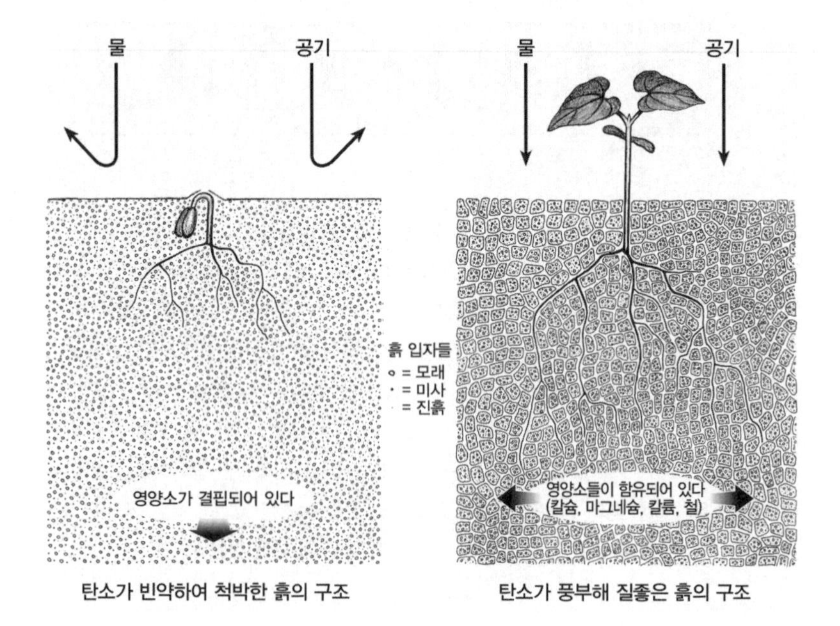

그림 5.8 동일한 질감을 가진 토양이라 할지라도 모래, 미사 및 진흙 입자에 의해 흙은 매우 다른 구조를 갖게 된다. 식물의 유기물이 재활용되어 토양에 첨가되면 탄소가 많아진다. 탄소는 공기와 뿌리의 자유로운 이동을 허용하고 물과 미네랄 영양분을 보유할 수 있는 스펀지 구조를 만들어내는 대표적인 양이온이다.

로만 구성돼 있다면 유기물은 너무 빨리 배출될 것이고, 작은 진흙 입자로만 구성돼 있다면 배수가 잘 일어나지 않게 된다.

토양에 첨가되는 잘 썩은 잎의 유기물은 식물 뿌리에서 흡수한다. 사실 합성비료나 어떤 유기물도 그 자체가 토양을 향상시키지는 않는다. 즉 이 유기물을 결합할 수 있는 탄소 없이 모든 영양분은 토양에서 빠르게 빠져나가고, 식물 뿌리를 지나쳐 흘러가 버리고 만다. 농부와 정원사는 분해자에게 줄 영양분을 만들기 위해 '녹색 비료green manure'로 피복작물을 심기도 한다(분해의 과정은 7장에서 더 자세히 살펴본다). 분해자는 썩어가는 피복작물에서 배출되는 영양분을 식물에 공급할 뿐만 아니라 뿌리를 부식질로 전환시켜 식물의 뿌리가 자리잡을 수 있도록 물리적 환경을 개선한다. 분해자는 유기물질을 광물질과 혼합하기 때문에 공기, 물, 기타 토양 생물이 들어설 수 있도록 일종의 통로를 만들어낸다.

그런데 정원이나 농장 토양에서 채소나 잡초를 수확할 때마다 이 식물이 만들어낸 영양소도 제거되곤 한다. 작물의 잔해가 제거되면 토양에서는 물과 미네랄 영양소의 스펀지 역할을 하는 탄소도 빠져나가게 된다. 그러나 농작물의 잔해가 토양으로 되돌아오면 토양에서 나온 영양분이 보충되고, 광합성 과정에서 탄소 영양소는 대기 중 이산화 탄소의 상태로 토양으로 돌아간다.

우리가 지구 온난화의 해독제로서 유기질 토양을 촉진한다면 대기 중 이산화 탄소의 증가로 인한 지구온난화에 효과적으로 대응할 수 있다. 토양으로 되돌아오는 유기물의 경우, 탄소 1톤을 만드는데 약 3톤의 이산화 탄소가 대기에서 제거된다. 식물의 모든 유기화합물에는 탄소가 포함되어 있다. 태양의 에너지가 이산화 탄소를 끌어당기고, 이것이 물과 만나 당분으로 전환되는 광합성 중에 탄소가 풍부해지기 때문이다. 당분은 식물의 다른 유기화합물의 원료가 된다. 이산화 탄소와 물에 의해 만들어진 이 유기화합물은 모두 토양 속 탄소의 원료가 된다. 온실 가스의 요인인 이산화 탄소의 탄소 원자가 토양 속 탄소의 형태가 되면 지상 및 지하의 모든 생물체가 이익을 얻게 된다.

그간 착취적이고 지속 불가능한 원예 및 농업 관행으로 인해 토양 속 탄소가 고갈되면서 흙은 영양분을 보유하는 능력을 잃어버렸다. 그래서 이제는 일부 정원사와 농부들에 의해 지속 가능한 농업, 재생농업이 실천되고 있다. 이 재생농업은 토양에 이미 존재하는 양분을 유지할 뿐만 아니라 유기탄소를 지속적으로 토양에 첨가하는 방식을 의미한다.

화학에너지, 당분이 식물 안에서 이동하는 방법

식물은 햇빛에너지와 공기 중 이산화 탄소를 이용해 당분을 만들고, 이걸 토양에서 빨아들인 물과 결합시킨다. 이 당분은 일종의 태양에너지가 화학에너지로 변환된 형태라고 볼 수 있다. 땅속의 뿌리에서 비롯된 영양분과는 달리 이 당분은 대부분 성장기 식물의 지상부에서 만들어진다. 겨울에는 이 당분을 뿌리에 저장한다. 봄에 단풍나무에서 물방울이 떨어지는 현상은 당분이 농도가 낮은 곳에서 높은 곳으로 이동하는 현상에서 일어난다. 단풍나무에서는 나뭇잎이 나타나기 전, 이른 봄 뿌리로부터 당분이 올라온다. 일종의 삼투압 작용에 의

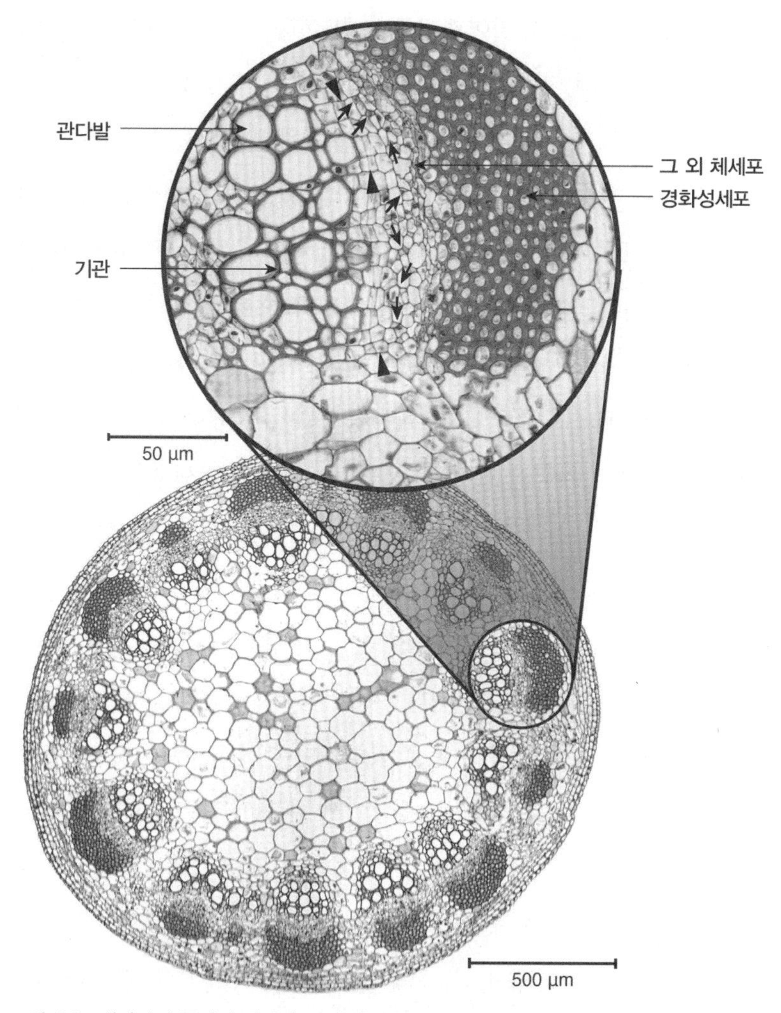

그림 5.9 해바라기 줄기의 관다발 열세 개가 줄기의 횡단면에서 분명하게 드러난다. 각각의 묶음에서 분열조직 형성층은 물관부세포에서 체관부세포를 분리한다. 관다발의 확대도는 오른쪽에 체관부세포를 형성하고 왼쪽에 목질세포를 형성하기 위해 분할되는 분열조직 형성층(화살촉)을 보여준다. 분화된 물관부세포는 속이 비어 있으며 핵과 소기관이 없다. 일부 분화된 체관부세포(화살표)는 핵과 소기관을 유지하고, 그 외 체세포는 핵을 잃고 남아 있는 세포 내용물을 세포 주변으로 옮겨서 수액이 방해받지 않고 흐를 수 있도록 한다. 각각의 관다발은 세포 사멸을 겪기도 하지만 세포벽을 유지한 경화성세포에 의해 강화된다.

한 것으로 뿌리세포의 밀어내기를 통한 이동이다. 여름에 잎이 무성해지면 잎을 통해 당분이 만들어지고, 체관을 통해 삼투압 작용으로 인근 세포에 전달된다. 당분 함량이 높은 체관부세포 내에서는 증가된 삼투압이 당분을 능동적으로 밀어내 성장 및 발달 세포로 보낸다. 식물의 줄기세포는 식물의 혈관 시스템을 구성하기 위해 지속적으로 분열한다. 줄기세포는 줄기의 표면 쪽으로 형성되고 물관세포는 줄기의 내부를 향해 형성된다(그림 5.9). 형성층의 분열에서 태어난 미숙한 물관세포와 체관세포는 성숙되기 전에 일련의 발달변화를 거쳐 완전한 기능을 갖춘 구성원이 된다. 체관세포들은 당분과 물을 운반하기 위한 일명 '체'라고 하는 구멍이 있는 세포로 이루어진 관을 형성하게 된다.

물관부의 모세포는 물관과 헛물관을 형성하는데, 둘 다 핵, 액포를 비롯한 세포기관을 잃게 된다. 헛물관의 세포벽만이 남아 있으며 물과 영양분의 흐름을 위한 통로 역할을 한다. 물관부의 물관세포는 살아 있는 부분이 죽고 세포벽이 남아서 관 모양으로 배열된다. 이러한 끝벽이 분해되면 물이 관을 따라 방해받지 않고 흐를 수 있다. 그러나 물관부의 물관과 헛물관과 달리(그림 3.10) 이들은 분화되면서 사멸하도록 프로그래밍되어 있고, 체관세포는 성숙과 다른 경로를 따른다(그림 5.10). 체관부 모세포는 비대칭 분열을 거쳐 체관세포가 될 큰 세포를 형성하고 체관세포의 반세포가 될 작은 세포를 형성한다. 큰 체관세포는 핵과 액포를 잃어버리고 나머지 세포기관을 세포의 주변으로 한정하지만, 반세포는 핵, 액포 및 모든 기관을 보유한다. 이 작지만 완벽한 세포는 체관세포의 기능을 분명히 지원한다. 수액의 흐름

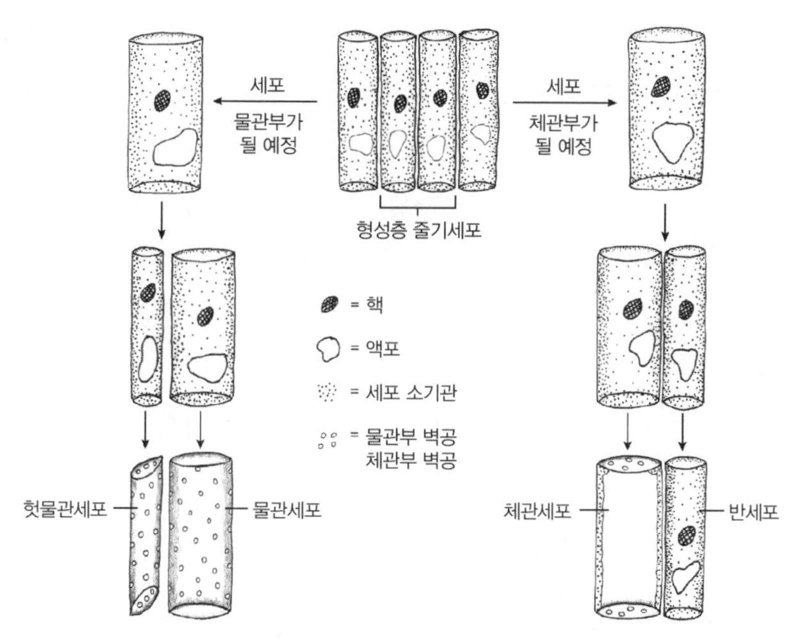

그림 5.10 이 그림은 생성과 성장 그리고 물관세포와 체관세포의 성숙을 보여준다.

을 용이하게 하기 위해 체관세포는 속을 비워 양쪽 말단 벽에 기공을 만든다. 형성층의 몇몇 줄기세포에 의해 생성된 각 식물의 관다발 시스템은 지하수, 지하 및 식물을 통해 물, 영양소 및 복합 화합물의 수송을 제공한다.

진딧물은 정원에서 흔히 볼 수 있다. 이 진딧물이 단물이라고 불리는 수액을 어떻게 뽑아내는지 관찰해보자. 진딧물은 우리가 단풍나무의 줄기를 두드리는 것과 같은 방식으로 당분을 운반하는 사면세포에서 수액을 채취한다(그림 5.11). 진딧물은 탐침이라고 불리는 입을 사용한다. 만약 가벼운 족집게, 좋은 가위 또는 손톱깎이로 진딧물을 입 부분만 남기고 제거한다면(참고: 불행히도 곤충은 죽는다) 관 모양의 입이 남게 된다. 이 기관은 수액을 운반하는 곳으로, 사람들이 메이플 시럽을 만들기 위해 단풍나무의 기둥을 두드리는 데 사용하는 삽관과 흡사하다. 진딧물 침을 통한 수액의 움직임의 원리로 과학자들은 사람의 물관 내 수액 흐름 속도가 시간당 500~1,000mm 정도로 빠르다는 것을 계산하기도 했다. 수액마다 당분의 함량은 매우 다르다. 일부 식물의 수액은 다른 식물의 수액보다 압력이 더 세서 단물을 뚝뚝 떨어뜨리기도 하는데 진딧물은 이런 나무의 수액을 잘 찾아낸다.

곤충은 더 달콤한 식물을 선호할까? 진딧물은 식물성 수액과 수액 속의 당분을 에너지로 섭취해 생계를 유지한다. 진딧물은 빛 에너지를

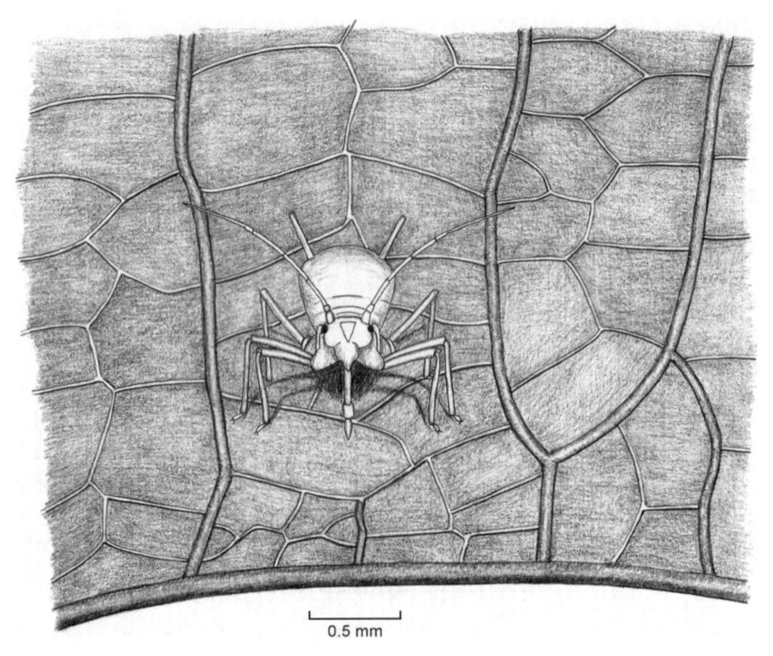

그림 5.11 콩잎 표본에서 진딧물이 당분이 풍부한 체관부에 구멍을 내고 수액을 빨아들이고 있다.

당 에너지로 변환하는 데 가장 활발한 잎과 줄기 부분을 더 선호할까? 식물들이 곤충을 물리치기 위해 에너지의 일부를 사용할 수도 있을까? 달콤한 수액의 분포는 진딧물의 분포와 어떤 관련이 있을까? 수액의 당분 함량은 식물의 부위별로 어떻게 다를까?

수액의 당분 함량을 측정하는 간단한 방법은 1800년대에 아돌프 브릭스Adolf Brix라는 독일 엔지니어에 의해 개발됐다. 이 방법은 빛의 굴곡을 측정하는 미터기로도 사용된다. 이 미터기는 다른 농도의 당분을 함유한 물을 통과시킨다. 빛이 물을 통과하면서 그 경로에 굴절이 생기는데 이 굴절량이 당분의 농도에 비례한다. 브릭스 미터기 또는 당분 함유량 측정기는 식물 수액을 빛에 통과시켜 그 굴절 정도를 측정한다. 식물의 수액은 마늘 찧는 기계를 사용해 짜내는 것이 가장 좋다. 하루 동안에도 광합성과 당분 생산이 진행됨에 따라 잎의 당분 함량이 달라지기 때문에 동일한 시간대와 같은 온도에서 측정하는 것이 중요하다.

식물의 당분 함량은 메뚜기, 진딧물 및 유충을 유혹하는 데 어떻게 영향을 줄까? 암소, 염소, 인간과 같은 동물의 경우에는 당분의 흡수를 처리할 수 있는 인슐린이 있다. 당분 함량이 높은 수액을 섭취하는 것은 곤충의 소화관에 삼투압을 일으킬 수 있다. 화학물질을 고농도로 함유하면 주변 조직과 혈액에서 삼투가 일어나 물을 끌어당기기 때문이다. 따라서 물은 곤충의 소화관으로 삼투를 일으켜 곤충의 내장과 혈액세포로 이동하면서 소화불량을 일으킬 수 있다. 유기적으로 자란 목초지는 풀의 영양상태가 더 좋다. 농부들은 가축에게 영양가 많은 풀을 주려고 하지만, 자연 상태에서 풀을 뜯는 곤충은 당분 함량이 낮은 목초를 선호한다는 주장도 있다. 그래서 유기농 농법에서는 당분이 많은 농작물 재배보다는 목초지에서 가축을 기르는 것을 권유하기도 한다.

06
덩굴식물의 움직임과 덩굴손

식물의 움직임은 생물학자 찰스 다윈의 관심을 사로잡은 자연스러운 현상 중 하나였다. 그는 1875년 《덩굴식물의 움직임과 운동 습관The Movements and Habits of Climbing Plants》이라는 책에서 식물의 움직임에 대해 다음과 같은 관찰기록을 남겼다. "식물이 운동 능력이 없다는 이유로 동물과 구별하는 것은 모호하다. 식물은 필요할 때만 목적을 달성하기 위해 움직인다. 이 움직임은 비교적 드물게 발생하는데 보통은 땅에 의지해서 공기, 비로부터 필요 영양분을 가져다 쓴다."

다윈은 강낭콩과 같이 지지대를 타고 올라가는 식물군이 '한쪽 방향으로만 구부러져 돌아가고 그 방향이 나침반 방향, 즉 시계 방향으로 태양을 따라 천천히 돌아

그림 6.1 조롱박의 기어오르는 덩굴손은 끊임없이 늘어나고 감기며 자란다. 노란 넓적다리잎벌레는 호박과 식물이 만든 화합물인 쿠쿠르비타신의 향기에 매혹된다. 흰 줄이 있는 박각시나방은 꽃의 향기와 달콤한 즙에 이끌리고 있다. 기생벌과 기생파리가 알을 낳을 유충의 잎 표면을 자세히 관찰하고 있다. 이들은 꽃의 수분에도 참여한다. 녹색 풀잠자리 유충은 좋아하는 먹이인 진딧물과 총채벌레의 주위를 배회한다.

가는 것'도 관찰했다. 그는 이 종류의 덩굴식물을 수직 지지대 주위를 스스로 감기 때문에 '꼬는 식물twiners'이라고 불렀다. 다윈은 강낭콩 줄기의 측면에 작고 미세한 표시를 한 뒤 자라나는 끝이 원으로 회전하면서 줄기 측면에 있는 표시의 위치가 변화하는 현상을 관찰했다. 그는 식물이 성장하며 공기 중에서 회전하는 데 필요한 시간을 측정하는 한편, 이 움직임이 사물과 접촉하지 않아도 일어난다는 것을 밝혔다. 콩과 식물의 성장점 끝은 거의 정확히 두 시간 만에 완전한 원을 그리며 회전할 수 있다.

식물은 천천히, 여유롭게 움직인다. 우리가 엄청난 속도로 일상업무를 하며 살아가는 동안 정원의 식물들도 움직인다. 그러나 거의 눈에 띄지 않고 안정적이며 균형 잡힌 속도라는 것이 다른 점이다. 씨앗이 싹을 틔우는 모습, 꽃이 피는 모습, 덩굴식물의 덩굴손을 감아올리는 모습은 저속 카메라를 사용한다면 좀 더 빠르게 볼 수 있다. 또 카메라가 아니어도 하루 종일 트랙을 따라 위치를 표시하는 인내심이 있다면 식물의 흔적을 고스란히 관찰할 수 있다.

감아올리고 회전하기

둥근 화분의 중앙에 강낭콩 씨를 심는다. 키가 큰 얇은 줄기가 첫 두 개의 잎 위에 자라면 이 줄기의 끝과 그곳에 형성되는 작은 새 잎을 주시한다. 화분의 가장자리에 테이프 조각을 놓아 냄비의 둘레에 이 끝점의 위치를 표시한다(그림 6.2). 그리고 끝점의 위치를 15분마다 점검하고 표시한다. 강낭콩 줄기의 끝은 항상 같은 방향으로 움직일까?

콩 성장 끝점에서 첫 번째 잎 두 개가 위로 감는 동안, 이 두 잎은 일정한 리듬으로 위아래로 움직인다. 식물이 이토록 움직이고 있다고 누가 상상이나 할까? 시간이 경과하여 나타난 태양의 이동에 따라 식물들은 체조를 하듯이 위아래로 잎을 움직인다(그림 6.3). 첫 번째 콩잎 두 개 중 하나의 옆에 직선자 또는 직선 막대기를 놓는다. 15분마다 눈금자로 잎의 가장자리 위치를 나타내는 미세한 표시를 한다. 잎은 방향을 바꿀까?

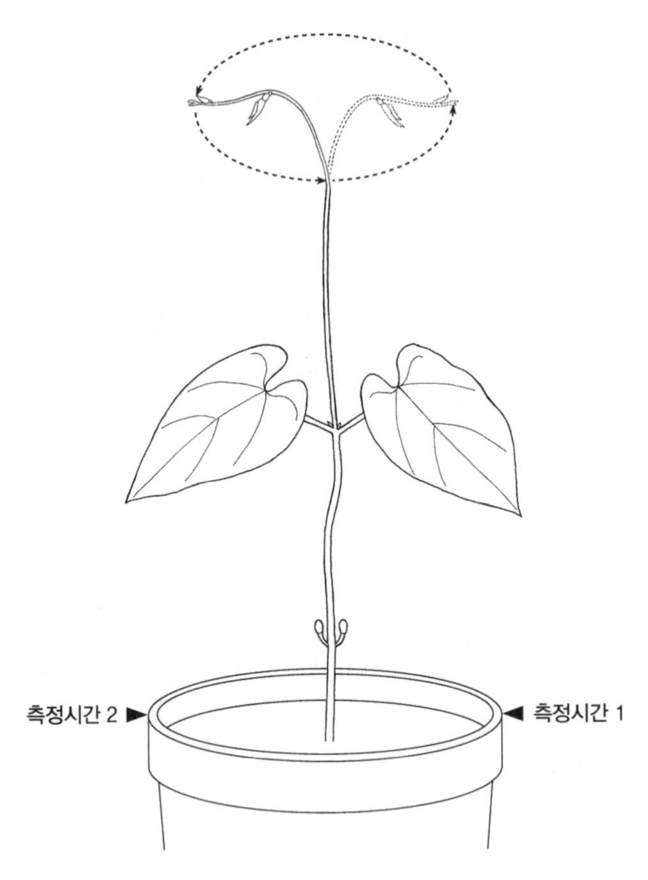

그림 6.2 콩의 성장 끝점은 천천히 회전한다. 시간에 따라 끝점의 위치를 콩 화분의 가장자리에 표시한다.

콩 옆에 세로 막대를 놓으면 어떻게 될까? 콩과 다른 덩굴식물은 기둥 주위를 나선형(시계 방향 또는 반시계 방향)으로 돌 수 있을까? 리드미컬하게 위아래로 움직이는 콩잎의 끝 부분에 종이 클립처럼 가벼운 무게추를 놓아두면 어떻게 될까? 콩은 움직일 때 같은 속도로 움직일까?

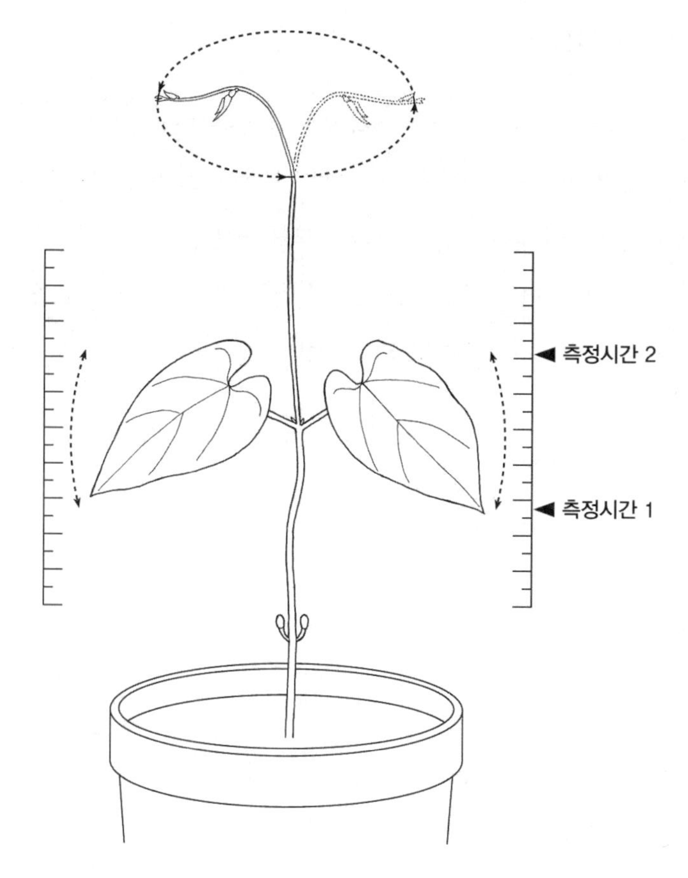

그림 6.3 콩은 지속적으로 천천히 움직인다. 잎은 리드미컬하게 오르락내리락하고, 성장 끝점은 빙글빙글 돈다. 잎이 움직이는 속도는 수직 눈금자를 시간마다 표시하면 계산 가능하다.

덩굴손의 접촉

덩굴식물의 또 다른 그룹은 촉각에 민감해 주변의 사물과 반응하며 덩굴손을 움직인다. 오이, 조롱박, 완두콩이 대표적으로, 이들은 뭔가 접촉이 일어나면 닿은 부분을 따라 줄기를 구부린다.

곧은 덩굴손의 선단을 둘러싼 실처럼 미세하고 가벼운 촉감을 가진 부분(그림 6.4)은 감는 반응을 촉진시켜 줄기 주위를 돌돌 감게 한다.

그림 6.4 완두콩의 덩굴손은 단단한 물질을 만나면 나선형으로 구부러지면서 감는 반응을 보일 만큼 접촉에 매우 민감하다.

식물은 빛에 반응하거나 접촉 또는 중력에 반응하여 구부러진다.

곧은 완두콩 덩굴손을 손가락으로 지속적으로 만지게 될 경우, 이 촉감에 반응하여 감을 수 있을까? 줄기, 덩굴손, 꽃잎, 뿌리의 굴곡을 현미경으로 자세하게 관찰하면 눈에 띄는 차이가 있음을 알 수 있다(그림 6.5, 6.6). 완두콩의 덩굴손이나 완두콩 줄기가 굽을 때 어떤 차이가 있을까? 여러 종류의 식물 호르몬이 덩굴손의 감는 기능에 관여를 하는 것일까?

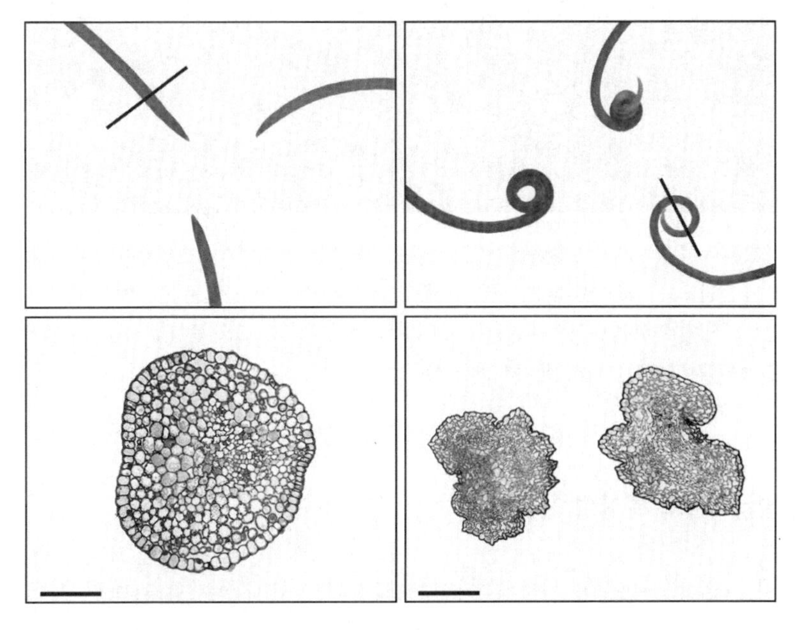

그림 6.5 윗줄 왼쪽부터 완두콩의 직선형 덩굴손이 접촉에 반응해 오른쪽의 꼬인 덩굴손으로 변형되는 것을 볼 수 있다. 검은 직선으로 표시된 두 지점에서 이 덩굴 껍질을 통해 채취한 조직의 얇은 조각을 검토한 결과, 이 덩굴손을 구성하는 세포가 아랫줄 왼쪽의 직선형에서 오른쪽의 꼬인 형태로 변하는 과정을 볼 수 있었다. (스케일 바=100μm)

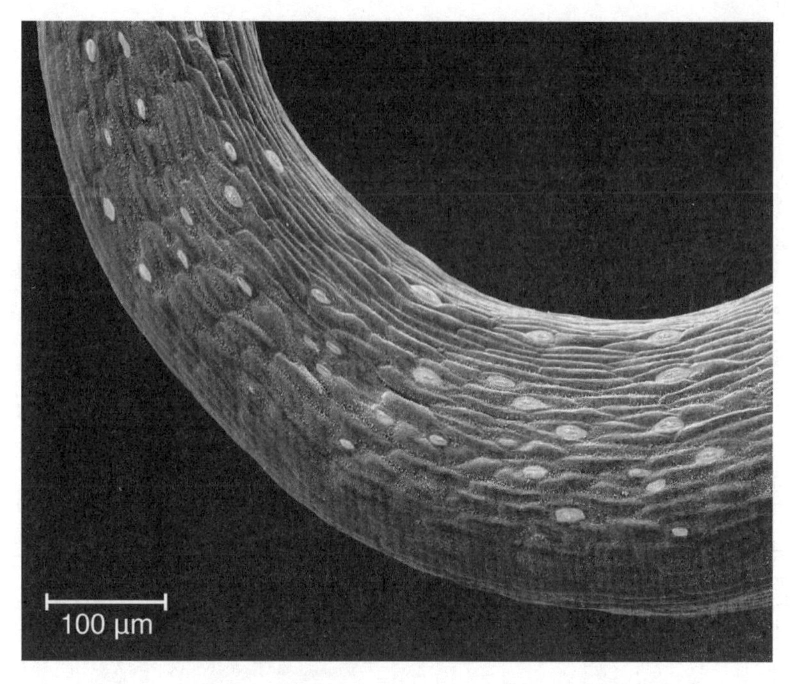

그림 6.6 조롱박의 꼬인 덩굴손의 근접 촬영은 표면의 세포들이 덩굴손의 길이를 따라 동일한 방향으로 어떻게 늘어나는지를 보여준다. 표피세포 사이에 수많은 기공(밝은 색)의 존재는 변형된 잎이며 덩굴손의 기원이라고 간주되었다. 다윈과 그의 동시대 사람들은 덩굴손이 잎에서 파생된 식물기관이라고 생각했다.

덩굴식물의 일상적 움직임

민들레나 나팔꽃이 하루를 어떻게 시작하고 끝내는지를 관찰한 적이 있는가? 주변 환경에 이 꽃들이 어떻게 반응하는지 관찰해보자. 춥고 흐린 날에는 민들레 꽃봉오리가 굳게 닫혀 있고, 태양이 나올 때만 꽃의 모든 꽃잎이 활짝 열려 태양을 맞이한다. 온기, 빛, 공기 중의 수분에 따라 민들레가 이런 반응을 하는 것일까? 이 환경 요인은 일부의 요

그림 6.7 덩굴식물로 알려진 나팔꽃은 매일 아침 꽃봉오리를 펼친다. 시간이 지나 낮과 밤이 되면 꽃잎을 접는다. 접히고 펼쳐지는 순서는 종이접기를 하는 것과 비슷하다.

인일까 또는 전부일까? 봄, 여름의 낮 시간 동안 나팔꽃은 꽃잎을 닫고 새벽녘 일출이 시작될 때까지 기다린다(그림 6.7). 반면에 야행성 나방에 의해 수분이 되는 분꽃은 늦은 오후까지 꽃봉오리를 열어서 다음날 아침까지 닫지 않는다. 일출 때 열리는 꽃과 일몰에 열리는 꽃은 매우 다른 방식으로 동일한 환경에 반응한 셈이다.

대부분의 식물은 날이 밝고 어두워지는 상황에 따라 나뭇잎과 꽃잎을 접었다 펴기를 반복한다. 이러한 움직임은 낮과 밤에 따라 달라지기 때문에 수면동작이라고 부르기도 한다(그림 6.8). 낮 동안 잎은 수평으로 누워 있지만 밤이 되면 수직 방향으로 위치를 바꾼다. 콩잎과 클로버, 토끼풀, 아부틸론과 같은 식물의 잎은 해가 뜨고 짐에 따라 위아래로 움직인다.

잎의 움직임은 식물 전체의 움직임에 영향을 받게 되는데, 개별

그림 6.8 같은 종류의 콩 식물이 순서대로 아침과 저녁에 촬영되었다.

식물의 세포에 물이 들어가면 이 물에 의해 움직임이 좌우된다. 물이 들어가면 세포가 팽창해 좀 더 탄탄하게 부풀어 오르고, 물이 빠져나오면 팽창 압력이 떨어져 잎이 처지게 된다. 잎을 확대해서 보면 수백 개의 세포는 물을 흡수할 때 수평의 형태가 되고, 빠져나가면 수직 형태를 띠는 것이 관찰된다.

그런데 일몰과 일출 사이에는 식물 전체의 가지와 잎이 움직인다. 대신 하루가 지면 식물들은 휴식에 들어간 뒤 다음날 아침에 가지가 다시 수평으로 움직이기 전까지 축 쳐져 있게 된다. 과학자들은 평온하고 바람이 없는 날에 레이저 광선을 사용하여 자작나무 가지를 시간대별로 스캔해 그 움직임을 측정했다. 그 결과는 놀랍게도 가지 전체가 올라가고 내려가는 것이었다. 밤에도 쳐져 있던 나뭇가지는 해가 밝으면서 다시 상승해서 매일 약 10센티미터의 움직임을 지속적으로 보여줬다.

세포의 팽창 압력의 변화와 그로 인한 세포의 부피 변화(수백 개로 이루어진 잎세포든 수백만 개로 이루어진 가지세포에서든 어디에서 발생했든 간에)는 동물에게만 부여된 운동의 힘이 식물에게도 적용될 수 있음을 알려준다.

옥수수밭에서는 해와 달의 변화에 따라 매일 식물의 잎이 리드미컬하게 움직인다. 아침에 해가 더 높아지면 옥수수잎은 한낮의 태양열로부터 윗면을 보호하기 위해 웅크리지만 해가 지면 서서히 원상태로 돌아간다. 옥수수잎에서 매일 일어나는 이 운동은 잎과 식물이 건조하고 뜨거운 햇빛에 노출되어 사라질 수 있는 물을 보존하는 데 도움을 준다. 옥수수잎이 말리는 원리는 잎의 아래쪽 표면이 위보다 더 팽창하기 때문이다(그림 6.9).

말려있는 잎과 평평한 잎의 단면을 비교하면 무엇을 알 수 있을까? 그림 6.9 아래에는 두 개의 단면이 표시되어 있다. 잎이 말리는 동안 세포는 어떻게 달라질까?

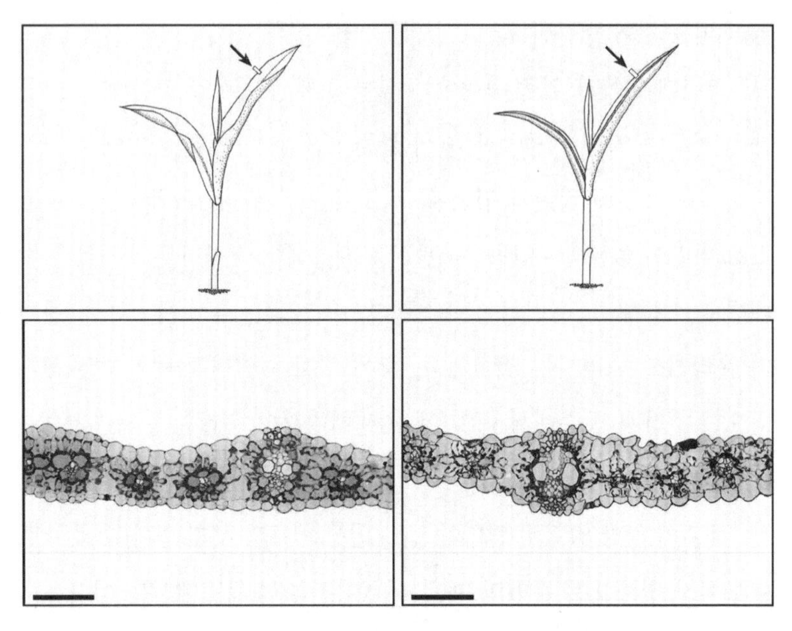

그림 6.9 상단에서 볼 수 있듯, 이른 아침에 물을 잘 준 옥수수의 평평한 잎은 덥고 건조한 오후가 되면 구부러진다. 이 옥수수잎에서 채취한 조직을 조사하면 두 개의 하위 패널에서 각 잎의 세포가 물과 햇빛에 노출되었을 때 어떻게 달리 반응하는지를 볼 수 있다. (스케일 바=100μm)

이 차이점들은 잎세포의 말려있는 정도에 따라 잎이 달라진다는 것을 설명해주지만 잎세포가 이러한 차이가 발생하는 원인은 어떻게 설명할 수 있을까?

식물세포는 물을 배출할 수 있는 만큼 흡수해야 한다는 것을 기억한다. 식물은 세포 자체의 파열이나 붕괴없이 팽창과 수축이 가능하다. 이 작은 세포의 수축과 팽창이 수천 개의 세포로 구성된 잎, 잎자루, 꽃잎과 같은 조직 전체의 움직임을 만들어내는 셈이다.

모든 식물은 물에 녹아있는 영양소를 뿌리를 통해 최상부의 잎까지 이동시킨다. 식물들은 액체의 이 머나먼 장거리 이동에 자신의 에너지를 소비하지 않는다. 태양으로부터의 에너지 덕분에, 물은 많은 작은 구멍이나 기공stomata(*stoma*=기공)을 통해 잎 표면에서 증발한다. 잎 표면에서의 증발은 동물의 땀과 같은 것으로 식물의 '증산작용 transpiration'이라고 한다. 나뭇잎에서 물이 빠져오는 현상은 바로 식물이 땅에서 끌어당긴 물 때문이다. 일종의 빨대 원리로 빈 빨대 끝에서 물을 끌어당기면서 물의 이동이 가능해진다. 식물은 뿌리와 잎 끝 등 성장점에 중공세포의 형태로 여러 개의 '빨대'를 만든다.

텅 빈 물관세포는 물과 영양분을 위쪽으로 이동시키는 식물의 수송 시스템이다(그림 3.10, 식물의 혈관 시스템의 세포들은 2, 3, 5장 참고). 크리스마스 트리를 예로 들어보자. 나무를 자른 뒤 물통에 넣어두면 한동안 신선함이 유지되는데 이건 물관을 통해 잎까지 물을 전달하기 때문이다. 따뜻한 여름날 큰 나무의 목질세포는 토양에서 잎끝까지 약 400리터의 물을 통과시킨다.

샐러리 줄기와 당근 뿌리를 색을 탄 염료 용액에 넣게 되면 이때 염료의 색깔이 그대로 올라가면서 명확하게 물관부의 위치를 보여준다. 샐러리 줄기와 당근 뿌리에는 비록 기공은 없지만 밖으로 뽑아낼 수 있는 증발 능력이 있다. 때문에 이 물을 방출하는 능력은 잎에 있는 기공의 존재가 모든 식물에게 필수적인 게 아니라는 것을 말해준다. 샐러리 줄기와 당근 뿌리는 기공 대신 상판과 하판이 열리는 물관부가 있다. 잎에 위치한 기공의 수와 밀도는 다양하지만(그림 6.10), 어떤 조치에 의해 그 수치는 엄청나게 증가하기도 한다. 참나무는 평방인치당 65만 개의 구멍이 있고, 여기에 500만 개의 기공이 있다. 평방인치

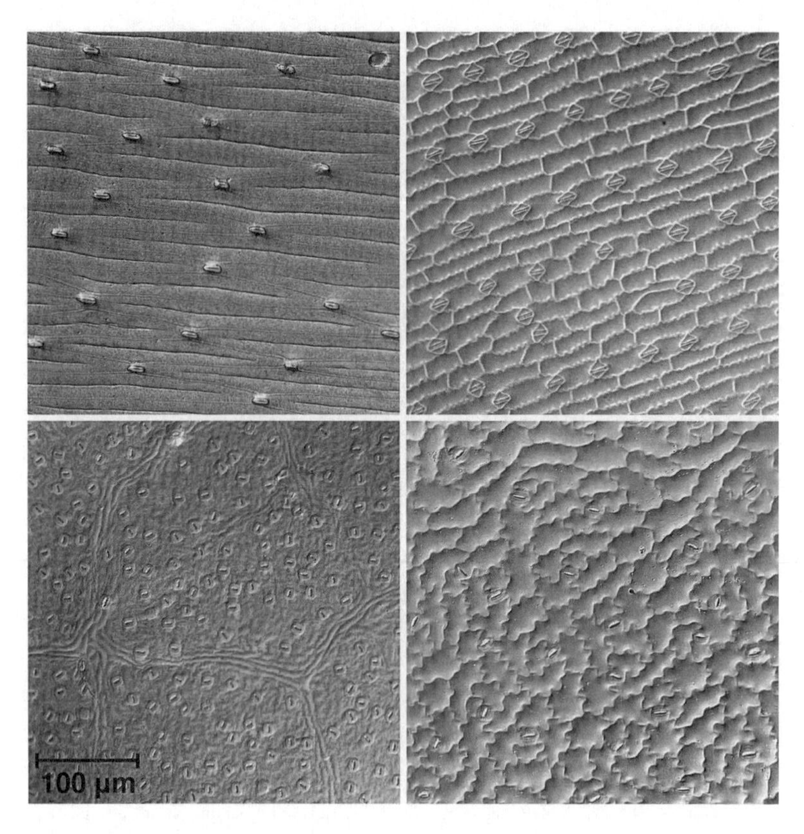

그림 6.10 기공은 잎의 표면에 일정한 패턴으로 각기 다른 독특한 배열을 가지고있다. 두 개의 보호세포가 각 기공을 둘러싸고 있다. 윗줄은 외떡잎식물로, 순서대로 부추와 옥수수이다. 아랫줄은 쌍떡잎식물로, 순서대로 참나무와 상추이다.

당 42,500개의 구멍이 있는 옥수수 잎은 각각 100만 개 정도의 기공이 있다. 이 무수한 기공은 물과 산소를 빠져 나가게 하는 동시에 광합성을 위한 필수 원료인 이산화 탄소를 흡수하는 기관으로 일종의 문지기 역할을 한다.

식물은 잎 표면의 무수한 구멍을 열고 닫으며 물을 증발시키는가하면 이산화 탄소를 빨아들이고 산소를 내뱉는 속도를 조절한다. 5장에서 지적했듯, 이 기공의 역할은 수분과 이산화 탄소의 균형을 유지하는 것과 식물의 독창적인 성장 방식인 광합성과도 연결이 된다. 때문에 수분을 보존하기 위해 기공을 닫아야 하지만 광합성을 유지하기 위해선 기공을 열어 이산화 탄소를 흡수해야 하는 식물은 균형을 유지해야 한다. 이 균형 유지가 식물 전체의 건강에 엄청나게 중요한 일임에 틀림없다.

식물에게 열과 가뭄은 엄청난 스트레스와 에너지가 된다. 이런 날 식물의 뿌리는 화학신호를 만들어 나뭇잎의 기공을 닫아 물이 손실되는 것을 줄여야 한다는 메시지를 전달하여 끔찍한 가뭄 상태를 이겨낸다. 이렇게 뿌리에서 잎으로 보내지는 신호는 일종의 환경 호르몬인 앱시스산으로 밝혀졌다. 이 호르몬이 전달되면 잎은 기공을 닫아서 수분이 빠져나가는 것을 줄이고, 수축에 관여하는 두 보호세포를 만든다. 두 개의 보호세포는 앱시스산에 반응하여 수축을 일으켜 기공을 닫고, 식물의 잎과 줄기에서 물이 빠져나가지 않도록 만든다.

찰스 다윈과 그의 아들 프랜시스는 덩굴식물에 대한 연구를 발표한 지 5년 만에 식물의 운동을 관찰한 《식물의 움직이는 힘》을 발표했다. 모든 식물의 각각의 부분은 미미할지라도 지속적으로 주변을 감아 회전한다circumnutation(*circum*=주변; *nuta*=까딱이다, 흔들다). 식물은 주변에서 일어나는 일을 분명히 잘 알고 있으며, 인간이나 다른 동물과 매우 비슷한 감각을 가지고 있다. 식물이 접촉, 빛, 열과 추위, 대기의 화학물질에 반응한다는 것은 이미 알려진 사실이다. 일부 사람들이 주장하는 식물이 음악에 반응한다는 학설 역시도 충분히 설득력이 있다고 본다.

07
역경을 이겨내는 잡초의 지혜

잡초는 어떤 식물을 말하는 것일까? 잡초는 사람이 원하지 않는 곳에서 자라기 때문에 잡초로 불릴 뿐이다. 잔디밭이나 정원 밖에서 마주치는 잡초는 사실 추악하거나 유해하기만 한 것이 아니라 종종 아름답고, 맛있으며, 유용하기까지도 하다. 잡초는 우리가 정원에서 소중히 키우는 식물군과 다르지 않다. 예를 들면 시금치와 명아주는 모두 비름과에 속한다. 또 양상추, 민들레, 우엉 및 돼지풀 등은 모두 국화과 식물이다. 하지만 농부와 정원사들에게 '잡초'는 분명 존재한다. 이들은 농약상, 제초제상에서 구입한 화학약품으로 대대적인 잡초 박멸작업을 시행하기도 한다.

하지만 우리 조상들은 지금과는 달리 잡초에 대한

그림 7.1 두꺼비와 쥐가 정원의 잡초 사이를 탐험한다. 정원에는 제비꽃, 민들레, 메꽃에는 현미경으로나 볼 수 있을 정도로 작은 곤충이 무수히 살고 있다. 메꽃의 꽃 속에는 암술과 수술이 자리잡고 있으며, 약 1밀리미터 정도의 작은 곤충들이 이 속을 헤집으며 수분한다. 메꽃의 나뭇잎에 있는 구멍은 오른쪽 위의 금자라남생이잎벌레와 그 유충이 갉아 먹은 흔적이다.

좀 더 균형 잡히고 덜 편향된 견해를 받아들였다. 영국의 자연주의자, 리처드 마비Richard Mabey는 잡초에 대한 재미있고 학술적인 자신의 저서를 통해 잡초에 대한 애정과 미움의 역사를 자세히 다뤘다. 우리의 조상들 역시도 농업 분야에서는 잡초의 방제를 위해 최선을 다했지만 그 이면에서는 의학적 유용성의 측면에서 보거나 우리의 미래를 점쳐 주는 매개체로 신성화하기도 했다.

기존에 잡초가 쓸모없다고 알려진 것과 달리 실제로 잡초는 정원에서 매우 유용한 기능을 제공한다. 악명 높은 잡초를 실험하다 보면 사실은 이 식물이 부당한 오해와 편견 속에 있다는 것이 밝혀지기도 한다. 수십 년 전 조셉 코캐너Joseph Cocannouer 교수에 의해 쓰여진 책, 《대지의 수호자 잡초Weeds: The Guardian of the soil》는 잡초의 수많은 미덕을 말해준다.

- 토양을 침식으로부터 보호한다.
- 뿌리가 흙에 침투되어 구조를 개선한다.
- 토양에 유기물을 보충한다.
- 토양 깊숙한 곳으로부터 미네랄을 끌어내기 위해 농부가 키우는 식물보다 뿌리를 더 깊게 뻗어 흙을 개선시키는 효과가 있다.
- 토양 영양을 높이고 토양 생태를 회복시킨다.
- 버려질 수 있는 영양분을 보존하고 재활용한다.
- 대기로부터 이산화 탄소를 흡수하여 제거한 뒤 저장한다.
- 크고 작은 생물에게 서식지를 제공함으로써 생물 다양성을 장려한다(그림 7.2).
- 토양의 상태를 알려준다.

때문에 어쩌면 잡초는 좀 더 건강하고 경제적인 접근법이 필요할지도 모른다. 모든 정원에는 늘 잡초가 살기 마련이고, 현명한 정원사는 잡초가 제공해주는 이로움을 지혜롭게 받아들인다. 잡초의 존재를 어느 정도 인정해주고, 잡초들이 살아가는 방식을 이해한다면 흙을 갈아엎는 수고로움이나 제초제의 과다 사용 등으로 귀결되는 잡초와의 전쟁보다 훨씬 더 많은 원예적 보상을 가져올 수 있기 때문이다.

잡초의 생존 전략

대부분의 식물은 짧게 잘라주면 살아남기 어렵다. 그러나 특정 잡초는 이 가혹한 방법에도 생존 기회를 증폭시켜 자라기도 한다. 땅속에 뿌리줄기를 지닌 감자나 알뿌리 식물인 마늘이 대표적으로, 이러한 군의 잡초는 줄기와 잎을 잘라주는 것이 오히려 뿌리를 더욱 확산시키고 번성하게 만드는 방법이 되기도 한다.

어떤 잡초는 진정 '왕성한 번식' 능력을 가지고 있다. 다음 세 종류의 식물은 엄청난 복원력과 환경 적응 능력으로 잡초 중 가장 유명한 존재이기도 하다. 잡초는 대부분의 식물과는 달리 모든 식물이 뿌리째 뽑히거나, 껍질을 벗기거나, 짓밟혀 햇볕에 말려진 이후에도 줄기나 뿌리에서 또 다른 줄기세포가 되살아나 전체 식물을 재생하기도 한다. 만약 이런 식물이 정원에 전략적으로 배치되었다면 이를 근절하는 건 현실적으로 불가능한 일이다. 대표적으로는 메꽃, 달구지풀, 쇠비름 같은 잡초로 이들은 잘게 잘려서도 불사조처럼 살아나는 재능이 있다.

달구지풀은 세계적으로 스무 개 이상의 일반명뿐만 아니라 과학적으로도 *Elymus repens, Elytrigia repens, Agropyron repens* 등의 학명으로도 불린다. 그러나 이 식물은 일종의 볏과의 초본식물로 보통은 뿌리 줄기가 땅속에서 퍼져 살아가기 때문에 달구지풀이라고 많이 불린다(그림 7.3). 사실 개인적으로 나는 이 식물을 잔디가 속한 개밀속(*Agropyron*)으로 분류하기도 한다. 왜냐하면 이 이름 속에는 들판과 불이라는 의미가(각각 *argo*와 *pyron*) 숨어 있는데 뿌리줄기가 뻗어가는 성장 속도를 너무 적절하게 표현한다는 생각이 들기 때문이다. 뿌리줄기는 한

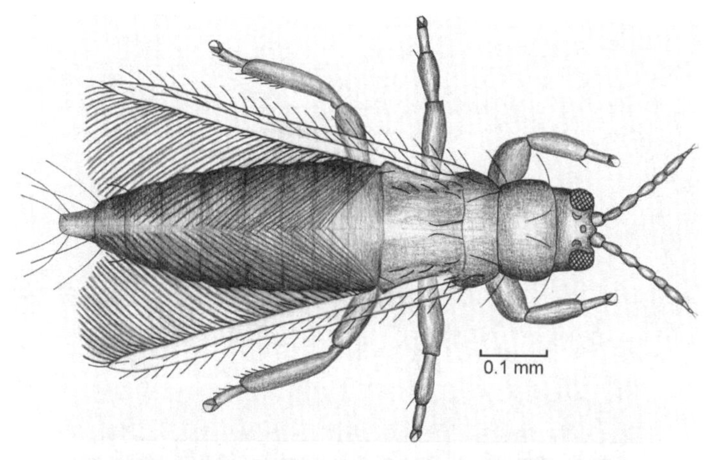

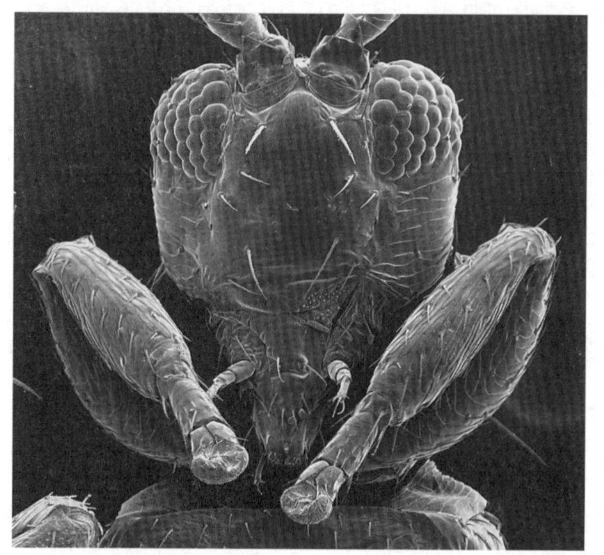

그림 7.2 이 현미경 사진은 잡초와 우리가 키우는 식물 속에서 무수히 많이 서식하는 삽주벌레의 사진이다. 삽주벌레는 근처 정원을 지키는 많은 익충들에게 영양분을 공급하는 일을 한다. 비록 그 영양분이 현미경이 아니고서는 보이지 않는다 할지라도 말이다. 때문에 삽주벌레의 존재는 잡초 사이에 숨어 있는 곤충의 풍부한 생물 다양성을 보여주는 표식이기도 하다. 잡초는 곤충의 활동을 통제하는 유익한 육식동물과 기생충이 서식하는 장소이다. 이런 유용한 포식자가 정원에 자리를 잡고 있어야 식물을 먹는 곤충의 활동 또한 조절이 가능해진다.

그림 7.3 달구지풀의 뿌리줄기는 규칙적인 간격으로 분열 가능한 마디를 지니고 있다.

개 내지 두 개의 마디가 있는데 이 마디마다 뿌리와 싹이 나올 수 있다. 결국 하나의 마디가 줄기세포가 되어 언제든 생명을 이어갈 수 있는 구조다. 이런 식물은 괭이질을 하고, 살포하고, 뿌리째 뽑더라도 생명력이 지속될 수밖에 없다.

메꽃과의 식물 중 하나인 나팔꽃의 번식 비결은 땅속 저장고에 있다. 우아한 핑크색 꽃과 섬세한 화살표 모양의 잎은 땅속에 어마어마한 뿌리 구조가 있다는 예상을 할 수 없게 만든다. 메꽃의 꽃과 잎은 보통 지상에서 2~5센티미터 정도 뻗지만 그 뿌리는 지상보다 100배 이상 뻗어나간다. 깊이는 60센티미터, 옆으로는 30센티미터가 넘게 퍼진다.

갈고리 또는 호미로 자른 쇠비름의 줄기는 모든 표면이 뿌리를 만드는 줄기세포가 되어준다(그림 7.4). 식물의 예기치 않은 부분에 발달하는 이 뿌리는 부정근adventitious root(*adventicius*=외부에서 발생하는)

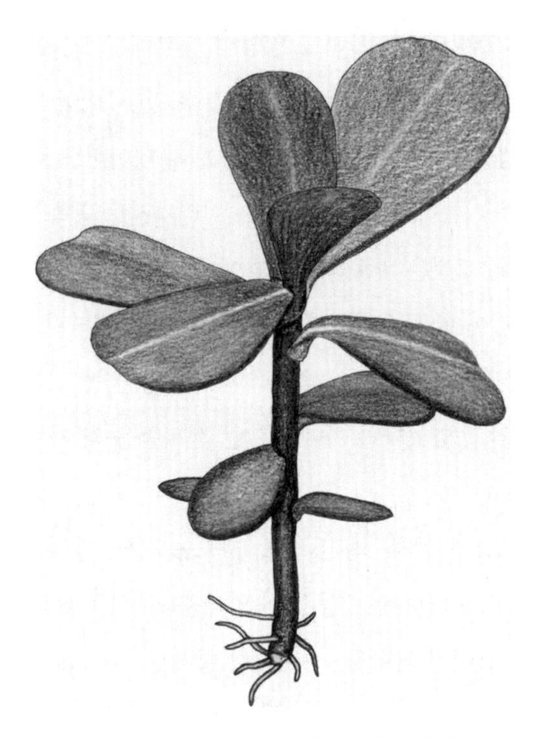

그림 7.4 쇠비름은 줄기가 잘리면 2차적인(정상의 위치가 아닌 데서 나온) 부정근에서 분열줄기세포가 발생한다. 그래서 뽑히고, 짓밟히고, 잘린 후에도 부활할 수 있는 놀라운 능력이 생긴다.

이라고 부른다. 이 뿌리세포 발생능력은 잡초가 불리한 조건에서도 지속적인 생명력을 이어갈 수 있게 해준다. 그렇다면 우발적인 뿌리세포를 만들어낼 수 있는 줄기세포를 제공하는 쇠비름은 어떤 분열조직을 가지고 있는 것일까?

잡초의 장점은 위에 열거된 토양의 질 향상뿐만이 아니다. 제비꽃, 민들레, 고사리, 쇠비름과 같은 잡초의 싹은 부드럽고 달콤해 맛과 영양가가 높은 식재료가 되기도 한다. 예를 들어, 쇠비름은 다양한 빛깔을 가지고 있으며 아삭아삭하고 영양이 풍부해서 봄, 여름철에 샐러드, 스프 또는 볶음용 녹색채소로 활용할 수 있다. 미국의 월든 호수에서 자급자족생활을 했던 자연주의 작가, 헨리 데이비드 소로는 1854년 쇠비름 요리를 기록하기도 했다. "나는 여러가지로 만족스러운 저녁식사를 만들었다. 그것은 바로 옥수수밭에서 수확한 쇠비름을 끓는 물에 삶아 소금에 절여 만든 요리였다." 만약 쇠비름이 비타민 A, B, C 함량이 높고, 비타민 E 이외에 식물의 오메가3 지방산 농도가 가장 높다는 것을 소로가 알고 있었다면 아마도 그는 쇠비름을 더 자주 먹었을지도 모른다.

잡초는 토양의 상태, 즉 비옥도, pH 농도(산, 알칼리), 수분함량 등 토양의 구조에 대한 정보를 많이 알려준다. 식물과 환경조건 연관성 연구로 잘 알려진 과학자, 프레더릭 클레먼츠Frederic Clements는 "각 식물은 토양 상태를 나타내는 지표"라고 강조했다. 잡초를 지표로 삼아 토양의 상태를 점쳐 현명한 결정을 내릴 수도 있다. 그래서 때로는 토양 조건을 개선하기 위해 채소를 심기 전 먼저 잡초를 심어 대처하기도 한다. 특정 잡초는 그들이 자라는 토양에 대한 단서를 제공한다. 민들레, 버배스컴verbascum, 마디풀, 질경이는 산성 토양에서 번식이 왕성하다. 산성 토양은 인, 칼륨, 칼슘, 마그네슘이 부족하다는 의미여서 이런 잡초들은 아주 깊이 뿌리를 내려 부족한 영양소를 공급받는다. 반면 냉이, 동자꽃, 야생 당근과 같은 잡초가 많은 땅이라면 알칼리성이 강하다는 신호가 된다. 유포비아, 마디풀, 치커리, 덩굴잡초, 구주개밀 그리고 야생 겨자는 경화된 땅의 약한 토양 구조에서 자라나고 쇠비름, 개별꽃, 명아주*Chenopodium*(*cheno*=거위; *pod*=발), 야생 아마란스는 비옥하고 구조화된 토양에서 잘 자란다. 잡초는 화학적인 영양분의 토양 공급뿐만 아니라 유기물의 양과 특정 토양의 해면질의 정도를 알 수 있는 단서를 제공한다.

단순히 건강에 해로운 제초제를 투여하기보다는 토양의 구조를 개선하여 안전하고 효과적으로 잡초를 방제할 수 있다. 화학물질을 사용하지 않으면서 더 영리하고 건강하게 잡초를 통제할 수 있는 다양한 방법이 있다. 이 방식은 훨씬 창의적인 데다 보람도 있고 만족도가 높다. 어떤 잡초가 자라는지에 따라 토양 상태를 확인하고, 그 토양을 선호하는 채소나 다른 식물을 심어서 잡초와 경쟁하게 만드는 것도 방법이다.

또 나무를 태운 재를 사용하면 필수영양소인 칼륨, 인, 칼슘 및 마그네슘을 좀 더 건강하게 첨가할 수 있을 뿐 아니라 땅을 중성화시켜 산성을 좋아하는 특정 잡초를 약화시키는 효과를 볼 수 있다. 재를 뿌리면 토양의 산도가 감소하고 pH 농도가 중성 내지는 알칼리성으로 높아지기 때문이다. 나뭇재는 산성 토양을 선호하는 잡초를 억제하며, 작물을 심기 전에 토양 표면에 고르게 뿌리는 것이 좋다. 10제곱미터당 약 2킬로그램의 재를 뿌려주면 식물이 필요로 하는 네 가지 무기질 영양분을 풍부하게 공급할 수 있다. 물론 식물마다 선호도가 다르기 때문에 세부적으로는 좀 더 구체적인 구별이 필요하다.

클로버는 종종 정원에서 잡초로 간주되곤 한다. 완두콩, 콩, 알팔파 군에 포함되어 있는 이 클로버는 공기 중의 질소 가스를 섭취할 수 있는 능력을 지니고 있다. 그건 이 식물들의 뿌리에 근류균이라는 박테리아가 서식하기 때문인데 이 박테리아가 뿌리에 질소 영양분을 모은다. 식물은 공기 중의 질소를 가져가 암모니아나 질산염과 같은 형태로 바꾸는데 이 상태가 되어야 비로소 식물이 영양분으로 사용이 가능해진다(질소 비료를 생산하는 클로버와 그 친척 식물의 능력은 10장에서 더 논의할 예정이다). 암모니아와 질산염으로 공기의 약 4분의 3을 차지하는 질소 가스는 기체 상태로는 사용이 어렵다. 이 기체를 질산염, 암모니아 등으로 바꾸는 생명체가 바로 유일하게 박테리아다. 클로버 뿌리는 박테리아와 협업 관계를 맺는다. 뿌리 쪽에 박테리아가 흡수할 수 있는 질소를 저장하는데, 이걸 흡수해 성장을 한다. 이 덕분에 영양분이 없는 척박한 땅에서도 클로버가 잘 성장한다. 때문에 만약 클로버 세력을 약화시키고 싶다면 흙에 질소 영양분을 공급해 다른 식물들도 접근이 가능하게 만들어줘야 한다. 다른 식물들의 경쟁이 심해지면 당연히 클로버도 성장에 방해를 받을 수 밖에 없다.

거름은 나뭇재만큼이나 칼륨과 인 그리고 질소와 유기물이 풍부하다. 물은 영양분을 희석하거나 비율을 잡는 데 중요한 역할을 한다. 정원에 뿌릴 때는 나뭇재보다 6~7배(12~15kg/10m^2)로 희석하는 것이 좋다.

정원에 네 개의 작은 실험 구획을 잡는다. 채소를 심기 적어도 한 달 전에 준비를 끝내야 한다. 구획에 각각 아래의 거름을 뿌린 뒤, 봄과 여름에 걸쳐서 각각 네 곳의 장소에서 자라는 잡초를 비교해본다. 거름을 뿌리기 전에는 잡초를 제거하는 것을 원칙으로 한다. 그러나 흙을 뒤집는 로터리나 경운은 깊은 곳에 자리한 잡초의 씨를 표면으로 끄집어올려 오히려 뜻하지 않은 잡초의 번식을 가져올 수 있기 때문에 하지 않는다.

1. 나뭇재만
2. 분뇨만
3. 나뭇재+분뇨
4. 추가 없음(있는 그대로)

이 실험은 미네랄과 농축 유기물이 정원에서 자라는 잡초에 어떻게 관여하는지를 알게 해준다.

잡초가 경쟁자를 대처하는 방법

생태학은 유기체와 환경 사이의 상호작용뿐만 아니라 유기체간의 경쟁과 상호작용에 대한 연구를 말한다. 또 이 중 생태화학은 이러한 상호작용을 중재하는 이차대사산물인 화학물질을 연구하는 일을 말한다. 대사산물은 유기체 내에서 발생하는 화학반응에 전부 관여하는 화학물질을 모두 포함한다. 아미노산, 호르몬 및 식물의 번식, 성장 및 발달에 필수적인 비타민과 같은 기본 대사산물을 '일차대사산물'이라고 한다. 더불어 식물의 성장에는 필수적이거나 대량 물질은 아니지만 환경과의 의사소통을 위해 매우 중요한 약 20만 개의 화합물이 필요하다. 이 화합물을 식물의 '이차대사산물'이라고 부른다. 이 대사산물들은 안료, 유인물질, 방충제 등으로 곤충과 식물 모두에게 사용되고, 뿐만 아니라 인간을 위한 의약품 및 식이요법에 이용되기도 한다.

특히 이차대사산물은 식물종 간에도 작용하여 빛, 물 및 영양소와 경쟁할 수 있는 이웃식물의 발아를 억제하는 능력을 발휘하기도 한다.

어떤 식물이 다른 종류의 식물이 자라는 것을 억제하기 위해 사용되는 것을 타감작용allelopathy(*allelo*=서로; *pathy*=유해한)이라고 하고, 이 억제와 관련된 이차대사산물을 타감작용물질allelochemical이라고 한다.

커피와 차에서 발견되는 카페인이라는 화학물질은 인간에게는 졸음을 예방하고 뇌의 활동을 자극하는 요소지만 식물의 삶에서는 매우 다른 역할을 한다. 카페인은 여러 식물 조직에서 자연적으로 발생하는데 천연 살충제로 작용해 곤충과 곰팡이의 공격을 예방한다. 더불어 카페인 성분은 커피와 차의 씨앗이 발아할 때 물이나 영양분을 놓고 경쟁할 수 있는 다른 경쟁식물의 발아를 억제하는 데에서 작용하는 것으로도 밝혀졌다. 그런데 이렇게 억제 화학물질을 생산하는 모든 씨앗은 그걸 사용하지 않을 때에는 안전한 상태로 저장한다. 더불어 이 화학물질을 주변 토양으로 방출할 때에는 자신 역시도 번식력이 나빠질 수 있는데 이를 방지하기 위해 다른 화학성분을 생산해 중성화하기도 한다.

브로콜리나 무 등 배추과 식물의 씨앗과 마찬가지로 순무 씨앗은 따뜻한 방, 습한 표면에 노출되면 2~3일 이내로 발아한다. 이 종류의 식물들은 카페인과 같은 자연발생 화학물질이 종자의 발아에 어떤 영향을 미치는지에 대한 좋은 실험대상이다. 카페인은 완벽한 화학물질로, 우리가 사먹게 되는 커피 속에도 카페인이 든 것과 제거된 제품이 있다. 카페인이 함유된 커피와 카페인이 함유되지 않은 실험용 발아접시를 설치해 실제로 카페인이 씨앗의 발아 억제에 영향을 준다는 가설을 실험해보자. 우선 두 개의 100밀리미터 배양접시 바닥에 여과지를 놓는다. 하나에는 카페인이 함유된 커피 1그램을 20밀리리터의 증류수에 녹여 놓고, 다른 배양접시에는 카페인을 함유하지 않은 커피 1그램을 별도의 증류수 20밀리리터에 용해시킨다. 각 배양접시에 이 두 용액을 넣어(약 5밀리리터) 여과지를 충분히 적셔준다. 그런 다음 두 개의 배양접시 표면에 순무 씨앗을 뿌리고 발아의 첫 징후를 관찰한다.

잡초 개밀은 자체적으로 알레르기 유발 물질을 가지고 있는 것으로 알려져 있다. 이 개밀의 알레르기 유발 여부를 테스트하기 위해 순무 씨앗을 압착기에 넣어 액을 추출하고, 이걸 다른 식물에 넣어 어떻게 반응하는지 비교해본다. 우선 압착기를 통해 땅콩, 민들레 줄기, 양상추 잎에서 반 티스푼 정도 액을 짠다. 우선 100밀리미터 배양접시 바닥의 여과지에 짜낸 액을 넣기 전 물 5밀리리터를 먼저 넣어준다. 그 다음 각 배양접시의 촉촉한 여과지 표면에 50개의 순무 종자를 뿌린다. 순무 종자의 발아에 다른 식물의 액이 어떻게 영향을 미치는지 알아보는 이 실험은 잡초 혹은 심지어 정원 채소의 알레르기 효과를 간단하고 유용하게 알아내는 방법이 될 수 있다.

씨앗을 널리 퍼뜨리는 잡초

잡초의 또 다른 성공 비결은 많은 씨앗을 생산하는 것뿐만 아니라 씨앗을 최대한 널리 퍼뜨릴 수 있는 능력이다. 시금치와 같은 과에 속하는 명아주는 여름철이면 약 20만 개의 종자를 생산한다. 쇠비름은 이보다 더 많아 식물당 최대 24만 개의 씨앗을 생산할 수 있다.

그러나 잡초라고 할지라도 발아를 위한 조건이 이상적이지 않다면 이 모든 씨앗은 발아를 멈추고 수십 년 동안 정지된 상태를 유지하기도 한다. 명아주와 돼지풀 씨앗은 40년 동안 잠자고 있다가 깨어날 수 있고, 수영꽃과 달맞이꽃 종자는 무려 70년 동안 잠을 자기도 한다. 1장에서 언급된 시베리아 툰드라 지대에 사는 고대 패랭이 종자는 무려 3만 2천 년 동안 휴면 상태를 유지했다. 그러나 대부분의 씨앗들은 그저 몇 년 동안 흙 속에서 좋은 때가 오기를 기다릴 수 있는 정도다.

잡초들이 씨앗을 사방으로 멀리 분산시키는 것은 좀 더 성공적인 번식을 위한 전략이다. 잡초 중 일부는 이 전략에 바람과 물의 도움을 받기도 한다. 민들레, 엉겅퀴는 바람에 의지해 씨앗을 공중으로 날리고, 쇠비름과 개밀은 씨앗이 아주 작기 때문에 물에 잘 떠서 비가 내리거나 눈이 녹으면 물을 따라 흐르며 운반이 된다. 잡초는 야생동물로부터도 많은 도움을 받는다. 일부 씨앗은 바람이나 물을 이용해 떠돌다 다른 생물에 달라붙기도 한다. 또 씨앗을 소화시키지 않는 동물들을 이용하기 위해 이 동물들을 불러들일 수 있는 특별한 요소, 예를 들면 과일을 만드는 데 에너지를 투자하기도 한다.

일부 잡초는 씨앗이 담긴 캡슐을 마치 폭탄처럼 터트리는 자기분산autochory(*auto*=자기; *chory*=분산) 형태로 멀리 나가기도 한다. 사실 이 자기분산 메커니즘은 종종 개미의 도움으로 더욱 향상되기 때문에 이걸 개미매개 분산myrmecochory(*myrmex*=개미; *chory*=분산)이라고도 한다. 일부 종자는 개미가 아주 좋아하는 특유의 종침elaiosome(*elaion*=기름; *soma*=몸)이라고 불리는 단백질과 지질 구조를 가지고 있다(그림 7.5). 이 종침은 씨앗의 특수세포 또는 씨앗을 담고 있는 과일에서 만들어낸다. 개미들은 자기 종족을 먹이기 위해 이 종침을 모으는데, 여기에 씨앗이 함께 들어가 훗날 개미군집 더미에서 싹을 틔우게 된다. 개미가 만들어준 딱 알맞은 온도와 영양분을 바탕으로 씨앗은 뿌리를 잘 내리고 점점 성장해 때로는 모체 식물에서 더 깊게 뿌리를 내리기도 한다.

크고 작은 동물들은 종자를 분산시키는 대리인으로 모집이 된다. 새, 쥐 및 가축은 잡초의 씨앗을 먹은 후 다시 배설물로 내보내 씨앗들

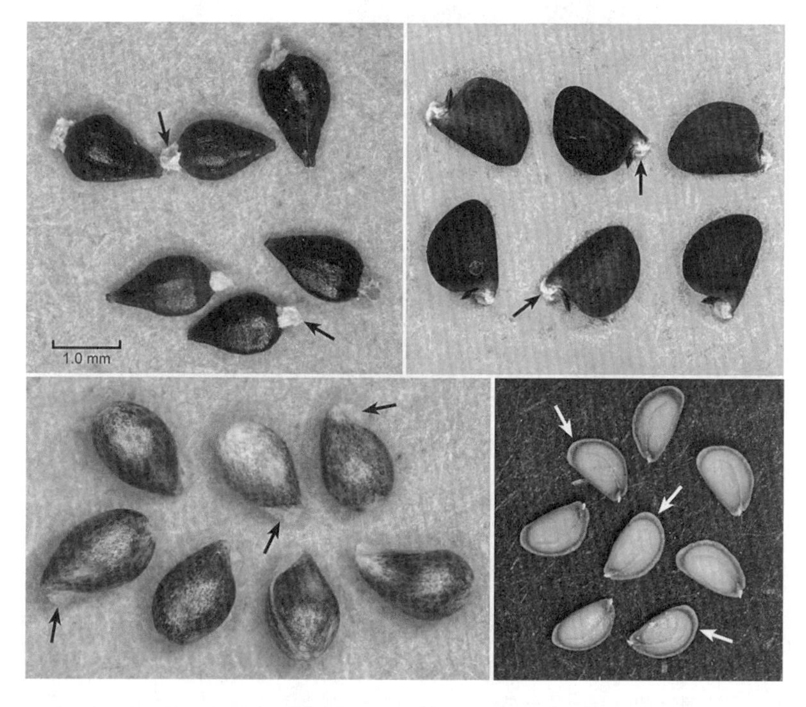

그림 7.5 많은 식물의 씨앗에 발견되는 종침(화살표)은 개미로 하여금 원래 자리에 있었다면 결코 발아되지 못할 장소로부터 씨앗을 운반하도록 유혹한다. 윗줄 왼쪽부터 마디풀, 가시가 있는 시다풀spiny sida. 아랫줄 왼쪽부터 제비꽃, 고추냉이.

그림 7.6 겉표면을 덮은 끈적끈적한 물질때문에 씨앗은 지나가는 사람의 옷이나 동물의 털에 달라붙어 멀리 떨어진 곳까지 여행을 하게 된다. 첫 번째 단은 우엉과 우엉 후크의 근접 사진. 두 번째 단은 순서대로 도꼬마리, 도깨비바늘, 담자리꽃나무. 세 번째 단은 순서대로 끈적거리는 줄기를 지닌 들지치와 그 열매. 들지치 가시는 강력해서 하나의 고리가 아니라 다섯 개의 뾰족한 갈고리(화살표)가 달려있다.

이 멀리 떨어질 수 있도록 만든다. 도꼬마리cocklebur, 우엉burdock, 도둑갈고리tick trefoil, 들지치stickseed, 도깨비바늘beggar's ticks 등의 식물 이름은 모두 공통적으로 동물의 털이나 의류에 붙는다는 뜻을 지니고 있다. 그건 이 각각의 씨앗이 갖고 있는 질감이 매끄럽지 않고, 갈고리 등이 있어 동물의 털이나 인간의 옷에 달라붙을 수 있기 때문이다(그림 7.6).

씨앗이 가득 찬 꼬투리는 매우 효과적인 분산 전략이 될 수 있다. 꼬투리의 벽이 따뜻한 태양 아래 빠르게 쪼그라들다 결국 폭발한다. 이 폭발의 원동력은 세포에서 물이 빠져나가면서 씨앗에 가해지는 압력 때문이다. 씨를 바짝 감싸고 있는 포자낭이 말라서 터지면 그 압력으로 씨앗이 날아간다.

꼬투리의 벽이 수축되면 그 힘으로 씨앗이 갑자기 튕겨나가게 된다. 보라색 씨앗은 꼬투리 벽이 날아갈 때까지 움츠리고 있다 그대로 발사된다(그림 7.7). 참소리쟁이wood sorrel, 괭이밥oxalis의 꼬투리에 있는 수많은 씨앗은 부드럽고 축축하면서 탄력 있는 세포막에 싸여있다. 이 세포막이 건조되어 수축하면 결국 쪼개지고, 뒤집히면서 강하게 씨앗을 튕겨낸다(그림 7.8).

일부 정원에서는 잡초로 분류돼 있는 크랜스빌cranesbill이 있다. 이 야생 제라늄geranium(*geranos*=두루미)은 꼬투리의 모양이 두루미의 부리와 닮았다고 붙여진 이름이다. 두루미의 길고 얇은 부리와 유사한 꼬투리는 실제로 암술의 흔적을 고스란히 갖고 있다. 제라늄의 꼬투리는 분열, 수축, 뒤틀림이 이루어진 후 갑자기 씨앗을 먼 곳으로 튕겨낸다. 꼬투리는 크게 다섯 개의 조각으로 나뉘어져 있는데 이 마디가 수

그림 7.7 제비꽃의 씨앗이 담긴 꼬투리가 폭발하면서 멀리 넓게 퍼져나가고 있다. 이 그림은 꽃으로부터 생긴 씨앗의 꼬투리가 폭발에 이르기까지의 진행상황을 보여준다.

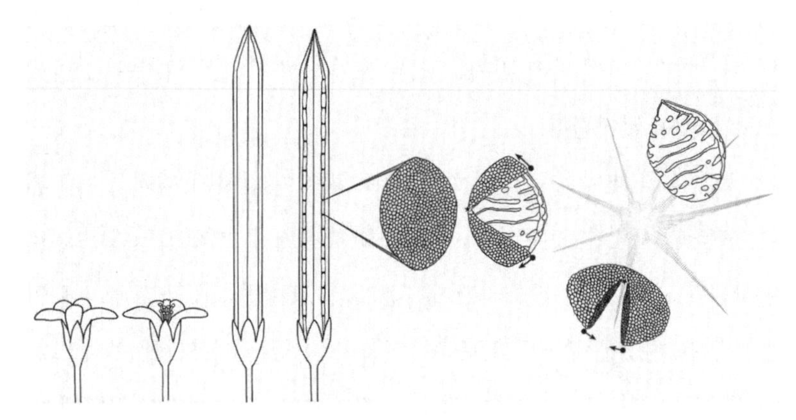

그림 7.8 괭이밥의 씨앗 꼬투리. 각 씨앗을 담고 있는 축축한 다세포 세포막이 수축하고 건조되어 쪼개지면서 강력하게 씨앗을 밀어낸다.

축되어 말리면서 결국 옆구리가 터져 씨앗을 뿜어낸다(그림 7.9).

쥐손이풀과*Geraniaceae*의 다른 꼬투리는 일종의 '새 부리' 방식의 변형이라고 볼 수 있다. 국화쥐손이속*Erodium*(*erodios*=백로과)과 제라늄속*Pelargonium*(*pelargos*=황새) 속의 꼬투리는 국화쥐손이heronsbill, 유럽쥐손이filaree, 세열유럽쥐손이storksbill와 매우 흡사하다. 이 씨앗들은 일종의

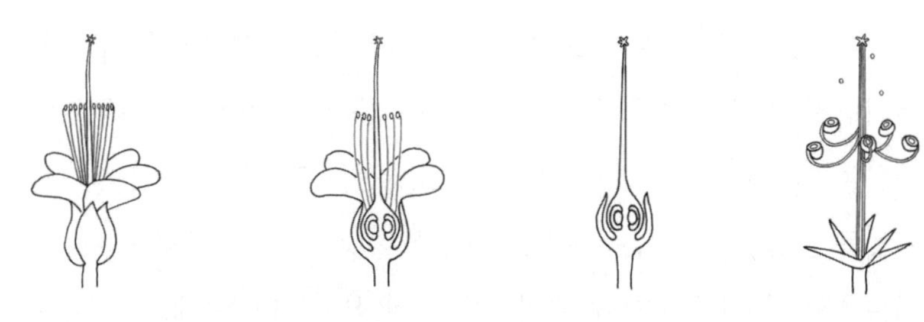

그림 7.9 제라늄의 씨앗은 폭발하는 꼬투리에 의해 멀리 퍼져나간다. 이 그림은 꽃에서 꼬투리가 만들어지고 씨앗이 튕겨나가는 과정을 보여준다.

새총처럼 씨앗을 튕겨낸다. 씨앗을 담고 있는 꼬투리 다섯 개는 서로 연결되어 있다가 수축과 건조가 지속되면서 떨어져 나가게 된다. 그런데 이 꼬투리는 마치 쇠가 나선형으로 돌돌 말리고 위에는 손잡이가 있는 와인따개처럼 생겨서, 튕겨져 나오게 되면 빙빙 돌면서 씨가 담겨 있는 무거운 손잡이 부분이 먼저 떨어져 씨앗이 땅에 닿을 수 있도록 만들어준다.

괭이밥, 제비꽃, 크랜스빌 제라늄의 씨앗을 채집한다. 괭이밥은 일반적으로 잘 알려진 잡초다. 작은 비커에 줄기가 있는 채로 씨앗 꼬투리를 똑바로 세운다. 비커를 커다란 흰색 시트의 가운데에 놓고 꼬투리가 씨앗을 얼마나 멀리 튕겨내는지, 그리고 어떤 식물이 가장 먼 곳으로 씨앗을 뿌리는지 확인한다. 우선 줄기가 직립이고 꼬투리가 비커의 가장자리보다 잘 돌출되어 있는지 확인한다. 비커 위에 가벼운 플라스틱 컵을 놓으면 씨앗이 플라스틱에 닿는 소리를 들을 수도 있다. 몇 시간 또는 며칠 동안 씨앗이 줄기에서 얼마나 멀리 떨어지는지를 관찰하자.

적극적으로 진화된 일부 잡초는 씨앗을 분산하는 데 하나 이상의 전략을 세우기도 한다. 대표적으로는 제비꽃으로 씨앗 꼬투리가 찢어지면서 씨앗이 폭발적으로 튕겨지는 방식뿐만 아니라 매력적인 종침을 이용해 동물을 이용하기도 한다. 결국 제비꽃 씨앗은 스스로 씨앗을 분산시킨 후에는 개미를 이용해 씨앗이 운반되도록 한다. 이런 복합적인 전략 덕분에 제비꽃은 다른 식물보다 두 배로 잘 퍼지는 능력을 발휘한다. 이런 제비꽃이 엄청난 능력 탓에 제초제를 사용하지 않는 잔디밭에서는 자칫 고밀도의 '제비꽃 카펫'이 생겨나기도 한다.

잡초는 적으로서보다는 동맹 관계의 협조자로 사용하는 것이 좋다. 깊게 뿌리내리는 잡초는 다른 식물의 뿌리가 도달할 수 없는 깊은 곳에서 영양분을 가져온다. 그러기 위해 깊은 곳까지 섬유질 뿌리를 펼치기 때문에 이로 인해 딱딱한 토양이 부드럽게 풀리는 효과가 나타난다. 이 효과를 이용해 우리가 키우고자 하는 식물을 키우는 데 용이해질 수 있다. 또 질소 영양분을 모으는 영양분이 풍부한 잡초를 멀칭mulching처럼 사용한다면 다른 채소에게 영양분을 공급할 수 있을 뿐만 아니라 습도를 유지해 흙을 개선하는 데 도움을 줄 수 있다. 또 뽑아내거나 죽은 잡초는 흙 속에 들어가 거름이 되어주고, 해충의 수를 줄이는 포식자의 서식지가 되어주기도 한다.

잡초의 지혜와 힘이 정원 개선에 어떻게 사용될 수 있는지 알아본다. 흙을 뒤집고 가는 길은 휴면 중인 씨앗을 깨우는 일이 될 수 있다. 때문에 토양을 필요 이상으로 건드리지 말고 '잠자는 잡초'가 그대로 깊숙이 남아있게 하는 게 좋다. 또 땅을 가는 경작은 흙 표면 가까이에서 사는 수많은 작은 생명체의 삶을 혼란스럽게 만든다. 이런 생물들은 영양분을 혼합하거나, 흙을 공기층을 형성하고 재활용하는 존재로 개선하는 역할을 한다.

잡초를 적절하게 잘라주는 것은 다년생 잡초를 막는 가장 좋은 방법이다. 다년생 잡초는 많은 양의 에너지를 이용해 땅에 뿌리를 내린 후, 지상 위에 꽃을 피운다. 그런데 이때 지상부가 잘려나가면 꽃을 만드는 데 쓸 수 없게 된 영양분이 다시 뿌리로 돌아간다. 결국 다음해를 기약하며 영양분을 뿌리에 저장하고 재발아를 기다린다. 하지만 어김없이 꽃이 필 다음해 봄 무렵 다시 꽃과 종자를 제거하게 되면 성장이 결국 둔화되거나 죽을 수밖에 없다. 이때 뿌리에 남겨진 영양은 흙에 그대로 남아 있게 되어 토양을 개선하는 데 큰 역할을 하게 된다. 때문에 제초제를 사용해 잡초를 제거하거나 땅을 갈아주기보다는 이렇게 잡초를 제한하는 것이 흙을 유기질 토양으로 개선하는 데 훨씬 더 효과적이고 친환경적이다.

정원의 흙은 일구지 말고 그대로 두자. 대신 흙에서 스스로 자란 잡초를 다양한 유기적인 방법variety of organic amendments(*emendare*=개선하다)으로 개선해보자. 그렇다면 왜 일구지 않고 그대로 둔 땅이 잡초를 일부 방제하거나 혹은 전부 땅을 일군 경우보다 효과적일까? 잡초와 그 씨앗이 각 흙의 개선을 위해 덮어놓은 몇 센티미터의 멀칭 때문에 그 아래에서 숨막혀 죽게 되기 때문이다.

유기멀칭의 소재로 유기물질과 함께 모래, 미사, 진흙을 섞는다. 이 유기멀칭은 잡초 씨앗을 지표면에 노출시키지 않고서 정원토양을 다른 식물의 재배가 가능할 수 있게 만들어준다. 계절에 따라 몇 주 또는 몇 달 동안 이렇게 조치를 취한 후, 채소 씨앗을 뿌려 토양에서 잘 발아할 수 있도록 만들어주자. 이때는 살짝 주변의 흙을 덮어주는 것만으로도 충분하다. 잡초 씨앗 대부분은 괭이와 갈고리가 닿지 않는 땅속 깊은 곳에서 잠들어 있을 뿐이다.

지피작물 또는 '녹색 비료'는 일년 내내 봄, 여름, 가을 동안 파종할 수 있는 일년생 풀을 말한다. 이러한 풀들은 빠르게 자라며 잡초보다 더 빨리 자라고, 유기물을 토양에 더 많이 남겨놓는다. 이 식물들이 고밀도로 흙을 덮게 되면 자연스럽게 잡초가 들어설 자리가 없어진다. 잡초의 경우, 겨울 동안 바람이 불면 씨앗이 날아갈 수 있기 때문에 좀 더 흙 속 깊이 파고들어 씨앗을 보호하려고 하기 때문이다.

잡초의 뿌리는 압축된 토양을 느슨하게 하고, 토양의 깊은 곳에서 무기물을 끌어올리며 알파파, 완두, 콩 등과 같이 질소 고정을 하는 콩과 식물의 경우 정원 땅에 좋은 질소 비료를 추가해준다. 또한 순무, 무와 같은 양배추과의 지피작물은 글루코시놀레이트glucosinolate로 알려진 이차대사산물을 생성하기도 한다(9장에서 언급될 예정).

글루코시놀레이트와 그 유도체는 우리의 소화를 도울 뿐만 아니라 다른 잡초 씨앗의 발아는 억제하는 타감작용이 만든다. 즉 인간의 식생활을 돕는 한편, 땅속 무척추동물에겐 독이 되는 셈이다. 다른 식물의 이차대사물질과 마찬가지로 글루코시놀레이트는 타감작용과 식물 방어 화학물질의 두 가지 역할을 한다(9장 참고). 농부, 정원사 및 과학자들은 이런 특정 피복작물을 이용한 맨땅의 노출 최소화가 작물의 재배와 잡초를 제한할 수 있다는 사실을 매번 발견하고 있다.

피복작물이 될 수 있는 식물과 토양을 개선시키는 씨앗인 메밀, 호밀, 겨자, 종자 무, 해바라기와 같은 혼합 씨앗들은 원예상점이나 농사

재료 판매점에서 구입할 수 있다. 봄 또는 여름 작물을 재배하기 전, 피복작물을 심고 어느 정도 자라게 되었을 때 뒤집어주면 그 잔해가 가장 알맞은 유기물로 전환되는 마법을 발견할 수 있다. 이제 지피작물은 녹색 비료로 간주되고 있다. 녹색 비료의 영양분 및 유기물을 아래의 토양 속 무기질 혼합된다.

말똥은 정원에서 흙을 대신할 수 있는 훌륭한 대안이다. 겨울마다

표 7.1 지피작물의 종류와 심는 시기, 100제곱미터당 뿌리는 종자의 양

식물의 이름	파종시기	파종 밀도(g/100m^2)
알팔파*	이른 봄 ~ 늦여름	226g
보리	이른 봄 ~ 여름	907g~1360g
메밀	봄 ~ 여름	317g
크림슨 클로버*	모든 계절	226g
스윗 클로버*	봄 ~ 여름	113g
진주 기장	여름	113g
겨자	봄 ~ 여름	113g
귀리	봄 ~ 여름	1814g
필드 완두콩*	봄 또는 가을	1360g
오일시드 무	늦은 여름	453g
겨울 호밀	모든 계절	1814g
콩*	봄 ~ 여름	1814g
해바라기	봄	113g
순무	봄 또는 늦은 여름	113g
새완두*	모든 계절	453g
봄 밀	이른 봄	1814g

출처: Johnny's Selected Seeds

참고: 질소 고정 콩과 식물은 별표로 표시. 잡초의 성장을 억제하는 데 특히 효과적인 작물은 굵은 글씨체로 표시. 국내 기준에 맞추어 번역 과정에서 야드파운드 단위를 미터법으로 변환함.

정원에 말똥과 지푸라기가 첨가된 거름을 첨가해주는 것이 좋은데 이때 잡초 씨앗이 들어가지 않도록 조심해야 한다. 알팔파 혹은 티모시 건초를 먹인 말들 중에는 극히 드물지만 잡초 씨앗이 포함된 똥을 싸는 경우도 있다. 흙 위에 7~10센티미터로 말똥과 혼합한 천연 퇴비를 덮어주면 채소가 발아되기 전 토양 미생물이 마지막 준비를 한다. 그러나 반드시 씨앗을 심기 몇 주 또는 몇 달 전에 뿌려서 토양 미생물들이 퇴비를 무기질 토양과 부드럽게 섞어 혼합할 시간을 만들어줘야 한다.

단풍을 잘 삭혀서 퇴비로 사용하게 되면 아직 이용되지 않은 토양을 개선시키고 잡초를 제어하는 데 훌륭한 중재자가 되어 준다. 가을에 우리가 긁어 모으는 나뭇잎은 태워지거나 조경 재활용 센터로 처리되는 경우가 가장 많다. 정원 토양에 첨가하기 전에 잎을 먼저 파쇄해서 사용하는데, 이 과정을 통해 화학적으로는 토양 속에 영양분이 잘 스미게 해주고, 더불어 토양을 폭신하게 하는 스펀지 효과를 만들어 토양 속에 작은 유기물이 잘 들어가도록 만들어준다. 채소 또는 관상용 식물의 씨앗을 심기 전, 낙엽과 나뭇잎을 모아 잘 분해시킨 퇴비를 깔아주자.

잔디깎기는 일반적으로 토양의 영양의 원천을 제거하는 것이고 잡초 처리에 있어 인정 받지 못한 방법이긴 하다. 그러나 여름철 깎은 잔디를 텃밭의 고랑(줄과 줄 사이) 어디든 잡초가 자라는 곳에 덮어 뿌려주자. 잔디의 종류인 블루그래스와 같은 풀들은 인접해 사는 다른 잡초의 발아와 성장을 억제하는 타감작용물질을 방출하는 것으로 알려져 있다. 일단 잔디밭에 보이는 잡초는 일단 괭이로 긁어낸 다음 햇볕에 말린 후 버리는 것이 좋다. 토양에 넣어주는 용도로는 깎은 잔디가 더 효과적이다. 다른 '녹색 비료'와 마찬가지로 깎은 잔디는 건조한 낙엽보다 더 빨리 분해되어 땅속 광물과 혼합된다. 녹색 잎은 마르고 건조한 잎이나 줄기보다 식물 성장에 꼭 필요한 질소가 더 풍부하다.

이 실험을 통해 우리는 잡초 방지에 있어 자연과 협력하여 일할 때 훨씬 더 간단하고 성공적이라는 가설을 테스트했다. 실험 결과는 성공적이었다. 이 성공적인 원예 및 농법이 화학살충제, 제초제, 비료, 경운 등으로 자연에 맞섰던 기존 가설을 뒤집을 수 있을 것이라고 본다.

08
식물의 색상

식물의 지배적인 색상인 녹색은 단순한 색상이 아니라 광합성에 관여하는 적색 및 청색 광의 에너지가 만드는 엽록소의 색이기도 하다. 빛으로 만들어지는 색의 세계는 무지개 빛깔로 펼쳐져 있고 우리의 눈을 즐겁게 하는 수많은 색조합으로 배열돼 있다. 그러나 곤충이나 새들은 볼 수 있지만 우리는 볼 수 없는 색이 있다. 지금 우리가 보는 식물의 색은 색소분자에서 발생한다. 식물은 우리가 보지 못하는 색을 흡수하고 우리가 실제로 볼 수 있는 색으로 전달해주기도 한다. 이런 색소는 인간이 만들어내지 못하지만 우리의 생존에 필수적인 영양소인 비타민이 되어주기도 한다. 그리고 일부는 우리 환경에서 발생할 수 있는 유해한 독소의 영향으로부터 우리를

그림 8.1 쥐와 두꺼비가 입맛을 다시며 화려한 잎을 지닌 근대잎 사이로 뛰노는 메뚜기를 바라본다. 나방의 유충은 민들레나 괭이밥과 같은 잡초의 잎을 먹는다. 내년에 이 유충들은 불나방으로 변해 많은 꽃을 날아다니며 수분을 하게 될 것이다. 노린재는 날카로운 탐침으로 잡초와 채소에서 수액을 흡입한다. 말벌은 먹이를 찾기 위해 근대의 줄기를 날아다니고, 그물거미는 다른 곤충이 거미줄에 걸려들기를 기다린다.

보호하기도 한다.

꽃, 과일, 나뭇잎의 색상과 패턴 등은 주변 풍경에 아름다움을 전하고, 식물이 주는 매혹적인 맛과 건강에 대한 정보를 알게 해준다. 늦여름에는 토마토, 고추 및 사과가 익어가고 가을에는 낙엽이 진다. 이때는 적색, 주황색, 노란색 색소가 엽록소의 녹색 분자를 대체하게 된다. 이 밝고 아름다운 색상이 우리의 눈을 사로잡고 여름과 가을의 수확 시기가 되면 맛있는 향기로 우리의 입맛을 깨운다.

결론적으로 식물의 색깔은 우리의 미적 감각을 자극한다. 식물의 색깔은 종종 식물이 가지고 있는 영양소에 대한 정보를 알려준다.

식물의 색상을 만들어주는 다양한 화학물질

근대는 베타레인betalain으로 알려진 색소가 가장 많이 들어 있는 채소다. 근대 외에도 비트, 분꽃, 선인장, 채송화, 쇠비름은 빨강, 주황 및 노란색을 만들어내는 정원식물이기도 하다. 이 식물들의 공통점은 베타레인 색소를 지니고 있다는 것이다. 베타레인은 우리 몸의 세포를 구성하는 분자를 화학적으로 변화시키고, 산화제 또는 활성탄소라고 불리는 환경의 다른 물질로부터 우리 세포를 보호하는 안티옥시던트antioxidant라는 항산화제의 역할을 한다. 그래서 시금치와 유사종인 이러한 채소들은 시금치 이상의 영양분을 지니고 있는 셈이다.

적양배추, 붉은 고추, 빨간 토마토, 붉은 고구마와 같은 정원의 다른 식물은 빨강, 파랑 및 자주색 색소를 가지고 있는데 그건 안토시아닌anthocyanin(*anthos*=꽃; *cyanos*=남색) 및 카로티노이드carotenoid(*carota*=당근) 때문이다. 이 물질들은 위에 언급된 베타레인과 비슷한 색을 공유하고 있고, 강력한 항산화 물질이기도 하지만 매우 다른 분자배열을 지니고 있다(그림 8.2, 부록 A).

같은 색상을 지닌 채소라 할지라도 화학적으로는 매우 다른 성분이 작용하는 경우가 많다. 붉은 고추와 붉은 양배추의 색상을 빨간 근대, 비트와 비교해본다(그림 8.3).

산성의 식초 또는 알칼리성의 암모니아 용액을 이용해 적양배추와

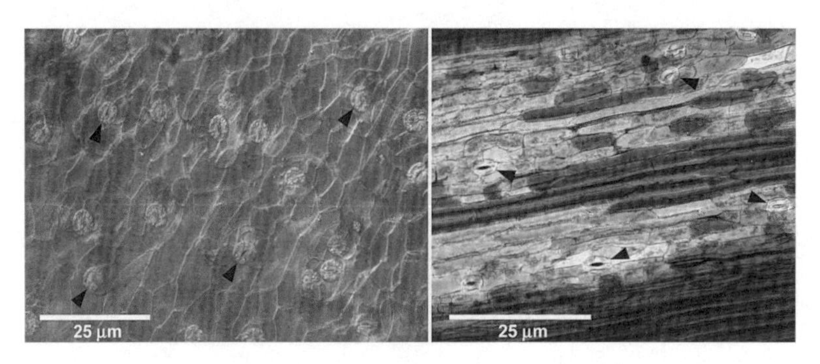

그림 8.2 순서대로 양배추와 근대의 염색세포는 모두 붉은색이지만 매우 다른 화학구조를 지니고 있다. 화살표 표시된 부분은 잎의 기공이다.

그림 8.3 양배추와 비트의 붉은 색소는 카멜레온처럼 다른 색깔로 변할 수 있다. 그건 자신이 처한 화학적 환경에 따라 색상을 바꾸기 때문이다.

비트 및 사탕무의 색이 어떻게 변하는지를 비교하여 서로의 화학적 유사점과 차이점을 관찰한다. 용액의 산, 알칼리성의 농도를 흔히 pH 농도라고 한다. 우선 적양배추와 빨간 비트를 믹서기에 따로 갈아 준비한다. 두 주스를 밀폐된 용기에 넣고 냉장고에 보관한다. 그리고 작은 실험관에 각각의 pH 농도를 측정할 수 있는 용액을 넣어주고, 냉장고에서 양배추와 비트 즙을 꺼내 넣는다. 이때 색 변화는 어떻게 일어날까?

빛에 반응하여 색깔이 변하는 잎과 과일

식물의 세포 소기관 속 녹색색소는 엽록체다. 딱딱한 셀룰로오스 벽을 가진 식물세포는 움직임이 거의 없지만 엽록체는 식물세포 내에서 이동할 수 있고, 강렬한 빛에 과다 노출되는 것을 피하기 위해 세포 내에서 위치를 바꿀 수도 있다. 빛의 세기가 강해지면 엽록체는 빛에 노출되는 것을 최소화하기 위해 정면을 피해 잎세포의 측면으로 이동하기도 한다. 그러다 빛의 밝기가 적절해지면 엽록체는 세포로 골고루 돌아가는데 때로는 좀 더 광선을 잘 받아들이기 위해 수직으로 똑바로 배치되기도 한다.

엽록체는 세포 내에서 움직일 뿐만 아니라 시간의 변화를 겪는다. 엽록체-엽록소 및 카로티노이드에 존재하는 두 부류의 색소는 물에 용해되지 않으며 유색체의 소수성 지질(세포)막 내에 위치해있다. 과일의 엽록체는 숙성될 때 변형을 겪기도 한다. 빨간색과 노란색 카로티노이드는 엽록체 대신 과일색소에 존재한다. 설익은 과일의 녹색 엽

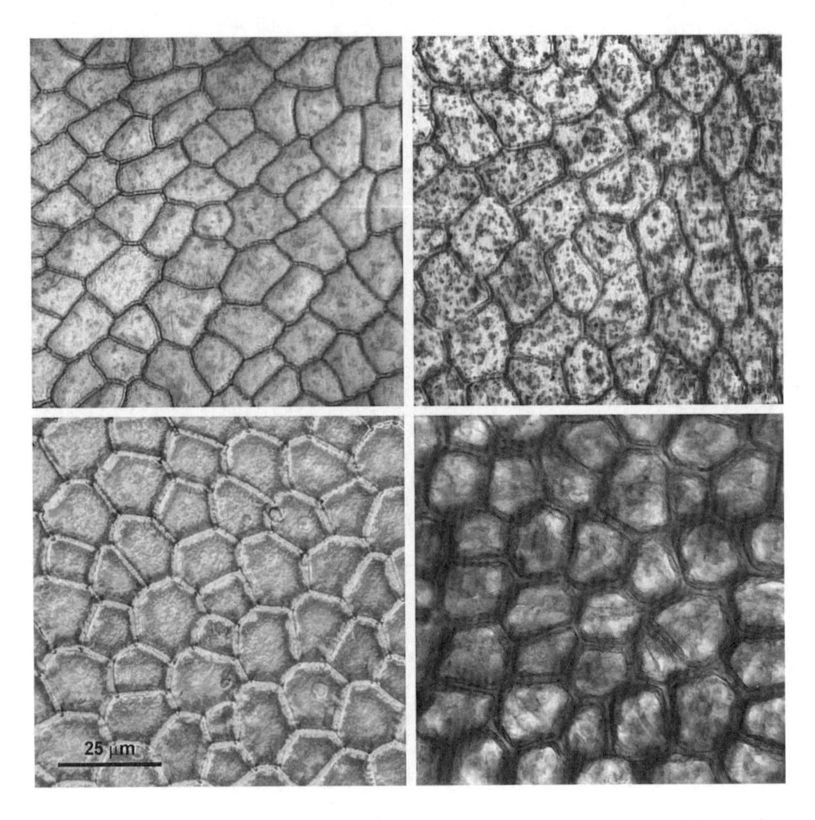

그림 8.4 순서대로 윗줄은 녹색 고추와 붉은 고추, 아랫줄은 녹색 토마토와 붉은 토마토. 초기 녹색 엽록체가 붉은색으로 변환되는 것을 알 수 있다. 녹색 엽록소는 막에 농축되어 있다. 토마토와 고추가 익어감에 따라 변환된 적색 카로티노이드 역시 엽록체의 막 내부에 집중된다. 토마토의 붉은색으로 잘 알려진 리코펜lycopene 역시 카로티노이드의 일종이다.

록체는 시간이 흐르면 주황색, 적색 또는 황색으로 변한다(그림 8.4).

배양접시의 뚜껑 위에 젖은 종이수건을 놓고, 식물 잎을 따서 그 위에 올려 놓는다. 콜레우스, 필로덴드론*philodendron*, 겨자 및 시금치 잎은 균일한 녹색을 띠고 있어 엽록체 운동을 입증할 수 있는 좋은 예가 된다. 잎 위에 빛을 전혀 투과시킬 수 없는 알루미늄 포일 조각 또는 불투명한 검은 필름을 올려놓는다. 그리고 접시의 아랫부분을 뒤집어서 그 위에 올려놓는다. 이렇게 되면 두 배양접시(뚜껑과 그 위에 놓여진 바닥 부분) 사이에 젖은 종이타올–잎–알루미늄 포일이 겹친 모양이 된다. 배양접시를 양쪽에서 누른 채, 프로젝터의 밝은 빛 앞에 수평, 수직으로 45분 동안 노출시킨다. 이후 잎 위에 올려진 포일이나 필름을 제거했을 때 엽록체의 움직임이 어떤 형태를 만들어냈다는 것을 관찰할 수 있다. 그리고 이 형태가 다시 밝은 곳이나 혹은 어두운 곳으로 옮겨졌을 때 어떻게 달라지는지를 확인한다(그림 8.5).

어떤 잎은 식물세포 내에서 엽록체의 움직임을 관찰하는 데 매우 이상적이다. 정원에서 키우는 채소의 잎은 세포가 여러 층으로 배열되어 있어서 두툼하기 때문에 관찰이 불가능하지는 않지만 명확하지 않다. 그러나 엘로데아라고 불리는 수초는 얇은 잎에 두꺼운 세포층이

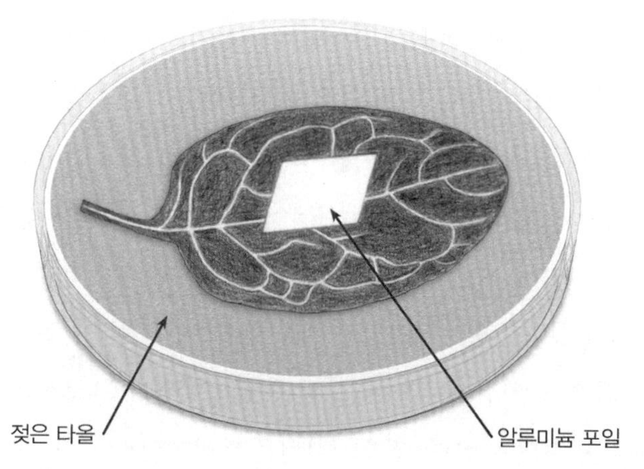

그림 8.5 배양접시의 뚜껑 위에 젖은 타올을 두고, 그 위에 녹색 시금치 잎을 놓은 뒤 다시 그 위에 알루미늄 포일을 놓아준다. 시간이 흐른 후, 포일을 제거한 뒤 빛이 통과하지 못한 부위가 어떤 형태를 띠고 있는지를 관찰해 엽록체의 기동을 알아볼 수 있다.

있어 현미경을 통해 좀 더 명확하게 관찰이 가능하다(그림 8.6). 이 수초는 직접 연못에서 채취도 가능하지만 수족관 판매점에서 구입도 가능하다. 일단 깨끗한 연못 속에서 채취한 잎을 앞선 실험처럼 두 유리 배양접시 사이에 끼워서 관찰하자.

빛을 통해 이 식물을 바라보면 개별 밝은 녹색의 다발을 볼 수 있다. 이게 바로 엽록체다. 밝은 빛을 쬐게 되면 엽록체에서 어떤 일이 벌어질까? 불을 켜고, 현미경에 눈을 댄 뒤 녹색 잎세포가 어떻게 반응하는지에 집중해보자. 엽록체는 세포 안에서 어떻게 움직일까? 이 수초식물 속 엽록체는 보이거나 보이지 않는 다른 어떤 구조물의 도움을 받아 움직이는 것일까? 식물세포의 미세 구조(그림 I.5 참조)속에서 무엇이 움직이는 것일까?

매년 가을, 숲은 놀라운 색의 변화를 보여준다. 무수한 잎에서 여름 내내 광합성 에너지를 포착한 엽록소는 적색, 주황색 및 황색 색소의 다채로운 조합으로 대체된다. 엽록소 분자와 오렌지 및 황색 색소인 카로티노이드는 물에 녹지 않으며 세포막에서 발견된다. 카로티노이드에 기인한 가을의 색깔은 이 두 유형의 색소가 서로 섞여있다가 엽록체막에서 녹색 엽록소가 손실되어 나타나는 현상이라는 것이 밝혀졌다.

그러나 수용성 안토시아닌이 제공하는 보라색, 적색, 주황색도 가을 식물의 잎에서 생산이 된다. 그러나 엽록소와 카로티노이드는 엽록체막에서 발견되는 반면, 안토시아닌은 베타레인과 마찬가지로 세포 속에 액포 상태로 존재한다.

각각의 안토시아닌 색소는 일반적으로 하나 혹은 그 이상의 당(포

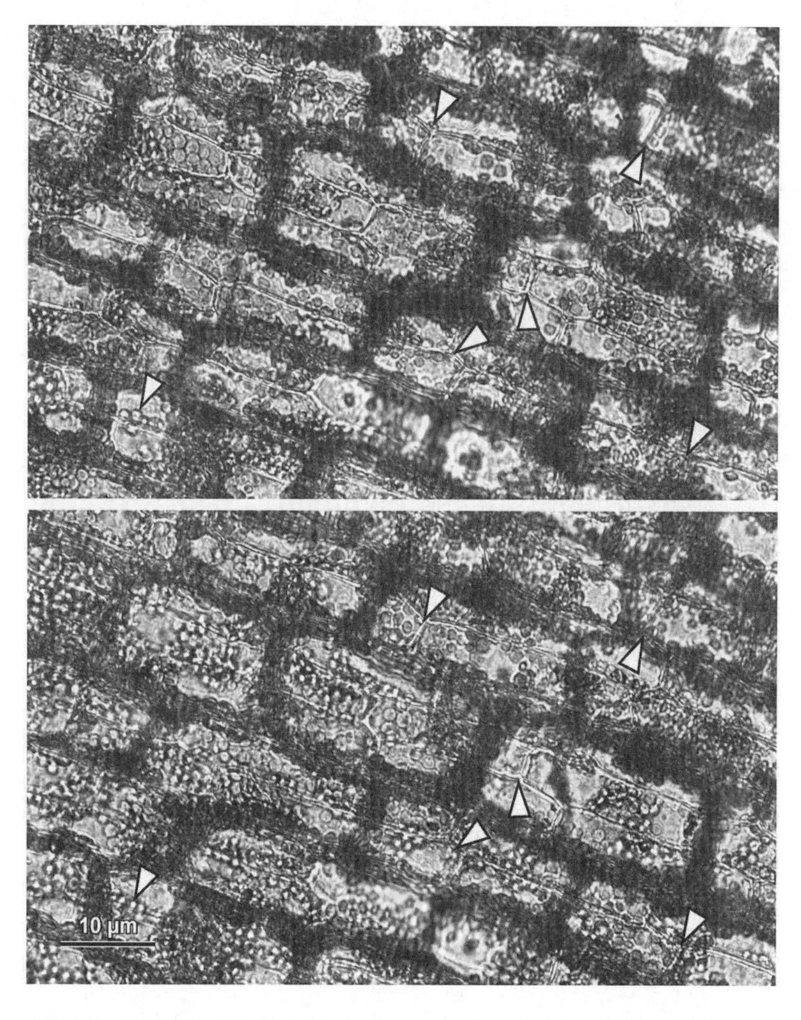

그림 8.6 대부분의 식물의 움직임은 상대적으로 느리고 몇 시간에 걸쳐 일어나기 때문에 타임랩스를 통해 좀 더 잘 관찰된다. 그러나 수초인 엘로데아 잎에 있는 녹색 엽록체는 이동 속도가 매우 빨라 그 자리가 뒤섞이는 것을 초와 분 단위로 측정할 수 있다. 화살촉으로 엽록체의 움직임을 비교하는 데 도움이 될만한 지점을 표시하였다. 상단은 처음 시작 단계, 하단은 그로부터 3분이 경과됐을 때의 이미지다.

도당)분자에 결합되어 액포의 용해도를 증가시킨다. 세포의 액포 내 안토시아닌-당 복합체는 삼투현상에 의해 세포 내로 쉽게 이동함에 따라 팽창 압력이 자연적으로 증가하게 된다. 안토시아닌은 단풍의 색깔에 기여하는 것 외에도 이른 봄에 참나무 및 단풍나무와 같은 어린 나무의 잎에도 나타나는데 액포상태로 물의 움직임을 활발하게 만들어 잎이 좀 더 빠르게 확장하고 성장하도록 만든다. 그러나 어린 잎이 성장하면서 안토시아닌은 엽록소로 대체된다. 안토시아닌 색소는 가을과 봄에 걸쳐 노후한 잎사귀뿐만 아니라 여름 내내 우리 정원의 꽃과 열매에 색깔로 나타난다.

사실 안토시아닌과 베타레인의 또 다른 역할 중에 하나는 영하의 온도와 상온 그리고 건조한 환경에서 부드러운 어린 잎과 오래된 단풍잎을 모두 보호한다는 것이다. 두 색소 모두 세포의 액포에 위치해 삼투에 의해 끌어올려진다. 물을 끌어들이는 이러한 능력은 가뭄 중에도 색소가 함유된 세포를 물 상태로 잘 이동할 수 있도록 유지시키는 역할도 한다. 또 영하의 날에는 세포 속에 용해돼 있는 색소분자가 얼지 않도록 물의 어는점을 낮추고 세포의 파괴를 가져올 수 있는 얼음 결정의 형성을 방지하는 효과가 있다. 이 원리는 눈이 내린 도로에 소금분자(염화칼슘)를 첨가하면 얼음 형성을 막을 수 있는 것처럼 색소 분자를 액포의 물에 첨가해 얼음 형성을 막는 셈이다. 때문에 베타레인과 안토시아닌은 단순히 식물의 색감을 풍성하게 하는 것 외에도 스트레스가 많은 환경에서 식물들이 안전하게 성장할 수 있도록 도와주는 역할을 한다.

사실 우리 몸에서도 안토시아닌은 강력한 산화(노화)방지제로 세포에 혼란을 일으키는 해로운 활성탄소를 파괴한다. 활성탄소의 비공유 전자는 세포 화합물의 수를 산화시키고 화학적으로 변화시킬 수 있다. 산화방지제는 세포에 나타나는 이러한 활성탄소를 중화하기 위해 전자를 기증한다. 따라서 적색, 청색, 주황색 색소의 과일과 채소를 충분히 섭취한다면 노화방지 항산화 효과를 볼 수 있다.

항산화물질은 자외선을 흡수하는 기능이 있어 자외선 차단제로서의 역할을 하기도 한다. 녹색 양배추와 브로콜리 모종을 실내에서 키우다 봄날에 바깥 정원으로 옮기게 되면 초록색이 보라색으로 변하는 증상이 생긴다. 실내에서 발아할 때 태양의 자외선이 유리창을 통과하면서 자외선이 차단되었기 때문이다. 그러나 밖으로 나가 햇빛과 자외선에 노출되고 나면 녹색 잎에서 보라색 안토시아닌이 생산되기 시작해 자연의 자외선 차단이 시작된다.

안토시아닌이 식물세포에서 자외선 차단 기능을 가지고 있다면, 태양 빛이 식물세포 내에서 안토시아닌의 형성을 촉진하거나 유도한다는 의미다. 보통 안토시아닌은 사과, 복숭아 및 딸기에서는 적색으로, 자두, 포도 등에서는 보라색으로 나타난다(그림 8.7).

과일의 껍질 세포 속에는 안토시아닌으로 가득 찬 액포가 있다. 빨간 사과 또는 꽃사과 열매를 종이 봉투로 가려서 햇빛에 노출되는 것을 줄이거나 없앨 수 있다. 안토시아닌 색소는 숙성된 과일을 어떻게 변화시킬까? 종이봉투를 빼내 과일을 햇빛에 노출시키면 안토시아닌 생산도 다시 시작될까?

숙성된 사과 또는 복숭아를 햇빛에 노출시켜 색소 세포에서 안토시아닌 생산을 유도한다는 가설을 검정해본다. 사과의 색깔이 적색보

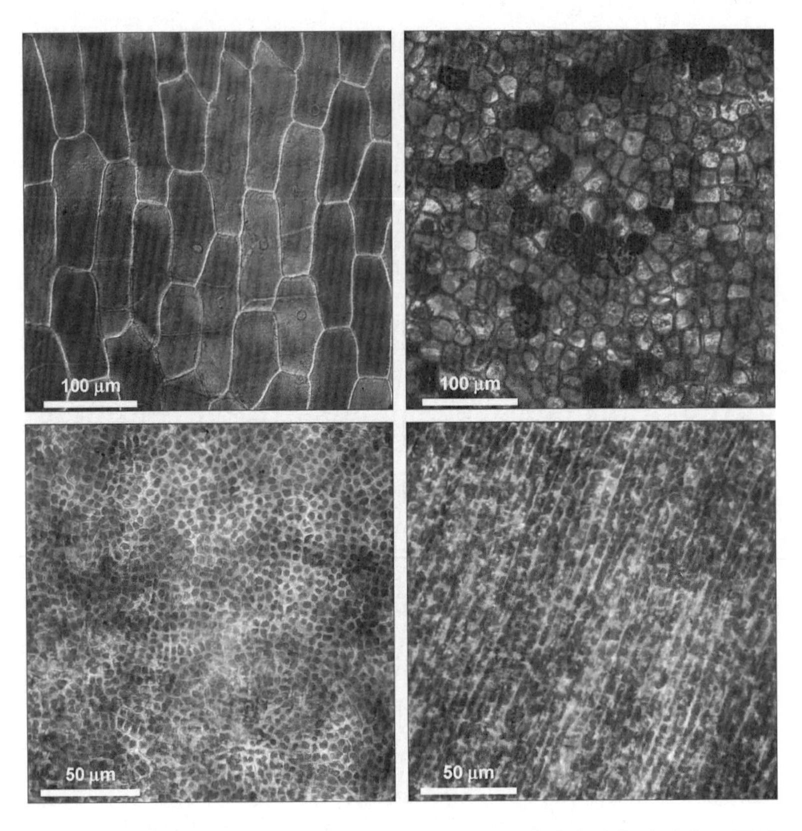

그림 8.7 과일 및 채소 껍질의 세포에는 안토시아닌이 포함되어 있다. 순서대로 윗줄은 각각 붉은 양파, 블루베리. 아랫줄은 사과, 가지.

다 녹색일 때, 자외선 차단물질인 폴리염화비닐 필름으로 사과를 덮는다. 다음으로 자외선 차단 효과가 없는 깨끗한 폴리에틸렌 필름(일반 투명 비닐봉투)에 다른 사과를 감싸고, 세 번째 사과는 햇빛에 그대로 노출되게 남겨둔다. 사과가 붉은 색을 띠면 폴리염화비닐 필름으로 감싼 사과, 폴리에틴렌 필름으로 감싼 사과, 그대로 둔 사과의 색을 비교한다.

단풍나무, 층층나무, 미국풍나무sweetgum 또는 니사 나무blackgum와 같이 가을이면 짙은 빨강색 단풍을 만드는 나무 종도 안토시아닌이 색의 농도에 영향을 줄까?

이 나무의 어둡고 그늘진 내부의 잎은 바깥쪽 잎보다 덜 강렬한 색을 가질까? 햇볕에 노출이 많이 되는 산 능선에서 자라는 열매나 햇볕이 잘 드는 도시 속에서 자란 나무는 늘 깊은 그림자가 있는 계곡에서 자라는 나무보다 더 강렬한 색상이 나올까?

염료로 사용할 수 있는 식물성 색소

식물, 꽃, 과일, 뿌리는 멋진 색채의 변화무쌍함을 보여준다. 목화, 린넨 또는 모슬린 직물 심지어 삶은 계란(그림 8.8)에 매력적인 색상을 물들이는 식물의 다양한 채소, 과일, 뿌리, 나무 껍질 또는 꽃을 수집한다. 식물의 일부를 잘라 재료를 만들고, 여기에 두 배 정도의 물을 넣고 한 시간 가량 끓인 다음 그대로 욕조에 둔다. 이렇게 만들어진 천연의 염색물이 퇴색되거나 씻겨나가지 않게 하려면 고착제 또는 매염제를 추가해야 한다. 이 고정 단계를 거쳐야 직물에 염색이 된 후에 세탁을 하더라도 물빠짐을 방지할 수 있다.

직물에 고착을 하려면 우선 천을 촉촉하게 적신 후, 여기에 차가운 고착제 또는 매염제(물:식초=4:1)에 넣어준다. 만약 열매를 염료로 쓰게 될 경우에는 부엌에서 쓰는 소금 반 컵을 여덟 컵의 냉수에 녹여 쓰는 것이 좋다. 소금용액과 증류된 식초의 산은 섬유의 전하를 조절해 염색재료가 좀 더 섬유에 잘 결합되도록 만든다. 옷을 염색하는 경우

그림 8.8 식물과 식물의 일부를 천연 염료의 원료로 사용할 수 있다. 양파껍질은 주황색을 나타낸다. 자주색 포도는 푸른 보라색 염료를 제공한다. 바질의 잎은 매력적인 향기 외에도 자줏빛과 회색을 띤다. 옻나무의 열매는 부드러운 붉은색을 제공한다.

에는 고착제를 넣고 재료를 한 시간 동안 끓인다. 그런 다음 천을 꺼내 차가운 물로 헹구어 준다. 젖은 천을 염색액에 넣고 원하는 색상이 될 때까지 끓인다(일단 건조되면 직물이 젖었을 때보다 더 가볍다). 고무장갑을 끼고 염색 욕조에서 천을 꺼낸 뒤 찬물에 씻는다. 옷감을 완전히 짜낸 후 널어서 말린다. 한동안은 세탁 시 차가운 물에 부드럽게 빨아주고, 다른 세탁물과 분리하는 것이 좋다.

부활절에 쓰일 삶은 달걀을 염색할 때는 천연 염료에 고착제로 식초 한 스푼을 첨가하여 사용한다. 달걀 색깔이 충분히 강하게 보일 때까지 달걀과 염료, 고착제 혼합물을 함께 냉장하여 보관한다. 염색이 끝난 후에는 조심스럽게 달걀을 꺼내 건조시키고, 약간의 식물성 기름을 발라 윤이 나도록 해준다.

색을 만들어내는 특정 식물의 재료가 섬유나 삶은 계란에 어떤 색을 부여하는지 쉽게 예측할 수 있을까? 잡초(서양민들레 또는 질경이 등), 채소(비트 또는 양파) 및 관목(옻나무 또는 층층나무)은 식물의 어떤 부분을 사용하느냐에 따라 다양한 염색의 재료가 될 수 있다. 삶은 달걀로 자연 염색 과정을 시간, 온도, 식물의 부위별로 측정해보고, 식초의 농도에 따라 염료의 색상에 어떤 예기치 않은 생동감이나 명암을 줄 수 있는지 관찰해보자. 염색된 달걀들이 마른 후에는 약간의 기름을 발라 달걀이 좀 더 윤이 나게 해준다. 베타레인, 카로티노이드 또는 안토시아닌과 같은 다채로운 식물 색소 중 가장 강렬한 색상을 주는 것은 과연 무엇일까?

09
식물의 냄새와 오일

파슬리, 세이지, 로즈마리 및 타임과 같은 허브의 잎, 꽃, 줄기의 특수세포에는 매혹적인 향기를 내는 오일이 존재한다(그림 9.2). 파슬리, 타임 같은 허브는 요리에 사용되어 음식의 풍미를 더해주며, 개박하는 고양이들에게 향긋한 행복을 안겨주기도 한다. 허브 식물이 지니고 있는 이 오일은 인간과 고양이에게 매력적으로 여겨지기 이미 오래 전부터 곤충을 퇴치하는 수단으로 수천 년 간 식물을 보호해왔다. 이 오일은 식물의 이차대사산물로 식물이 살아가는 환경에 상호작용을 끼치는데, 생존과 번식에 필수적인 요소는 아니어서 일반적으로 이차대사산물의 범주에 넣는다. 이 오일은 곤충에게 유독한 성분은 아니지만 곤충이 냄새를 맡았을 때 먹지 못하

그림 9.1 허브 정원에서 쥐와 두꺼비가 밖을 응시하고 있다. 흐드러진 개박하, 파슬리, 세이지, 로즈마리, 백리향의 곁에 곤충, 기생곤충, 초식동물 등 수분매개자가 함께 하고 있다. 딱정벌레는 토양에서 빠르게 움직이며 식물을 약탈하는 유충으로 삶을 시작하지만 성충이 되면 꽃을 수분하는 매개자가 된다. 파리와 나방 역시 정원의 수분매개자지만 그 유충은 정원에서 다른 역할도 수행한다. 파리의 유충은 호박노린재, 노린재, 허리노린재의 기생충으로 살아간다. 나방 유충은 별꽃chickweed이라고 불리는 일반적인 정원의 잡초를 먹고, 다 자란 노린재는 다른 곤충을 먹는다. 나방과 노린재 사이의 파슬리 잎을 먹고 있는 화려한 애벌레는 검은호랑나비 유충이다. 이 애벌레는 두꺼비에 놀라 냄새가 지독한 파슬리잎 위에서 밝은 주황색 뿔을 펼치고 있다

도록 혐오와 불쾌감을 일으킨다. 또 이 오일을 포함하여 다른 대사산물의 경우는 일부 곤충에게 심한 소화불량을 일으키기도 한다. 하지만 곤충 역시도 진화에 의해 불쾌감을 극복하는 방법을 찾아내, 일부 곤충은 심지어 이런 오일과 화학물질이 가득한 잎과 줄기를 즐기기도 한다.

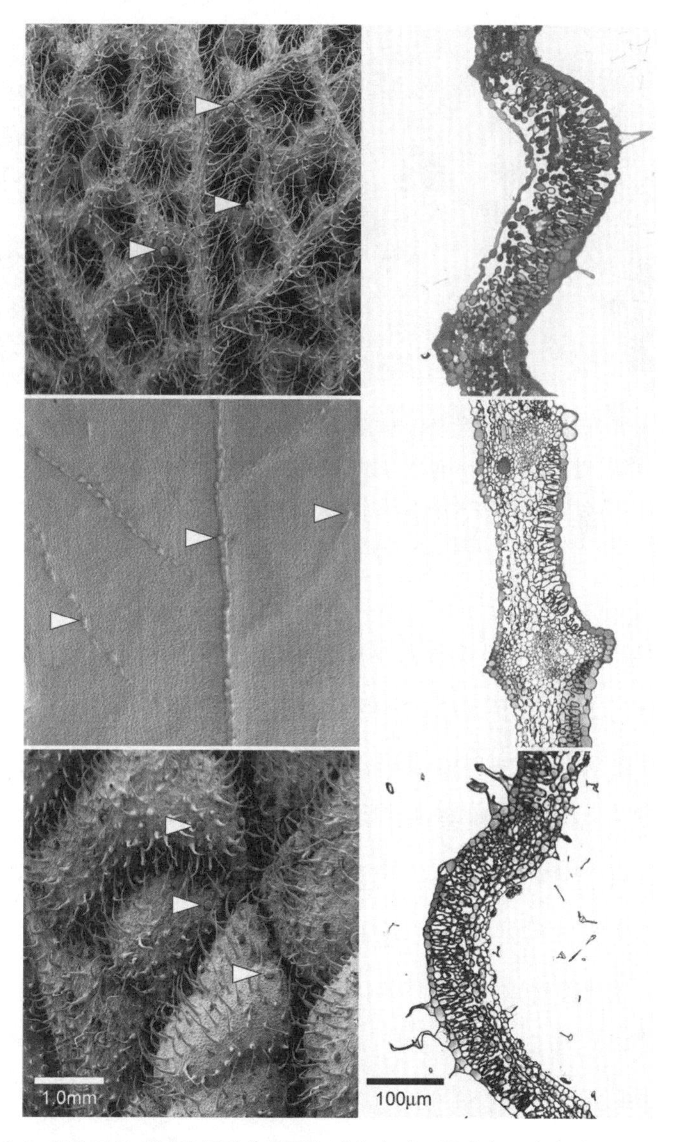

그림 9.2 왼쪽 열의 허브잎 표면에 독특한 냄새가 나는 특이한 모양의 세포(화살촉)가 있다. 위에서 아래로 세이지, 파슬리, 개박하. 오른쪽 열의 잎의 단면도는 각 잎을 덮고 있는 세포의 상부 및 하부 단층(표피) 사이에 중첩된 세포의 전형적인 배열 위에 놓인 잎표면의 기공, 모상체, 식물샘 등을 보여준다.

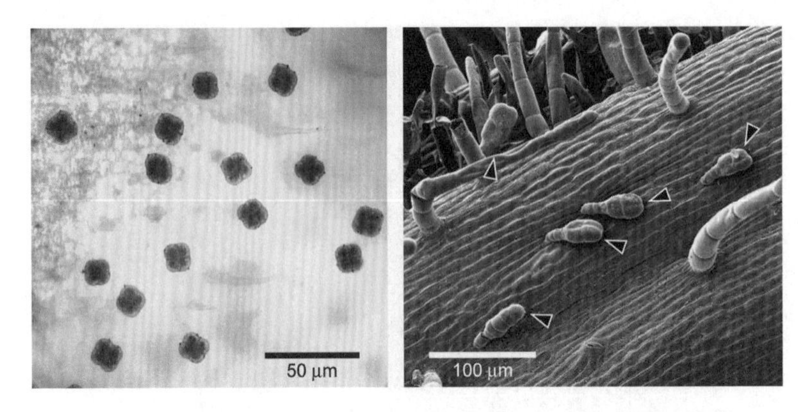

그림 9.3 토마토의 표피(왼쪽, 광학 현미경으로 본 모습)와 조롱박(오른쪽, 전자 현미경으로 본 모습)의 잎과 줄기에는 사상체 솜털이 가득 덮여있다. 토마토의 독특한 냄새를 담당하는 4세포 모상체(화살촉 부분)가 막대사탕처럼 까맣게 서있다. 조롱박의 덩굴손에는 크고, 길고, 가는 사상체에 흩어져 있는 4세포 모상체가 있다.

식물의 독특한 이 오일은 식물 표면의 특별한 선세포glandular cell에 존재한다. 토마토의 독특한 향기는 잎의 미세한 솜털이 가득한 줄기의 선모에서 나온다. 박잎의 표면을 만져보고 냄새를 맡아보자. 현미경 속 그림은 조롱박잎과 줄기의 표면을 덮고 있는 벨벳과 같은 촘촘한 솜털을 보여준다(그림 9.3). 솜털 모양의 모세혈관은 잎표피의 균일한 세포에서 그 모양이 뚜렷이 돋보인다. 이 선세포는 일부 곤충을 격퇴시키는 냄새를 유발할 뿐만 아니라 잎을 탐색하려는 작은 곤충을 물리적으로 막는 일도 한다. 그러나 곤충에게 입맛을 잃게 하는 토마토와 조롱박의 냄새가 사람에게는 즐거움을 주기도 한다. 반대로 정원에서 흔히 발견되는 3종의 식물(양배추, 호박, 당근)은 곤충에게 유난히 유혹적인 맛을 내는 것으로 알려져 있다(부록 A).

브로콜리, 겨자, 콜라드, 케일, 순무와 같은 양배추과의 식물이 지닌 매운 겨자 냄새는 특정 곤충, 진딧물, 벼룩잎벌레, 배추좀나방, 양배추나비를 유혹한다. 글루코시놀레이트는 이러한 겨자 냄새가 나게 하는 식물의 이차대사산물이다. 곤충, 병원성 진균의 경우에는 이 글루코시놀레이트와 유도체가 독이 되지만 우리 인간에는 항암효과가 있는 것으로 알려져 있어 인기 채소이기도 하다. 겨자 냄새는 다양한 재능을 지닌 화학물질이다.

딜, 파슬리, 파스닙, 당근, 펜넬도 마찬가지로 곤충에게는 독이 되는 푸라노쿠마린furanocoumarin이라는 화학물질을 생산한다. 그러나 이 같은 화학물질은 특정 나방과 나비의 유충에게는 다른 의미를 지닌다. 이 나방과 나비들 역시 다른 모체 곤충과 마찬가지로 자신의 유충을 위한 미래 보금자리를 선택해주는 일이 너무나 중요하다. 이 선택에 있어 식물의 독특한 향기는 곤충이 식물을 선택하는데 중요한 기준이 된다.

호박, 오이, 주키니호박, 조롱박과 같은 박과 식물들은 다른 생물체를 공격할 수 있는 쿠쿠르비타신cucurbitacin이라는 맛이 쓴 화학물질을 만들어낸다. 하지만 이 화학물질은 이 식물에게는 생계를 위해 꼭 필요한 특정 곤충을 유인하는 유인물이기도 하다. 곤충 가운데 쓴맛을 내는 쿠쿠르비타신을 먹는 곤충은 넓적다리잎벌레, 호박노린재, 호박덩굴벌레라고 불리는 나방의 유충이다.

식물은 위험으로부터 도망치지는 못하지만 일부 곤충, 곰팡이와 같은 적대적인 미생물로부터의 공격에 직면했을 때 스스로를 방어할 능력이 있다. 대부분의 식물은 잎을 씹어먹거나 수액을 빨아먹는 생물체가 접근하지 못하도록 다양한 방법을 동원한다. 일부 곤충은 식물이 냄새 또는 질감으로 초기 대응을 해도 이를 무시하고 지속적으로 공격을 하기도 한다. 이렇게 되면 식물은 다양한 화학물질을 만들어 미생물이나 곤충이 자신을 먹었을 때 소화 불량을 일으키거나, 치명적일 수 있게 한다.

이웃 식물에게 냄새 경고를 보내는 식물

식물 사이의 소통을 위해 혹은 곤충 및 다른 초식 동물, 균류 및 박테리아에 의한 공격으로부터 방어를 위해 식물이 만들어내는 이차대사산물은 적어도 20만종이 넘는 것으로 추정된다. 그 중 많은 식물들이 글루코시놀레이트와 쿠쿠르비타신과 같은 화학물질을 지속적으로 생산해 곤충이 잎을 뜯어먹지 못하도록 만든다(부록 A). 타닌tannin은 시금치(그림 2.18)나 오크라와 같은 식물의 잎에서 발견되는 일반적인 화합물로, 곤충의 내장에 있는 효소와 단백질이 결합하여 소화불량을 일으킨다. 콩과 식물에서 생성되는 천연 살충제인 로테논rotenone 역시도 대표적인 이차대사산물이다. 식물에 의해 지속적으로 생산되는 이러한 화합물은 일종의 식물의 방어선이다. 피토알렉신phytoalexin (*phyto*=식물; *alexin*=방어)은 박테리아나 곰팡이 병원체가 식물세포에 침투했을 때 생산되는 이차대사산물이다. 식물의 상처 부위에서 만들어지는 이 이차대사산물은 다른 식물에게 화학신호로 보내져 주변 식물에게 임박한 위험을 알리고 공격에 대비할 수 있도록 만든다.

식물은 공격을 받으면 일반적으로 휘발성 유기화합물VOCs로 불리는 다양한 화학물질을 방출한다. 특히 그중에서도 살리실산메틸

methyl salicylate(식물성 호르몬인 살리실산에서 생산)과 자스몬산과 같은 단순 유기화합물이 있다. 또 식물의 호르몬인 에틸렌은 식물이 미생물이나 곤충의 공격에 직면할 때마다 다른 휘발성 화합물과 함께 작용한다.

이러한 화학적 신호는 공기 중에 날아다니며 다른 식물에는 주의하라는 경고의 메시지가 되지만 한편으로는 긴급 SOS로 자신을 위험에 빠뜨리고 있는 곤충을 제거해줄 주변의 천적이나 기생동물을 불러들이는 메시지가 되기도 한다. 이러한 방법으로 VOCs는 식물들은 서로 주변 식물들이 굶주린 곤충으로부터 자신을 방어할 수 있도록 유도한다. VOCs를 접한 주변 식물은 해충이 도착하기 전에 선제 방어를 위해 훨씬 더 철저하고 강력한 화학물질을 새로이 생산하기 시작한다.

만약 식물이 휘발성 화학물질을 통해 동료 식물들에게 '위험 경고'를 해준다면, 주변 식물들은 배고픈 곤충들을 대비한 화학적 방어를 더 보강하여 방어하는 것으로 경고에 응답할까? 화학적 경고를 주는 것이 이미 임박한 곤충의 위험을 막을 수 있을까? 종종 브로콜리, 토마토 그리고 양배추와 같은 잎들은 유충에 의해 씹히거나 끊어지곤 한다. 만약에 식물의 잎을 먹고 있는 유충을 발견한다면 추가로 먹는 것을 단념시키고 멈추게 할 수 있는지 지켜본다. 곤충이 동일한 식물의 다른 잎들을 갉아먹으려 한다고 가정하고 실험한다. 그런 다음 며칠 동안 가까운 동반 식물에 배치한 유충과 먼 동료 식물에 위치한 유충의 운명을 비교한다. 이 잎을 씹어먹는 곤충은 계속 먹이를 먹을까, 아니면 사라질까? 일부 유충이 다른 유충보다 빨리 자랄까? 한 채소 종의 피해자는 그 종의 다른 구성원뿐만 아니라 다른 채소 종에게도 방어를 경고할까? 추가 예방 조치로 식물을 먹는 곤충에게 인기 있는 채소에 향기로운 휘발성 살리실산메틸을 조금씩 넣을 수도 있다. 이 VOCs는 예상대로 작동해서 곤충이 채소를 먹지 못하게 막을까? 배고픈 곤충이 발견되면 채소가 내뿜는 살리실산메틸이 채소의 성장을 멈추게 하거나 크기를 작게 하는 등의 영향은 없을까?

천연 식물 호르몬 살리실산이 곤충, 곰팡이 및 박테리아의 공격을 차단하는 식물의 방어화합물의 생성을 유도한다면, 가정에서 쓰는 아스피린에서 발견되는 관련 화학물질 아세틸살리실산acetylsalicylic acid이 식물 호르몬의 효과를 대신할 수 있을까? (그림 9.4)

아스피린이 알약 형태로 제공되기 전, 수천 년 동안 구세계와 신세계의 사람들은 버드나무의 내피endodermis(*endo*=내부; *dermis*=피부)가 통증, 염증 및 열을 완화시키는 놀라운 능력을 가지고 있다는 것을 알고 있었다. 그러나 1800년대까지는 실제로 버드나무 껍질에서 분리된

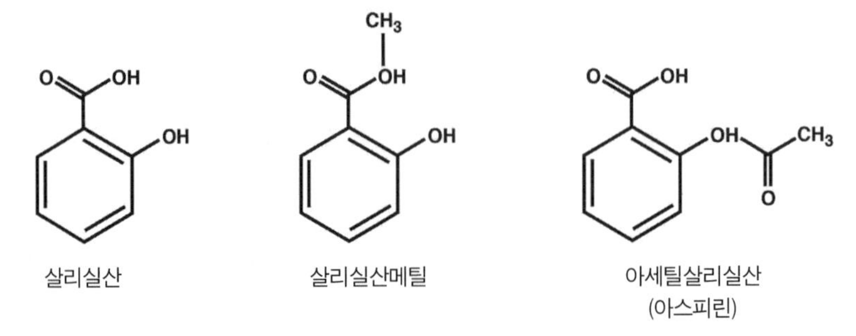

그림 9.4 천연 식물 호르몬 살리실산의 화학적 구조. 살리실산메틸로 알려진 이 호르몬에서 생성된 휘발성 유도체와 아스피린의 아세틸살리실산은 매우 유사하다. 이 세 가지 화합물은 모두 곤충과 곰팡이 공격으로부터 식물을 방어하는 데 작용할 수 있다.

성분은 의학적으로 이용될 수 있는 화학물질이 아니었다. 활성물질은 살리실산으로 그 원료는 살릭스속*Salix*의 버드나무였다.

살리실산은 휘발성 살리실산메틸처럼 세포 내에서 다른 침입자(미생물 및 곤충 모두의 크고 작은 외부침입자)의 공격으로부터 방어 기능이 있는 화합물의 생산을 유도한다. 살리실산은 질병에 걸렸거나 혹은 곤충에 의해 위협받는 식물에 전신획득저항력을 전달하는 것으로 알려져 있다. 이러한 호르몬의 작용은 일종의 식물의 면역력 강화라고 볼 수 있다. 살리실산과 화학적 연관이 있는 아스피린이 해충의 위협이 발생하기 전, 공격을 예방하는 전신획득저항을 유도하는 역할을 식물 대신 대체할 수 있을까? 아스피린은 해충의 공격에 취약한 정원 채소를 보호하기 위한 예방 조치가 될 수 있을까?

코팅되지 않은 325밀리그램 아스피린 한 알을 3.7리터의 물에 녹이고 식물성 기름 몇 방울과 함께 주방세제 두 큰 술을 넣고 섞는다. 비누와 오일을 첨가하면 분무기로 분사했을 때 용액이 잎의 표면에 잘 달라붙는 효과를 볼 수 있다. 2주마다 동일 채소의 한 줄에만 이 용액을 분무기로 분사해보고, 비누와 식물성 기름만 넣고 아스피린을 넣지 않은 동일한 용액을 같은 채소의 다른 줄 잎에 뿌려본다.

기피제와 유혹적인 향기 모두 식물의 냄새

코로 냄새를 맡아본다. 정원에서 자라는 많은 과일과 채소의 독특한 냄새를 알아내기 위해 손끝으로 식물의 잎을 문지르고, 손가락 끝의 냄새를 맡는다. 수많은 이차대사산물에 의해 전달되는 식물의 독특한 냄새는 늘 함께 하다 보면 친숙해지기 마련이다. 곤충에 의해 식물이 선택될 때 식물의 냄새는 곤충을 유혹할 수도 있지만 혐오감을 일으켜 접근을 막거나, 혹은 아무런 효과도 발생시키지 않을 수 있다. 사실 식물을 먹는 곤충에게 혐오감을 느끼게 하는 특정 식물의 냄새는 식물의 즙을 먹지도 않고, 동물의 피를 빨아먹는 모기와 같은 곤충에게도 영향을 미치기도 한다. 우리의 코에는 향기롭지만 모기의 안테나로는 혐오감을 느끼게 하는 식물의 화학물질은 모기 퇴치제로 사용하기에 이상적인 향료가 된다. 이러한 화학물질은 우리가 정원에서 쉽게 관찰할 수 있는 냄새 중에 하나이다.

정원에서 허브와 꽃의 천연 향기를 추출하고 지키기 위해 마가린과 같은 식물성 지방으로 감싸 잎과 꽃에서 방출되는 휘발성 냄새를 막는다. 식물 향기의 대부분은 기름에서 파생된다. 기름은 물보다 식물성 지방과 알코올에 더 쉽게 용해된다.

얇은 접시의 유리 표면 위에 약 0.5센티미터 두께의 균일한 층으로 마가린을 펼쳐 바르고 유리 접시로 덮는다. 그런 다음 식물성 지방 위에 향기로운 잎과 꽃을 부드럽게 올려 놓는다. 식물 부분을 짓누르지 말고 덮개를 놓고, 큰 페트리 접시의 상단과 하단 사이 이분의 일만큼 놓고, 밀봉이 가능한 크고 얇은 유리 그릇에 식물 조직을 놓고 봉인한다. 접시와 식물 부분을 실온에서 이틀 동안 그대로 둔다. 이틀 후에 식물을 제거하고 신선한 식물로 교체한다. 식물성 지방을 특정 식물 냄새가 충분히 스며들게 하려면 이 절차를 약 네 번 반복한다. 절차가 끝나면 식물성 지방을 입구가 넓은 병에 담아 단단히 밀봉한다. 다음으로 동일한 부피의 95% 에탄올 또는 보드카를 첨가한다. 이 조합을 반복적으로 격렬하게 흔들어 혼합한다. 식물의 냄새는 에탄올로 분류되며 에탄올은 혼합물을 동결시켜 식물성 지방에서 분리할 수 있다. 지방이 고형화되면 식물 추출물을 함유한 에탄올을 따라낼 수 있다. 인간에는 너무나 매력적인 이러한 자연의 향기가 실제로 곤충에게 불쾌감을 줄 수 있을까?

암컷 모기가 잘 활동하는 시기에 박하과의 식물 여섯 종(개박하, 바질, 페퍼민트, 세이지, 로즈마리, 타임)이 모기에 혐오감을 줄 수 있는지 직접 확인해본다(그림 9.5). 개박하의 잎이나 다른 향기로운 허브 중 하나의 잎을 손목에서 어깨까지 세게 문지른다. 그리고 콜레우스 잎으로 다른 한 팔을 힘차게 문지른다. 콜레우스와 여섯 종의 정원 허

그림 9.5 민트와 같은 허브는 일부 생물에게는 유혹적인 냄새를 풍기지만 다른 생물에게는 불쾌감을 일으킨다.

브는 유전적으로 관련이 있다. 그러나 콜레우스는 민트과에 포함되지만, 다른 여섯 종의 허브와는 달리 향기로운 냄새가 없다. 각 팔에서 모기에 물린 자국의 수를 센다. 이 허브 중 일부 또는 전부의 냄새가 모기를 격퇴할 만큼 강력한가? 한 팔 혹은 두 팔에 모두 효과가 있을까?

정원에서의 협력과 경쟁

수 세기 동안 정원사와 농민들은 어떤 식물들끼리는 함께 있을 때 번성하고, 어떤 식물들은 함께 있을 때 쇠약해지는 것을 알아냈다. 정원사들은 그간 과일과 채소의 특징을 잘 파악해 동반될 수 있는 식물을 찾아내곤 했다. 특정 식물의 안정된 성장이 다른 식물의 성장과 관련있기 때문이다. 보완이 되는 식물들끼리는 함께 있을 때 서로의 성장과 번성을 돕게 된다. 이들은 지상과 지하 토양에서 도움을 주고받으며 서로의 상생을 얻게 된다(그림 9.6). 그러나 과학적으로 아직 식물의사소통과 식물의 언어에 대한 연구는 기초단계에 그치고 있다. 때문에 동반 가드닝의 실행은 아직까지 베일에 싸여 있는 것이 많으며 새로운 시도가 지속적으로 이뤄지고 있다. 어쨌든 이 미지의 세계를 잘 알기 위해서는 식물들이 서로 어떻게 정보를 교환하고, 정확히 어떤 정보를 교환하는지에 대한 지식이 필요하다.

지난 30년 동안, 지상에서의 식물 대화를 관찰해온 과학자들은 배고픈 곤충이 잎을 갉아먹을 때 특정 화학물질을 방출함으로써 식물이 서로 대화한다(신호를 보낸다)는 것을 발견했다.

식물의 이러한 신호는 동반식물의 안전을 위해(일부 경우에는 위

그림 9.6 양배추와 세이지. 이 두 식물은 정원에서 좋은 이웃이 된다.

협을 위해) 두 가지 기능을 한다. 우리는 식물들 사이의 의사소통을 관찰하면서 화학적 언어를 해독하고 식물에 신비한 친밀감을 가진다.

현재 과학자들과 정원사들은 지하에서 일어나는 식물의 세계에 대해서는 지식이 매우 부족하다. 과학자들이 발견한 것은 식물의 뿌리가 자신과는 다른 뭔가 다른 이물질로 구별하는 능력이 있다는 것이다. 이 능력은 식물의 면역과 밀접한 관련이 있다. 우리 인간의 면역계는 스스로 미생물이나 다른 이물질이나 침입자가 들어오면 이걸 막는 기능을 한다. 우리의 면역세포는 우리 자신의 세포와 다른 세포의 차이를 인식하는 놀라운 능력을 가지고 있다. 식물 역시 외래 미생물 침입자에 대한 피토알렉신 방어력이 있다. 타감작용의 화학물질이 사용되면 다른 식물의 뿌리 성장이 억제된다. 7장에서 경쟁식물을 통해 잡초를 조절하는 방법을 논의하면서 다룬 바 있다. 커피와 차나무의 뿌리에서 분비되는 특정 화학물질, 예를 들어 카페인은 순무와 같은 다른 식물의 종자 발아를 억제하는데 이걸 타감작용이라고 한다. 검은호두가 뿌리에서 주변의 다른 식물종의 발아와 성장을 방해하는 타감작용의 화학물질을 분비하는 대표적인 나무로 알려져 있다. 카페인과 마찬가지로 호두나무에서는 저글론juglone이라는 유기화합물이 분비된다. 그래서 이 호두나무 옆에 토마토, 감자, 후추, 옥수수를 심게 되면 성장이 저하된다. 하지만 층층나무, 크로커스, 채진목, 원추리와 같은 다른 식물은 저글론의 억제 영향에 면역성이 있는 것으로 보인다. 아까시나무, 미루나무, 플라타너스, 가죽나무, 사사프라스sassafras, 사탕단풍 및 옻나무도 그 아래에서 자라려고 하는 특정 식물을 억제하는 것으로 알려져 있다. 반면 미역취와 같은 야생화와 잔디종류인 페스큐, 블루그래스와 같은 풀은 다른 식물종들이 뿌리를 내리는 데 오히려 좋은 영향을 준다.

번식력이 좋은 잡초로 분류되는 식물은 이런 다른 식물의 성장 억제를 무마시키는 물질을 분비할 수 있다. 과학자들은 식물이 분비하는 이런 다수의 억제성 타감작용물질을 연구하고 있고, 이를 바탕으로 특정 식물을 제거하거나 조율하는 제초제로 활용할 수 있는 좀 더 안전하고 자연적인 방법도 연구 중이다. 이 타감작용은 특정 식물들끼리 어떤 영향을 주고받는지에 대한 설명을 가능하게 한다. 양배추, 토마토, 아스파라거스, 오이, 해바라기 및 콩은 모두 타감작용을 하는 재배채소다. 이런 채소를 길러야 한다면 정원을 좀 더 면밀히 관찰해야 한다. 특정 채소는 다른 채소의 성장을 촉진하지만 그 이면으로 다른 식물의 성장을 방해할 수 있기 때문이다.

뿌리의 구조는 식물 지하세계의 상호작용을 말해준다. 토양 속의 영양분과 물의 양은 한정적이고, 이를 공유하는 식물들은 이 자원을 두고 경쟁하거나 공유하며 살아간다. 식물은 뿌리를 각 방향으로 보내고, 깊게 내려가고, 때로는 짧은 거리지만 사방으로 퍼뜨리고, 또 때로는 먼 거리를 감수하며 뿌리를 뻗어 지하자원을 최대한 잘 흡수하려고 애를 쓴다. 이 작용은 잡초와 잡초, 채소와 채소, 채소와 잡초 등 모든 식물조합에서도 똑같이 일어난다.

정원에서 잡초를 제거할 때 뿌리 구조의 차이점을 잘 관찰해보자. 토양에 수직으로 깊게 뻗어나가는 잡초는 어느 종이 있을까? 어떤 잡초가 좀 더 넓게 수평으로 뻗어나가고 있을까?

같은 용량의 화분을 여섯 개 준비한다. 한 화분에는 채소(화분1) 하나를 심고, 다른 화분에는 잡초(화분2) 하나를 심는다. 세 번째 화분에는 같은 채소를 두 개(화분3) 심고, 네 번째 화분에는 같은 잡초(화분4) 두 개를 심는다. 다섯 번째에는 정원 채소(화분5)를 심고, 마지막 화분에는 잡초와 채소(화분6)로 같이 심는다. 그림 9.7를 참조하면 다양한 잡초, 채소를 조합할 수 있다.

동일한 토양과 동일한 지상 환경에서 이렇게 몇 달 동안 식물을 키운 후, 화분에서 흙을 제거하고 식물의 뿌리 구조가 주변식물에 의해 어떤 영향을 받았는지 관찰해보자. 이 동일 토양에서의 동반식물 관계에 대한 관찰은 뿌리가 어떻게 지하에서 상호작용하고, 인접 뿌리의 존재를 어떻게 처리하는지에 대해 다소나마 알 수 있다(그림 9.8).

식물이 잎, 뿌리가 사용하는 언어를 해독하게 되면 토마토가 당근을 좋아하고 세이지는 양배추를 좋아하지만, 왜 토마토가 양배추를 피하고, 오이가 세이지를 피하는지를 이해하는 데 도움이 된다.

	Cabbage Family	Cabbage	Broccoli	Brussels Sprouts	Collards	Kale	Radish	Turnip	Kohlrabi	Pea Family	Pole Bean	Bush Bean	Pea	Nightshade Family	Potato	Tomato	Eggplant	Pepper	Squash Family	Cucumber	Melon & Pumpkin	Zucchini	Amaranth Family	Spinach	Goosefoot Family	Beet	Chard	Mint Family	Sage	Basil	Summer Savory	Oregano	Peppermint	Onion Family	Onions & Garlic	Leek	Grass Family	Sweet Corn	Carrot Family	Carrot	Celery	Fennel	Dill	Parsley	Daisy Family	Lettuce	Sunflower	Marigold	Chamomile	Lily Family	Asparagus	Mallow Family	Okra	Rose Family	Blackberry	Raspberry	Strawberry
Cabbage Family																																																									
Cabbage		+					−				−				+	−													+			+	+								+		+						+								−
Broccoli			+				−																																																		
Brussels Sprouts				+			−																																																		
Collards					+		−																																																		
Kale						+	−								+																																										
Radish		−	−	−	−	−	+	−	−			+	+							+		+		+		+														+						+											
Turnip							−	+					+																																												
Kohlrabi							−		+																	+																−															
Pea Family																																																									
Pole Bean		−									+		+													−									−																						
Bush Bean							+					+	+		+					+						+					+				−					+		−		+				+									+
Pea							+	+			+	+	+		+					+															−					+																	
Nightshade Family																																																									
Potato		+					+					+	+		+	−				−	−					+												+									−									−	
Tomato		−													−	+														+			+		+			−		+		−		+				+			+						
Eggplant																	+	+															+																								
Pepper																	+	+												+																							+				
Squash Family																																																									
Cucumber							+					+	+		−					+									−																		+										
Melon & Pumpkin															−						+																	+																			
Zucchini							+															+											+					+																			
Amaranth Family																																																									
Spinach							+																	+																																	
Goosefoot Family																																																									
Beet							+		+		−	+			+											+									+											+											
Chard																											+																														
Mint Family																																																									
Sage		+																		−									+											+																	
Basil																+		+												+					+																						
Summer Savory												+																			+																										
Oregano		+																														+																									
Peppermint		+														+	+					+											+																								
Onion Family																																																									
Onions & Garlic											−	−	−			+										+				+					+	+										+											
Leek																																			+	+				+	+																
Grass Family																																																									
Sweet Corn															+	−					+	+																+																			
Carrot Family																																																									
Carrot							+					+	+			+													+							+				+			−	+													
Celery		+																																		+					+																
Fennel									−			−				−																										+															
Dill		+																																						−			+														
Parsley												+				+																								+				+							+						
Daisy Family																																																									
Lettuce							+																			+									+											+											
Sunflower															−					+																											+										
Marigold												+				+																																+									+
Chamomile		+																																															+								
Lily Family																																																									
Asparagus																+																												+							+						
Mallow Family																																																									
Okra																		+																																			+				
Rose Family																																																									
Blackberry																																																							+		
Raspberry															−																																									+	
Strawberry		−										+																																				+									+

그림 9.7 동반 원예에 대한 우리의 지식은 여전히 불완전하지만, 그간 선배 정원사들의 경험을 통해 채소들끼리의 긍정적 영향과 부정적인 영향이 어느 정도 체계를 이룰 수 있었다. 물론, 한 쌍의 다른 채소들 사이의 상호작용은 분명히 긍정적이거나 부정적이지 않을 수 있다. 이 표에 있는 대부분의 정보는 루이스 리오트Louise Riotte의 저서, 《당근은 토마토를 사랑해: 동반 식물들Carrots Love Tomatoes: Companion Planting for Companion Planting》에서 가져왔다. 우리가 정원에서 관찰하고 발견하는 경험이 훗날 이 도표를 좀 더 채우고 보충할 수 있을 것이라고 믿는다.

그림 9.8 순서대로 비트, 래디쉬, 상추. 이 식물들의 뿌리에서는 어떤 의사소통이 발생할까? 아직 정확한 이유가 밝혀지지 않았지만 이 세 가지 채소는 서로의 동반자처럼 도움을 주면서 잘 자란다.

당근과 토마토는 좋은 동반자이다. 그러나 양배추와 토마토가 서로를 좋아하지 않는다는 정보를 바탕으로, 양배추와 당근이 잘 자랄 것이라고 예측할 수 있을까? 당근과의 딜은 당근과 잘 호환하지 않는 것으로 보인다. 또 다른 당근과 식물, 파슬리의 경우는 당근과 토마토와 잘 융합되는 반면, 딜은 같은 과의 식물이지만 당근과는 잘 호환이 되지 않는 것으로 보인다. 그렇다면 딜이 토마토의 성장에 미치는 영향을 어떻게 예측할 수 있을까?

배추과의 모든 식물에게는 겨자오일의 전구체인 글루코시놀레이트라고 하는 화학성분이 분비된다. 미국 가정의 정원에서 가장 친숙하게 볼 수 있는 배추과 식물은 양배추, 콜라드collard, 브로콜리, 콜리플라워, 콜라비, 방울양배추 및 케일 등이다. 이것들은 모두 *Brassica oleracea*에 속하는 종이다. 배추, 겨자채소, 청경채, 비타민, 무, 순무 및 루꼴라와 같은 배추과의 다른 종이다. 배추과 채소도 벼룩잎벌레가 무척이나 좋아한다. 그 탓에 이 작은 초식동물 무리에 의해 잎이 벗겨지고 손상되는 경우가 많다(그림 9.9).

특정 해충이 특정 채소를 지나치게 손상시키는 것을 막으려면 해충에게 더 매력적인 음식을 제공하면 된다. 겨잣잎은 벼룩잎벌레가 가장 좋아하는 배추과 식물 중 하나다. 이를 이용해 겨잣잎에서 분비되는 글루코시놀레이트 혹은 겨자오일의 냄새를 일부러 풍겨 미끼로 이

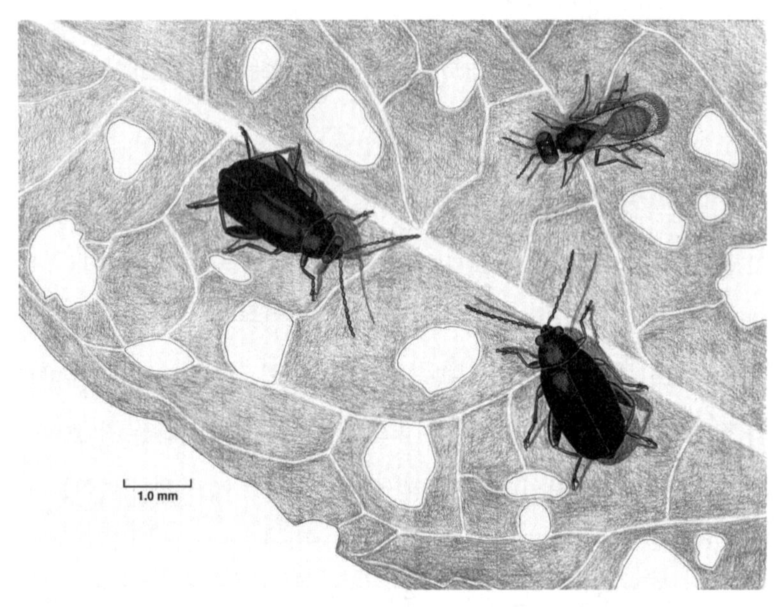

그림 9.9 벼룩잎벌레가 남긴 겨자잎의 구멍은 작은 기생벌을 끌어들인다. 이 기생벌 유충은 벼룩잎벌레를 먹어 개체수를 유지시키는 데 도움을 준다.

용한다. 벼룩잎벌레를 이 냄새로 유혹하는 동안, 진짜 키워야 할 배추과 식물이 살아남을 수 있게 만드는 것이다.

종자를 파는 곳에서는 이제 브로콜리, 케일 및 양배추와 함께 다른 배추과의 씨앗도 함께 판다. 이른바 '미끼 작물' 씨앗을 뿌려 벼룩잎벌레를 유혹하는 것인데, 이때 주위에서 자라고 있는 재배 채소에 뛰어들지 않도록 품종을 잘 확인해야 한다. '미끼 작물' 없이 배추과의 식물을 심고, 한쪽에는 미끼 작물과 배추과 식물을 함께 심어 벼룩잎벌레의 피해를 비교해보자. 겨자오일 함량의 차이 또는 잎표면의 특성 차이(왁스 또는 털, 부드럽거나 거친 정도)가 벼룩잎벌레에게 어떤 반응을 이끌어내는지도 확인해보자.

10

정원사의 동료
___정원을 공유하는 다른 생명체들

성공적인 가드닝과 원예는 실질적으로 다리가 있거나, 없거나, 다리가 네 개이거나 여섯 개, 혹은 그 이상인 셀 수 없이 많은 생명체들과의 협업에 의해 가능하다. 지렁이, 새, 곤충, 거미, 균류, 노래기, 박테리아 등은 우리의 채소정원을 공유하며 토양에 공기를 불어넣어주고, 영양분을 순환시키고, 유기체와 미네랄 구성요소를 혼합한다. 오늘날은 이 생명체들과 공존하는 방법을 연구해 전체를 과일이다. 채소로만 심지 않고 혼합하여 재배할 수 있도록 권장한다. 이 생물들은 먹이사슬을 형성해 모든 구성원들의 수와 활동을 균형 있게 유지하면서 에너지와 양분이 지속적으로 유지되도록 한다.

이런 공생관계는 다른 생물을 적극적으로 유인할 수

그림 10.1 토마토잎 그늘 아래, 지렁이가 썩은 잎을 굴로 끌고 가는 모습을 생쥐와 두꺼비가 지켜보고 있다. 딱정벌레는 쥐를 지나 재빠르게 움직인다. 왼쪽에는 정원 토양에서 유충기를 보낸 각다귀가 두꺼비 위를 맴돌고 있다. 박각시 유충이 토마토 줄기에 붙어 있고, 파리매가 토마토 잎 주위를 맴돌며 먹이를 찾는다.

있어 우리가 키우는 식물을 보호하는 데도 효과가 있다. 식물은 다양한 화학물질을 생성해 잎을 먹는 곤충의 공격과 미생물의 침략을 대처한다. 일부는 소화불량을 유발해 미생물과 곤충의 공격을 막아낸다. 식물이 만들어내는 화학물질은 공기 중을 떠다니며 포식자와 기생충을 끌어들이고 모집하여 공격하도록 하거나 인근 식물에게 해충의 출몰을 경고하는 신호 역할을 한다. 이로 인해 이웃한 식물은 해충이 인접한 잎에 도착하기 전 새로운 화학물질을 만들어 자신을 방어한다. 정원에 곤충, 미생물, 혹은 정원에 도움이 되는 생명체의 서식지를 만들어주게 되면 우리가 해충이라고 간주하는 다른 생명체보다 그 수가 많아질 수 있다. 이렇게 되면 해충은 터전을 만드는 데 어려움을 겪게 되고, 정원의 지상, 지하에 존재하는 포식자, 기생충, 토양 속 수많은 순환 담당자에 의해 세력이 약해진다. 많은 정원의 조력자들이 일을 시작하게 되면, 땅속에서는 유기물을 분해하는 미생물의 활동이 활발해져 영양분 공급이 원활해지고 이로 인해 식물은 뿌리가 왕성하게 뻗어 나가 식물 전체가 활력을 찾게 된다. 정원에 만들어진 풍성한 환경의 서식지는 크고 작은 생물체를 좀 더 많이 끌어들인다. 이렇게 만들어진 건강한 토양은 식물에 건강한 영양을 공급하는 한편, 해충과 병원균에 대한 식물 방어력을 강화한다.

식물의 미생물 파트너

뿌리줄기 박테리아

완두콩과(완두콩, 콩, 토끼풀 포함 콩과 식물)은 공기 중 질소가스를 흡수해 식물이 사용할 수 있는 질소분자 형태로 바꾸는 능력을 가진 질소 고정 박테리아와 특별한 동맹을 맺고 있다. 이 박테리아는 질소 고정 능력을 가진 지구상의 유일한 생물체이며, 완두콩과 콩의 뿌리줄기에 서식한다. 만약 식물을 키우기에 잘 관리된 흙이 아니라면 콩과 식물을 먼저 심어 뿌리줄기를 남겨놓는 것도 좋다. 이렇게 예비작업을 위해 필요한 콩과 식물은 식물종자를 파는 곳에서 구매가 가능하다. 이렇게 콩과 식물을 심게 되면, 뿌리에 질소를 제공하는 박테리아가 생기기 때문에 주변 채소에게도 질소 영양분을 나눠줄 수 있게 된다.

매년 여름 나는 일리노이의 정원에 그린빈을 세 번 심는다. 5월 초에 한 번, 7월 초에 또 한 번, 마지막으로 9월 초에 심는다. 이렇게 심은 콩은 수확 후 그 줄기와 잎을 모았다가 다른 작물을 키울 때 흙을 덮어주는 멀칭 소재로 사용한다. 콩을 수확할 때 보면 흙 속에서 올라온 뿌리에 같이 서식하고 있는 뿌리줄기 박테리아*Rhizobiales*를 보게 되는데 그 협력에 감탄하게 된다. 이 뿌리줄기 박테리아는 식물에게 필수 영양소인 질소를 제공하고, 식물로부터 안정적인 서식지와 에너지 자원을 얻게 된다. 이 뿌리줄기 박테리아는 식물이 흡수할 수 있는 상태의 질산암모니아를 만들어준다.

사실 공기 중의 질소는 이질소(N_2) 상태의 가스로 존재한다. 그러나 이 이질소는 식물의 흡수가 불가능하다. 이걸 식물이 흡수 가능한 암모니아로 전환시키는데 이 박테리아가 그 역할을 하는 셈이다. 질소 고정 박테리아는 콩과 식물이 들어오면 일단 뿌리의 잔털 근처에 발판을 만든다. 이후 뿌리 이곳 저곳으로 깊게 이동한다. 뿌리의 세포는 세포막에 싸인 소포membrane-bound vesicle를 만들어 이 속에 수천 개의 박테리아가 살 수 있는 터전을 만들어준다(그림 10.2).

뿌리줄기 내부를 더 자세히 살펴보면, 디니트로게나제라는 효소를 생성하는 박테리아로 채워진 뿌리세포가 드러난다. 이 효소는 이질소의 두 질소원자의 결합을 끊는 데 중요한 역할을 한다. 그러나 이 디니트로게나제는 산소에 노출되면 취약해진다. 식물세포는 이 디니트로게나제를 지속적으로 얻기 위해 노력을 기울인다. 식물세포와 뿌리줄기 박테리아는 힘을 합해 우리 몸의 단백질 헤모글로빈과 비슷한 적색

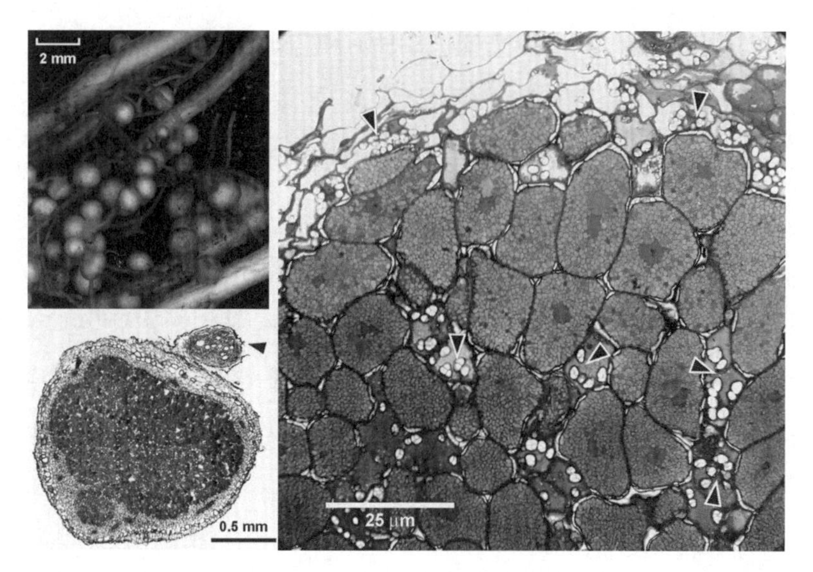

그림 10.2 왼쪽 위의 녹두 뿌리는 수백만 개의 질소 고정 박테리아가 들어있는 결절로 덮여 있다. 아래의 콩 뿌리(화살촉)와 그에 연결된 결절의 단면은 뿌리 결절 전체와 내부 속 뿌리줄기 박테리아가 서식하는 내부 모습을 보여준다. 오른쪽은 결절을 확대한 이미지로, 상단이 결절의 바깥쪽 가장자리이다. 각 결절에는 수많은 방이 있고, 이곳에 수많은 박테리아가 서식하게 된다. 약 50여 개의 뿌리세포 속에서 백색 과립 형태의 박테리아 서식지(화살촉)가 확인된다.

철이 함유된 단백질을 만들어 산소를 재빨리 소진시킨다. 이로 인해 박테리아는 지속적으로 디니트로게나제 효소를 만들어내는데 성공한다.

약 100년 전 과학자들은 질소를 고정하는 방법, 즉 이질소 가스에서 질소비료 또는 암모니아를 생성할 수 있는 방법을 발견했다. 그러나 이질소 가스 상태에서 두 개의 질소 원자의 강한 결합을 끊어 암모니아(NH_3)로 변환하기 위해서는 세계 가스 생산량의 3~5%가 필요할 정도로 막대한 에너지가 필요하다는 것도 알게 된다. 현재 매년 세계적으로 1억 톤 이상의 에너지를 소비하는 합성비료가 사용되고 있다. 이

합성비료에서는 일반적으로 질산 암모늄(NH_4NO_3) 형태로 존재한다.

식물은 아주 소량의 질소를 필요로 한다. 그러나 지금 우리는 편의상 매우 많은 양의 질소를 비료로 사용하는 중이다. 문제는 산도가 높고 배수가 잘 되지 않는 토양에 질소비료를 과하게 사용하게 되면, 산화질소(NO)와 아산화질소(N_2O)라는 질소가스가 배출된다. 이때 특히 아산화질소 가스는 태양열을 흡수해 열을 흡수하는 가장 강력한 온실 가스 중 하나로 이산화 탄소보다 거의 300배 더 강력하다. 또 다른 문제는 이 합성비료를 식물이 주어진 시간에 사용할 수 있는 것보다 훨씬 더 많은 양을 주기 때문에 토양생물에게는 일종의 독소 쇼크가 일어난다는 점이다.

식물은 질소비료를 한번에 소비할 수 없기 때문에 대부분은 비에 의해 토양 밖으로 흘러가거나 침출된다. 음전하 물체인 질산염은 칼슘, 마그네슘 및 철과 같은 양전하 물체를 마치 자석의 음극과 양극처럼 서로 끌어당기게 된다. 때문에 다량의 질산염이 강과 바다로 흘러 들어가게 되면 조류와 수생식물이 과도하게 자랄 수밖에 없고, 생명주기에 따라 이 수생식물이 죽게 되면 분해를 위해 미생물이 증폭된다. 미생물의 분해활동은 엄청난 산소 소비를 가져오고, 결국 수중의 산소량이 급격히 소진되면서 다른 생명체의 생존이 어려워진다. 합성비료의 광범위한 사용은 엄청난 환경 문제를 초래할 수밖에 없다.

식물의 뿌리줄기 세포에 서식하는 뿌리줄기 박테리아는 식물에게 영양분을 제공하고 식물의 건강을 보호한다. 우리 정원의 토양에서는 약 1평방미터 안에 약 10조 개가 사는 것으로 알려져 있다. 그간 이 토양 속에 박테리아들은 지구상의 어떤 생물도 달성할 수 없었던 화학적 변형을 수행했다. 무수한 박테리아 중에는 식물의 뿌리줄기에는 살지 않지만 질소를 독립시키는 다른 박테리아도 있다. 토양의 이러한 다양한 박테리아는 토양 속의 독성 화학물질을 중성화시켜 해롭지 않게 만들고, 유용한 물질로 전환하기도 한다. 항생제를 사용해 유해한 박테리아 및 곰팡이의 활동을 제어할 수도 있다. 토양의 박테리아는 정원에 필수적인 존재이고, 경이로움을 주는 숙련된 화학자이다.

최근 발견된 것 중 하나는 식물의 호르몬인 살리실산, 자스몬산, 에틸렌이 곤충, 박테리아 및 곰팡이의 공격으로부터 식물의 잎과 줄기를 보호할 뿐만 아니라 다양한 박테리아를 제어한다는 것이다. 이 호르몬들은 뿌리 속 혹은 주변 토양에 서식하며 식물로부터 영양분 섭취를 하는 병원체 및 생물체로부터 식물을 보호하는 셈이다. 식물 뿌리에서 당분이 흘러나가면 토양 속 박테리아가 모여든다. 수많은 박테리아가 이 당분을 흡수하기 위해 모이기 때문이다. 그러나 식물 뿌리는 박테리아를 받아들이는 데 매우 제한적이다. 뿌리에서 만들어지는 이 식물 호르몬들은 박테리아마다 성장을 장려하거나 억제하는 작용을 한다. 결과적으로 식물의 뿌리에 서식하는 박테리아는 주변 토양에 존재하는 박테리아 중에서 식물에 의해 선택된 종이라고 할 수 있다.

균근

과학자들은 식물 뿌리에 사는 균근mycorrhizae(*myco*=균류; *rhizae*=뿌리)과 식물의 관계에 주목했다. 나무의 동반자인 균류(곰팡이류)는 지상에서는 버섯 형태로 자라지만 지하로는 뿌리를 내린다(그림 10.3). 이 균들은 진균 사상체 형태로 식물의 뿌리를 감싸거나 혹은 관통하며 자

그림 10.3 외생균근이 나무 뿌리를 둘러싸고 자라고 있다. 나무와 영양소 교환을 위한 지하 네트워크를 형성한 모습이다. 균은 지상 위에 버섯 형태를 만들기 위해 나무로부터 얻은 영양소를 사용하는 대신에 나무에게 물과 미네랄 영양소를 공급하고 토양 병원균으로부터 뿌리를 보호해준다.

란다. 이 균류의 뿌리는 식물과 영양분을 교환하지만 세포막을 관통하더라도 손상을 주지는 않는다.

이 균들은 여러 나무와 영양분을 공유하거나 교환하는 네트워크를 만든다. 이 균류는 식물의 뿌리의 외부 표면에 막처럼 형성되기 때문에 흔히 외생균근ectomycorrhizae(*ecto*=외부)이라고 불린다.

균근은 정원에서 자라는 채소와 수천 종의 초본식물들과 동반자 관계를 유지해왔다. 균근은 버섯을 만들지 않고 땅속에서만 생활하며 식물들과 공생의 관계로만 살기 때문에 독립적인 자생력을 갖고 있지 않다. 균근 사상체는 식물의 뿌리세포 사이를 관통할 뿐만 아니라 실제로 뿌리의 세포벽 내부로 들어가기도 한다. 그러나 세포의 막을 관통하지는 않는다. 이 균은 지하에서만 살기 때문에 내생균근 endomycorrhizae(*endo*=내부)으로 불리기도 한다. 뿌리세포 내에서 둥근 소포vesicle(*vesiculus*=작은 낭)를 형성하거나, 나무의 잔가지와 같은 분지선균arbuscules(*arbor*=나무; ~*culus*=작은)의 형태를 만든다. 이러한 나뭇가지 형태는 표면적을 증가시켜 영양분과 물을 좀 더 많이 흡수할 수 있게 하고, 땅속에 살고 있는 다른 생명체에게 들킬 위험을 줄이는 데 도움이 된다(그림 10.4).

꽃을 피우는 식물군 중 가장 넓은 영토에서 자라는 난초과 식물 *Orchidaceae*의 씨앗은 이 균근의 도움 없이는 싹을 틔울 수 없다. 약 26,000종의 난초는 씨앗의 크기가 0.05밀리미터(머리카락 굵기의 절반)에서 6밀리미터 정도로 매우 작다. 이 작은 씨앗 속에는 영양분을 공급해줄 배를 수용할 공간이 없다. 때문에 난초의 씨앗 속에는 다른 식물의 씨앗이 지니고 있는 영양 내배엽 조직이 없는 셈이다.

씨앗이 발아되는 초기에 반드시 필요한 영양분인 이 배젖을 만드는데 다른 식물들이 공을 들이는 반면, 이 배젖을 만들지 않는 난초는 씨에 영양분을 공급해 싹을 틔워주는 초기 영양분 공급에 균근의 도움을 받는다. 이 균근은 잎이 나와 스스로 광합성 작용을 할 때까지 난초

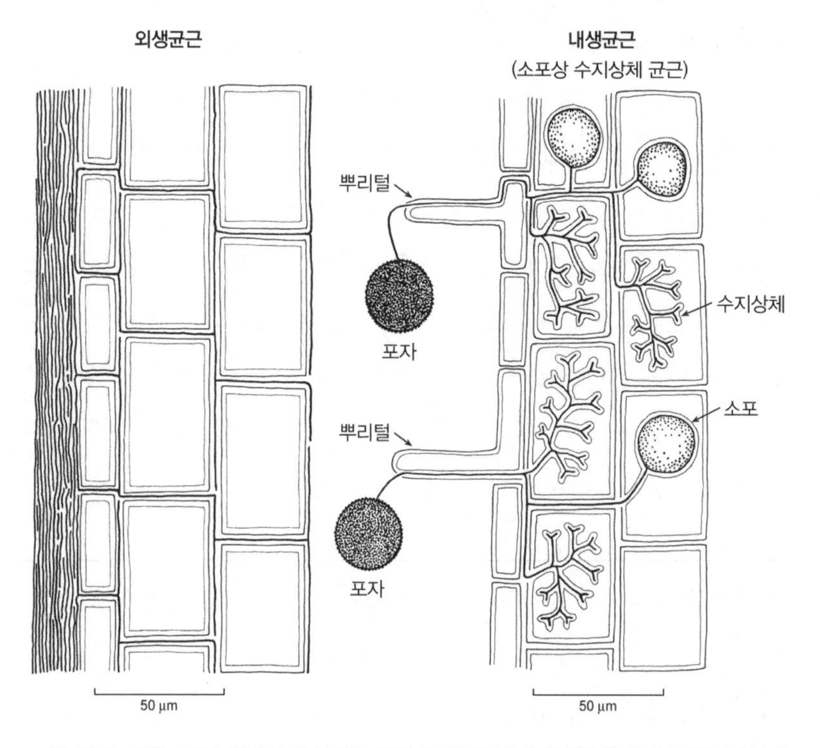

그림 10.4 왼쪽: 나무 뿌리의 직사각형 모양의 세포조직과 외생균의 그림은 진균사상체가 이미지 왼쪽의 뿌리 표면에 형성된 것을 보여준다. 균의 개별 사상체는 뿌리세포 주위와 뿌리세포 사이에서 번지지만 뿌리세포나 뿌리세포막 속으로는 침투하지 않는다. 가장 얇은 선은 뿌리세포막을 나타내고, 가장 두꺼운 선은 균근의 사상체를 나타낸다. 중간 선은 뿌리세포의 셀룰로오스 세포벽이다. **오른쪽**: 초본식물 뿌리의 직사각형 세포와 외생균 조합의 그림으로 균의 사상체가 뿌리세포를 관통하긴 하지만 벽과 세포막을 관통하지는 않고 마치 나뭇가지와 같은 형태로 뻗어나가는 것을 볼 수 있다.

의 씨앗에 영양분을 공급해준다. 식물은 때론 불러들이고, 때론 제어하면서 조심스럽게 균을 통제한다.

식물이 토양 속의 균근을 유인하기 위해 호르몬을 분비한다는 사실이 최근 밝혀졌다. 그 호르몬은 아프리카 일부 지역에서 작물의 해를 주는 스트리가striga(*striga*=마녀) 또는 마녀풀witchweed로 불리는 기생잡초의 발아를 자극하는 것으로 알려져 스트리고락톤strigolactone이라는 이름이 붙여졌다. 이 기생잡초의 씨앗은 호르몬을 사용하여 숙주가 될 식물의 뿌리를 찾고, 숙주의 뿌리세포의 영양과 물을 통과시키는 목질부와 체관부를 침투한다.

상호 간에 주는 균과 식물의 관계와는 달리 이 기생식물은 숙주식물의 영양을 고갈시켜 기생식물만 번창하게 만든다. 이 기생식물의 경우에는 자신의 목적에 맞게 식물 뿌리에서 호르몬을 분출해 균근이 들어오도록 이용했지만, 대부분의 다른 식물들은 뿌리세포에서 이 균근을 유인하는 호르몬인 스트리고락톤을 분출해 균이 들어오도록 하고, 상호공생의 관계로 존재한다.

식물의 뿌리와 토양 속에 사는 균근의 관계는 어떻게 형성될까? 가늘고 어린 뿌리에 살고 있는 균의 현상을 확인하기 위해 간단한 염료 처리방법을 택해보자. 클로라졸 블랙 Echlorazol black E는 균의 세포벽(키틴이 존재)은 표시가 되지만 식물의 세포벽인 셀룰로오스(키틴이 존재하지 않음)에는 나타나지 않은 염료다. 클로라졸 블랙 E, 글리세린, 락트산lactic acid을 1:1:1의 비율로 혼합한다. 이 용액에 뿌리를 며칠간 담가 둔 뒤에 글리세린과 락트산을 1:1로 혼합한 용액에 씻어주고 현미경 슬라이드에 올려놓는다. 현미경 상으로 뿌리조직에 뚜렷한 뿌리세포벽과 검게 얼룩진 곰팡이균이 보인다(그림 10.5).

채소와 균근의 파트너십을 판단하려면 실제로 이 균이 정원에서 살고 있는 채소의 삶을 개선하는지 확인해야 한다. 균근의 접종제는 종묘장 및 종자회사로부터 구매가 가능하다. 채소밭 한 고랑의 절반에 접종제를 넣고, 다른 고랑엔 모두 접종제를 투여한다. 식물의 키, 잎의 크기, 과일의 수, 과일의 크기와 같이 명확하게 증명할 수 있는 하나 이상의 특징을 측정해본다. 균근 접종제를 넣은 밭의 채소와 그렇지 않은 밭의 채소를 비교하면서 여러 가지 특징 중 어떤 점에서 명백한 차이가 있는지 발견할 수 있을까?

정원의 채소들이 서로에게 긍정적인, 부정적인 또는 다른 영향을 미칠 수 있다는 가설은 관찰을 통해 잘 알 수 있다. 우선 균근이 채소들 사이의 상호작용에 관여한다고 가정해보자. 특정 채소와 균사체는

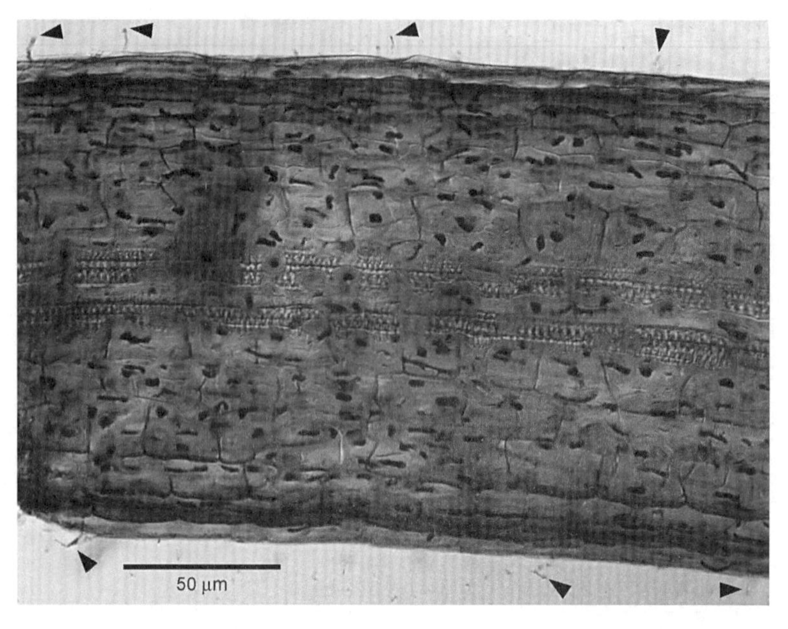

그림 10.5 외생균근 곰팡이의 네트워크는 후추의 뿌리세포 사이에서 서로 맞물려 있다. 키틴이 함유된 세포벽이 염색체 클로라졸 블랙 E로 염색되어 어두운 필라멘트, 분지선균 및 소포로 두드러지게 보인다. 토양 속에서 균의 포자가 후추의 뿌리로 들어가는 모습은 화살촉으로 표시되었다.

땅속에 숨겨진 연결망을 형성하여 정원에서 특별한 동맹을 맺어 서로에게 혜택을 준다. 다른 채소가 균사와 네트워크를 구축하지 못하면 서로에게 도움을 주고 번성하는 일은 불가능할 것으로 예상된다.

박테리아와 마찬가지로 균류는 매우 다양하고 다재다능하며 정원에서 다양한 작업을 수행한다. 또한 일부 균류는 토양의 다른 곰팡이, 선충 및 곤충의 포식자가 되어 생물학적 방제와 흙을 관리하는 역할도 한다. 이 유익한 균류가 이렇게 좋은 환경을 유지할 수 있는 것은 또 다른 지원군인 미생물 및 동물 분해자가 유기물을 재활용해주기 때문이다. 이 무수한 분해자들이 땅속에 안정적인 서식지를 만들면 정원사의 동반자인 수많은 미생물 및 무척추동물 동맹군이 들어와 자리를 잡는 셈이다. 내 친구이기도 한 토니 맥기건은 이 원리를 가드닝 책 제목에 그대로 이용했다. '《서식지를 만들어라, 그러면 그들이 알아서 들어온다》'.

영양소의 분해와 재활용

수많은 균류, 박테리아 및 미생물이라고 불리는 생물체는 영양분이 토양으로 되돌아가게 하여 식물을 돕는다. 이 미생물은 죽은 식물과 동물의 유기물을 재활용하고 식물 생장을 위한 필수 영양소가 주변에 있도록 만든다(그림 10.6).

정원에서 키우는 채소와 과일이 지속적으로 양분을 흡수하게 되면 땅속은 영양소 결핍이 생긴다. 우리는 이때 비료, 퇴비 및 멀칭 등을 보강해 분해자에게 죽은 식물과 동물의 유기물을 제공해준다. 그러면

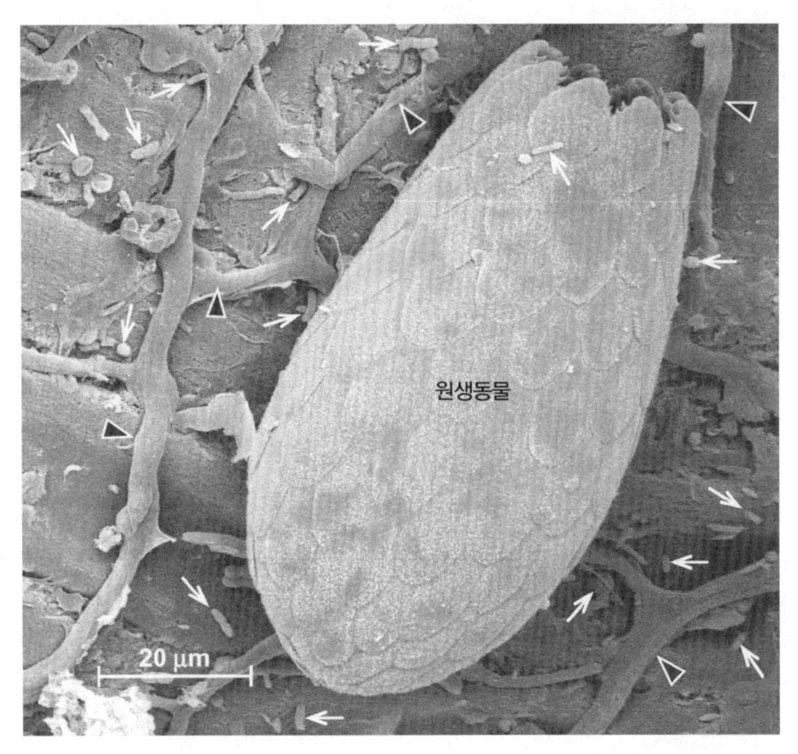

그림 10.6 재활용 조력자 미생물은 정원의 퇴비장에서 부패되는 잎 표면을 분해하는데 도움이 되는 효소를 분비한다. 대부분은 전자 현미경으로 확인이 가능하다. 원생동물의 화려한 껍질, 진균의 필라멘트 혹은 균사(화살촉), 다양한 크기와 형태의 박테리아(화살표)가 보인다.

다시 미생물이 들어와 이 유기물을 분해해 땅속에 손실된 영양분을 되돌려준다.

미생물의 재활용 활동을 돕는 생명체 중 하나가 바로 지렁이다. 지렁이는 토양을 씹고, 섭취하고, 소화와 배설하는 과정을 통해 유기물의 큰 덩어리를 잘게 만들어 미생물이 좀 더 쉽게 유기물을 분해할 수 있도록 해준다. 재활용 조력자가 잃어버린 영양분을 정원 토양으로 돌려보내면 토양은 비옥해지고, 다시 계절 채소와 과일을 키울 준비가 완료된다.

또 재활용 조력자는 흙에 영양분을 첨가해 화학적 성질을 향상에도 기여한다. 재활용 조력자는 모래, 미사, 진흙의 미네랄 입자를 유기물과 혼합시킨다. 그리고 고체상태의 딱딱한 응집체를 느슨하고 부드럽게 만들어 흙 속에 공기, 물 및 뿌리가 쉽게 들어갈 수 있도록 수많은 모공을 가진 해면질 구조를 만든다(그림 5.8).

정원의 토양 속에 살고 있는 박테리아, 원생동물(단세포 동물) 및 길이나 너비가 1밀리미터 미만인 곰팡이와 같은 미생물 재활용 조력자를 관찰하려면 복합 현미경으로 관찰해야 한다. 그러나 지렁이처럼 분해와 재활용하는 데 도움을 주는 더 큰 재활용 조력자는 간단한 깔때기를 이용해 쉽게 수집할 수 있고, 돋보기로도 쉽게 볼 수 있다. 원통형 모양의 페트병 윗부분은 깔때기 역할을 대신할 수 있다(그림 10.7).

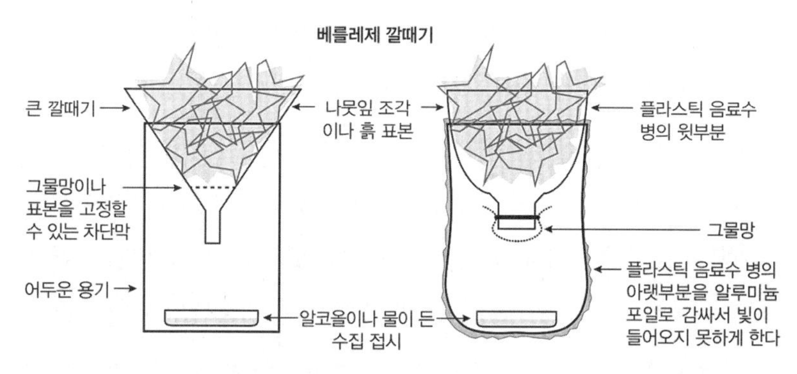

그림 10.7 수집해온 토양 샘플에 서식하고 있는 생물들이 열과 빛에 노출되면 이를 피하기 위해 아래로 이동하다 결국 깔때기를 통해 밑으로 떨어진다. 깔때기 아래에 놓인 수집 접시에 젖은 흰색 여과지를 놓아 떨어진 생명체를 관찰한 후 서식지로 돌려보낸다.

길이나 너비가 1밀리미터 이상인 땅속 재활용 조력자로는 지렁이, 달팽이, 그리고 가장 다양한 토양생물 그룹인 절지동물이 포함된다. 최근 조사된 자료에 의하면 전세계 절지동물은 약 140만 종이 있다. 절지동물은 다리가 많은 생명체로 곤충, 진드기, 톡토기, 노래기, 그리고 이상하고 특이한 낫발이목과 소각강과 같이 덜 친숙하지만 중요한 생물체가 포함된다(그림 10.8). 젖은 여과지나 젖은 종이 타월을 올린 접시에 떨어진 이 생명체들을 모아서 그 형태와 습관을 관찰한 다음 토양으로 돌려보내도록 하자. 이 재활용 조력자 무리는 유기물이 풍부한 정원의 건강한 토양에서 산다. 이 재활용 조력자는 크기는 작지만 숫자가 많아 평방미터당 수천 종이 살고, 식물과 동물의 잔해를 빠르게 분해해 영양분을 토양으로 돌려보낸다. 놀랍게도 평방미터당 지표로부터 15층 아래 하층부에 살고 있는 절지동물만 15만 종이 넘는다.

유기농법에 의해 유기물을 추가하지 않은 특정 채소의 성장을 비교한다. 퇴비, 혈분, 골분, 우드칩, 말 분뇨, 잔디 깎은 풀, 잘게 부순 단풍잎, 지푸라기 등은 모두 정원 토양에 영양분과 유기물질을 제공한다. 그렇다면 정원 토양에 이런 유기물을 첨가하면 채소의 성장을 향상시키는 데 큰 도움이 된다는 점과 재활용 조력자의 수와 다양성의 증가를 가정할 수 있을까? 토양의 화학적 특성을 개선할 뿐만 아니라 유기물과 토양의 미네랄 입자를 혼합하여 토양 구조에 해면질을 더해주는 항목은 무엇일까? 식물 잔해물이 잘 분해된 후에도 남겨진 유기물은 더 덩치가 큰 재활용 조력자에 의해 혼합되어 토양의 미네랄 입자와 작은 응집체를 만들어 물, 공기 및 뿌리가 잘 흡수될 수 있는 스펀지 토양으로 변한다.

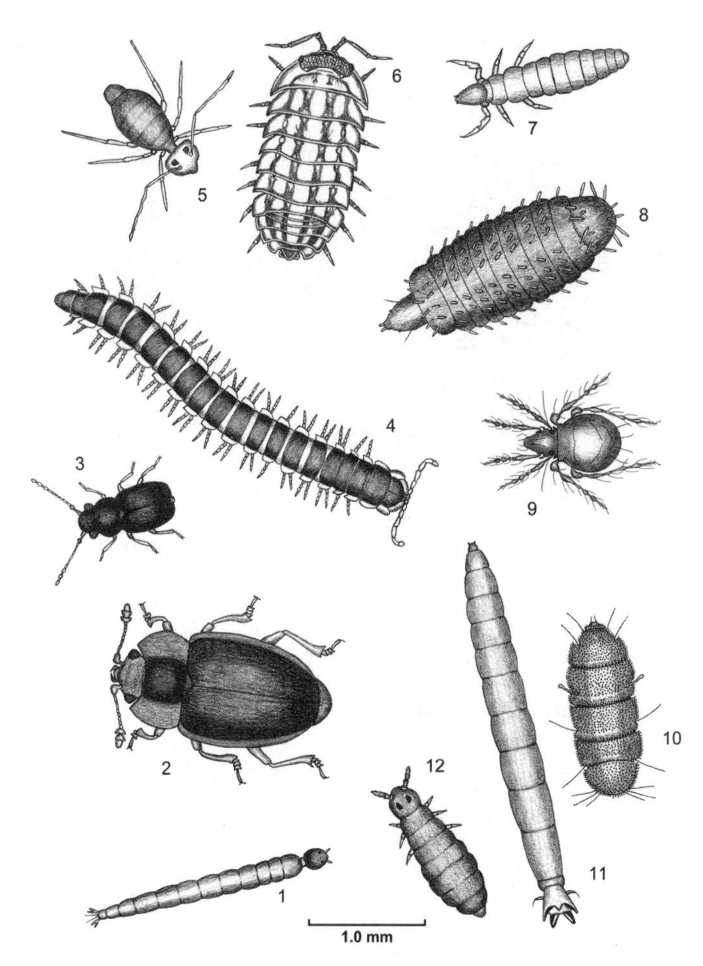

그림 10.8 박테리아, 단세포 동물, 곰팡이 등의 미생물을 현미경으로 보면 이 생명체가 식물을 육성하기 위해 어떻게 영양분을 분해하고 토양으로 돌려보내는지 그 과정을 관찰할 수 있다. 이 생명체들은 영양분을 토양으로 되돌릴 뿐만 아니라 유기물질과 미네랄 입자와 혼합시켜 뿌리가 잘 뻗어나갈 수 있는 물리적 환경을 개선한다. 이 절지동물들은 정원 토양에서 수집한 것으로, 재활용과 분해에 관여하는 미생물의 서식지를 개선하는 데 도움을 준다. (1) 깔따구 유충larva of a midge, (2) 밑빠진벌레sap beetle, (3) 깨알벌레featherwing beetle, (4) 노래기millipede, (5) 둥근톡토기목globular springtail, (6) 쥐며느리wood louse, (7) 낫발이목*proturan*, (8) 동애등에 유충larva of a soldier fly, (9) 날개응애oribatid mite, (10) 소각강*pauropod*, (11) 각다귀 유충larva of a crane fly, (12) 마디톡토기smooth springtail.

토양에 풍부한 음식과 아늑한 서식처를 제공하는 유기물을 추가하여 정원에 재활용 조력자가 들어올 수 있도록 해본다(그림 10.8). 재활용 조력자들은 토양으로 영양분을 돌려주는 임무를 수행하기 위해 영양분이 필요하다. 미생물이 열심히 일한 만큼 미생물은 성장하고 번식하며 자체 성장 및 성장에 사용할 수 있는 모든 영양소를 사용한다. 식물에게 꼭 필요한 필수 영양소 중 하나는 질소(N)이며 질소는 모든 단백질과 모든 핵산의 제조에 필요한 요소다.

토양 생명체의 영양상태를 나타낼 때 질소는 항상 질소 대 탄소(C)의 비율로 표현된다. 미생물의 세포는 탄소 : 질소(C:N) 비율을 약 15:1로 유지하고 있고, 성장하고 증식하는 과정에서도 이 영양소 비율의 유지가 필요하다. 채소밭에서 재활용되는 물질의 경우는 질소 함량이 상대적으로 낮다. 이 비율(15:1)을 초과할 경우(C:N > 15:1) , 미생물은 근처 질소원에서 필요한 만큼의 섭취가 필요하다. 때문에 토양이 환경에 질소가 부족하다면 채소의 성장이 방해 받게 된다.

탄소와 질소 비율이 15:1보다 큰 유기물질을 재활용하는 미생물은 실제로 정원의 채소에서 일반적으로 사용되는 질소를 고갈시킨다. 그러나 탄소와 질소 비율이 15:1 이하로 떨어지면, 미생물 재활용 조력자는 토양에 질소를 추가하기 시작한다. 실제로 특정 유기농법은 식물의 성장을 억제시키기도 한다. 예를 들어 미생물이 밀짚과 나무 조각을 분해해 만들어내는 질소의 양이 제한적이게 되면 식물뿌리와 경쟁하게 되므로 질소가 상대적으로 낮을 수밖에 없다(탄소와 질소 비율은 지푸라기의 경우 50:1, 우드칩의 경우 500:1). 질소가 부족해진 식물은 녹색보다 노란색을 띠게 되고 잎의 발달이 정지된다. 이 징후에

주의해야 한다.

상추, 비트, 녹색 콩, 시금치와 같은 채소를 한 줄 길게 심는다. 행을 여섯 개의 동일한 간격의 구획으로 나눈다. 구획 중 하나는 아무런 유기물 추가를 하지 않고, 나머지 다섯 개는 줄을 따라 다음과 같은 유기물을 추가한다. 나무 조각, 지푸라기, 신선한 녹색 풀, 나뭇잎, 골분, 혈분. 식물의 성장을 가장 촉진할 것으로 예상되는 유기물은 무엇일까? 가장 적게 유도하는 성분은 무엇일까? 실제로 식물의 성장을 억제하는 것은 무엇일까?

포식자, 기생충 및 수분을 돕는 곤충

정원식물의 꽃은 향기와 색상으로 유혹해 많은 동물 방문객들이 찾아와 자신의 꽃가루를 퍼뜨리도록 한다. 일부 꽃은 말벌, 몇몇 딱정벌레나 파리와 같은 포식자를 유혹하여 꽃가루를 꽃에서 꽃으로 퍼뜨릴 뿐만 아니라 원치 않는 특정 방문객을 통제하는 동맹의 수단으로도 활동한다. 꿀벌과 나비는 가장 대표적인 수분매개자이지만 말벌과 파리도 정원에서 중요한 역할을 한다. 말벌은 꽃을 수분할 뿐만 아니라 여러 해충을 먹잇감으로 삼는데, 어떤 말벌은 다른 곤충을 쏘아 기절시킨 뒤 둥지로 데려가 유충의 먹이로 준다. 다른 말벌과 일부 파리 종은 해충의 몸에 알을 낳는다. 알이 부화하면 유충은 해충의 피부 아래를 파고든다. 이 유충들은 기생충이 숙주의 몸 안에 들어가는 방법으로 정착한다. 곤충들은 이 기생충에게 먹이를 공급하고 파리나 말벌의 성충으로 자랄 때까지 피난처와 음식을 제공한다. 대부분의 기생곤충은 숙주를 희생시키면서 자라고 끝내 숙주를 죽인다. 꽃을 보고 날아든 말벌과 딱정벌레, 파리는 외부 포식자 또는 내부의 기생충과 같은 다른 곤충들의 먹잇감이 되기도 한다. 정원에서 함께 살아가는 이런 포식자와 기생충은 정원에서 자라는 식물에게 문제를 일으키기보다는 오히려 곤충 사이에서 조화를 이뤄 식물과 곤충의 균형에 기여한다.

딱정벌레와 그 외 벌레들(배추흰나비, 배추좀나방과 그들의 유충)은 채소의 잎을 무척이나 좋아한다. 정원은 곤충이 살아가는 서식지를 제공하고 그들이 잘 살아가도록 돕는다. 채소를 먹어대는 곤충들이 있다 해도 일부만 점령할 뿐이고, 다른 곤충을 위해 남겨놓는다. 살충제를 쓰지 않는 정원에서는 이렇게 다양한 식성의 생물들이 인간이 재배하는 채소 속에서 풍부하게 자라난다. 여러 가지 꽃과 채소가 있는 정원은 초식동물, 포식자, 기생충 등이 다양한 생물 군집을 이루며 조화롭게 살아가는 매혹적인 서식지가 된다(그림 10.9).

꽃이 피는 관상용 식물(특히 토종식물)을 심는 것은 파리, 말벌, 딱정벌레, 벌, 나비, 나방을 불러들이는 효과를 가져올 수 있다. 이들은 우리가 키우는 곡물을 수분할 뿐만 아니라 채소를 먹어치우는 다른 해충(직접 채소를 먹거나 혹은 유충의 먹이로 이용하는)을 먹어치우는 천적이 돼 주기도 한다. 화단 옆에 있는 채소밭은 해충의 피해가 적어진다. 또 꽃은 채소밭을 아름답게 만들어주기도 한다. 정원에서 식물과 꽃의 다양성의 향상은 곤충뿐만 아니라 미생물과 다른 동물의 삶의 다양성을 촉진한다.

꽃이 지고 풀이 마르는 겨울이 오면, 여름 정원의 잔여물은 곤충과 또 다른 정원의 거주자들에게 아늑한 피난처가 되어준다. 곤충은 알,

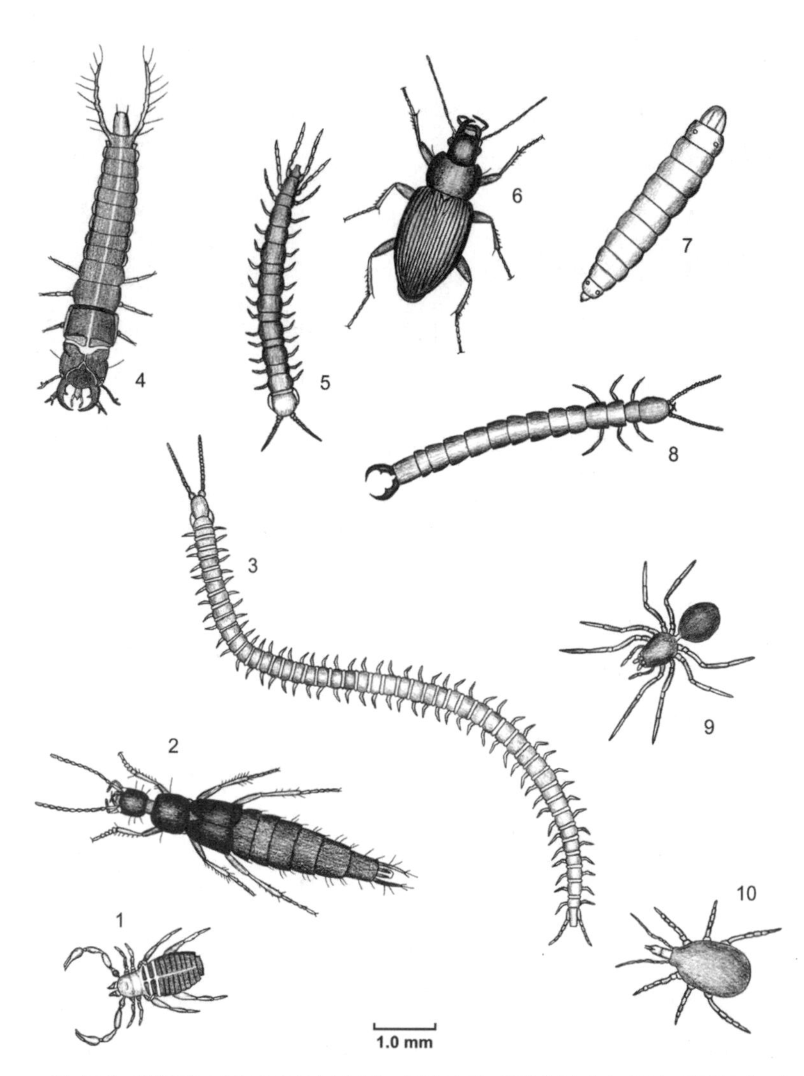

그림 10.9 해충으로부터 정원을 보호하는 동물로 잘 알려진 두꺼비, 조류, 무당벌레, 사마귀 외에도 수많은 작은 생물이 정원 토양에 살며 포식자로서의 조화로운 균형을 유지하는 데 도움을 준다. 이들은 토양 속에서 살아가는 정원사의 또 다른 협력자인 절지동물의 천적이기도 하다. (1) 의갈pseudoscorpion, (2) 반날개rove beetle (3) 토양 지네soil centipede, (4) 먼지벌레의 유충, (5) 돌지네stone centipede, (6) 먼지벌레ground beetle, (7) 파리매 유충larva of a robber fly, (8) 집게좀*japygid*, (9) 거미, (10) 포식성 응애.

유충, 번데기, 성충 등의 발달 단계에 맞춰 휴식을 취하고, 움직이지 않는 발달상태, 즉 휴면diapause(*dia*=~동안; *pauein*=중단)으로 들어가 겨울잠을 잔다. 말벌과 파리 유충은 가을까지 숙주를 다 먹어치운다. 이제 겨울이 시작되면 번데기 상태가 되고, 성충이 되기 위해 봄이 오기를 기다린다. 풀잠자리, 무당벌레, 먼지벌레, 반날개, 노린재와 같은 곤충은 낙엽 속에서 겨울을 보내고 나면 성충이 되어 포식자가 된다. 메뚜기의 알과 번데기는 얼어붙은 땅 아래에 있지만, 사마귀의 알 속에는 내년 여름 미래의 메뚜기와 유충의 포식자가 될 배embryo가 있다. 반딧불이, 딱정벌레, 동애등에의 번데기는 봄이나 초여름이 될 때까지 낙엽 혹은 토양 속에서 휴면상태로 변태하지 않는다. 겨울에도 정원에 꽃과 풀을 남겨두면 토양에 풍부한 유기물을 제공할 뿐만 아니라 포식자, 기생충 및 분해자가 겨울철에 휴식을 취할 수 있는 안식처가 된다. 이들 중에는 잡초나 잡초의 씨앗을 먹는 것들도 있다. 봄이 오면 정원 속 생물들은 겨울 동안 잃어버린 영양분을 공급하고, 보충하고, 균형을 유지하기 위해 열심히 노력한다.

정원에서는 모든 식물, 곤충, 척추동물 및 미생물들이 때로는 매우 명백하고 때로는 미묘하게 다양한 연결고리로 얽혀 있다. 깔끔하게 정리된 정원은 인간의 집착으로 인해 자연의 입장에서는 낙엽 속에 살아가는 곤충과 절지동물의 서식지를 제거하는 일이 되고, 가을, 겨울, 봄에 걸쳐 곤충을 먹는 조류와 포유류의 먹이를와 그들이 둥지를 지을 재료를 제거하는 일이 된다. 다소 어수선해 보이는 자연의 서식지는 긴 여행을 하고 날아든 철새의 생존을 유지시킬 뿐만 아니라 텃새의 번식기에는 새끼들이 생존할 수 있는 풍부한 곤충을 식사로 제공한다.

또 낙엽은 무척추동물에게 서식지를 제공함으로써 멸종위기에 처한 새들에게 안락한 환경을 제공하기도 한다.

많은 꽃이 피어나는 정원과 그로부터 멀리 떨어진 텃밭에서 배고픈 초식동물들이 식물에 가하는 피해를 비교해보자. 꽃가루와 꿀을 위해 꽃을 방문하는 곤충 중 일부가 채소의 잎, 꽃, 과일 표면에 앉아있는 것을 볼 수 있을까? 이 가설의 실험대상은 초식곤충, 육식곤충, 기생곤충이 포함된다. 왜 정책적으로 꽃과 채소를 함께 심는 방법을 채택하지 않을까? 결국, 꽃은 정원에 색과 향기를 더한다. 이 꽃을 구경하는 사람들에게 정원의 채소 중에 해충을 생물학적으로 제어하는 대리인이 있다는 중요한 사실을 증명할 수 있어야 한다.

농부들이 꽃가루와 잡초를 메우고 꽃가루 매개체와 다른 서식동물들의 피난처 목적으로 광대한 농경지에 뿌려 놓았다고 상상해보자. 잡초의 동반자들 중 많은 곤충들은 유충의 상태로 초기 생애 동안 포식자 및 기생충으로 지낸다. 인접한 농작물에 해충이 될 곤충을 잡아먹는데 기여하는 두꺼비, 도마뱀, 박쥐, 새들은 인근에 서식지를 찾게 된다. 이 자연의 포식자들은 값비싸고 위험한 살충제를 뿌리는 것보다 정원과 농장의 해충을 통제하는 데 훨씬 더 도움을 주지 않을까? 화학적 살충제는 정원의 해충만 죽이는 것이 아니라 다른 역할을 하는 기생충, 포식자 및 수분 조력자를 무차별적으로 파괴하게 된다.

건강한 정원이라고 아예 해충이 없는 것은 아니다. 다만 건강한 정원에서는 해충을 먹어줄 수 있는 육식동물과 기생충이 공존하고 있을 뿐이다(그림 10.10). 정원에서는 해를 끼치는 곤충, 미생물, 잡초 등도 다양하게 살아간다. 다만 육식동물과 기생충은 먹이를 줄 수 있는 해충이 없다면 존재할 수 없다. 육식동물과 기생충은 대부분 지상에서 살지만 땅으로 내려와 토양 속 해충을 먹는다. 사마귀, 무당벌레, 딱정벌레, 반날개와 같은 일부 정원 포식자는 평생 동안 엄청난 양의 해충을 먹는다. 병대벌레의 부드러운 유충과 진딧물을 먹어치우는 물결넓적꽃등에는 처음엔 해충으로 삶을 시작하지만, 나중에는 성충이 되어 해충을 먹는 삶을 살기도 한다.

파리와 딱정벌레 유충은 포식자이며, 성충이 되면 그들은 필수적

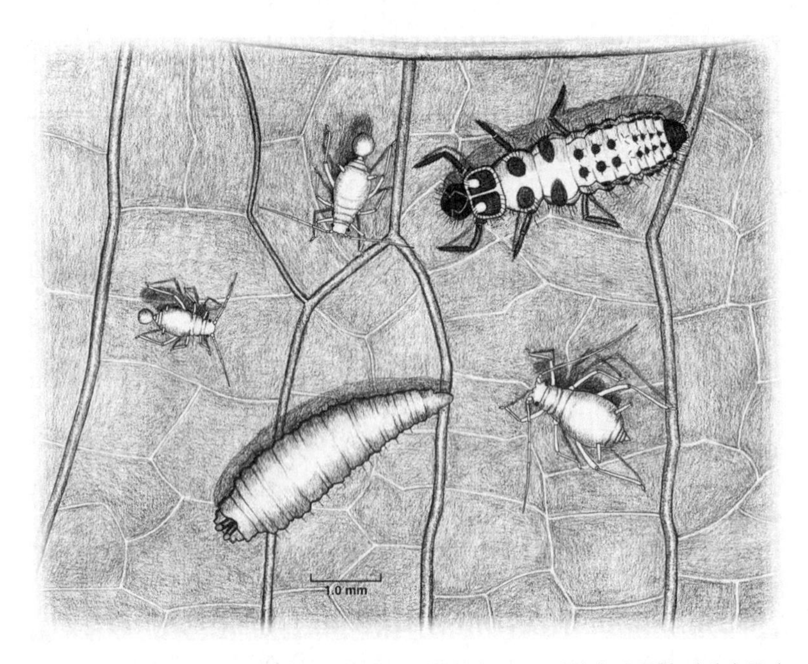

그림 10.10 지상에 사는 곤충들은 진딧물을 생물학적으로 조절한다. 오른쪽 위에서 무당벌레의 유충이 진딧물에 접근하고, 왼쪽 아래에 있는 등에 유충이 세 마리의 진딧물 중 가장 큰 것을 잡아채려고 한다. 유충은 변태를 통해 성충이 되어간다. 육식동물인 파리와 딱정벌레는 정원 꽃에 매료되어 수분매개자 역할을 한다. 잡식동물인 무당벌레는 꽃가루를 섭취하기도 하지만, 과즙과 함께 진딧물과 해충을 먹어치운다.

인 수분매개자가 된다. 삶의 주기에 따라 수많은 곤충들은 각각의 주기마다 중요한 역할을 한다. 파리와 말벌의 유충은 해충에게 기생하기 위해 적절한 숙주를 찾는다. 그러나 성충이 되면 꽃가루와 꿀을 찾아다니는 수분매개자가 되어준다.

정원에서 균은 매우 다양한 작업을 수행한다. 균근은 식물뿌리와 파트너가 되어 식물에 영양분과 물을 공급한다. 일부 균은 선충 및 해충을 먹는 포식자가 되기도 하고, 식물을 분해하고 정원 토양을 풍부하게 하는 도구가 되어 준다.

정원에서 진딧물, 가루이whitefly, 총채벌레, 벼룩잎벌레 등은 새, 두꺼비 및 사마귀의 먹이가 되지는 않는다. 그러나 이 작은 해충이 서식하는 잎과 꽃을 면밀히 살펴보면, 해충의 포식자 또는 기생충으로 구분되는 작은 곤충은 대개 모든 곤충을 무차별적으로 죽이는 화학살포를 하지 않는 지역의 같은 잎 근처에 숨어 있다.

살충제가 없는 정원에서는 곤충 공동체(초식동물, 포식자, 기생충, 분해자)가 균형을 이루며 살아간다. 어느 집단도 급증하지 않고, 식물에게 지나친 피해를 입히지 않는다. 모든 공동체의 삶에서처럼 각각의 구성원은 수행할 역할과 해결할 직무가 있다.

에필로그

겉으로는 분명한 형태를 예측할 수 없는 씨앗으로부터 나오는 눈부신 식물들은 눈을 통해 아름다움을, 코를 통해 향기를, 손가락을 통해 감촉을, 혀를 통한 맛을 느끼는 감각의 즐거움을 전달해 준다. 식물이 끊임없이 싹이 나고 자라날 수 있도록 최선을 다해주시는 분들의 노고에 감사를 드린다. 식물의 인생에 대한 더 깊은 과학적 이해는 식물의 마법 같은 신비함, 놀라움을 결코 최소화하지 않는다. 식물이 어떻게 이러한 능력을 달성할 수 있고 또 즐거움을 줄 수 있는지 이해하면 실제로 이러한 동반 생물체에 대한 감사는 더 커질 것이다. 게다가 더 많은 식물의 성장에 관한 실험은 더욱 궁금증을 불러일으키고, 밝혀지지 않은 미스터리는 더 심도 있게 된다. 과학은 식물세계의 아름다움에 관한 연구를 가능하게 하고 지속적으로 경이로운 감각들을 확장시킨다.

정원사와 농부들은 매일의 경험과 관찰을 바탕으로 업무를 수행한다. 그들이 인식하든지 그렇지 않든지 간에, 그들은 과학적으로 생각하고 있다. 세밀한 관찰과 건설적인 실험은 실험 기구나 값비싼 화학 재료가 필요하지 않다. 단지 우리가 가진 공간과 시간을 공유하는 식물에 대한 인식을 순화해야 한다. 우리의 선조들은 그들의 정원과 실험실에서 식물의 성장과 일생에 관한 새로운 형태들을 발견해왔다. 그리고 우리는 그것을 지속하고 발전시켜 지식을 확립해나가는 우리의 과제로 수행하고 있다.

호기심은 사람들에게 식물이 빛으로부터 에너지를 얻고 흙으로부터 영양분을 만드는지에 대한 기본적인 질문에서부터 생산량 증가를 위한 방법, 그리고 당도 높은 당근이나 더 빨간 고추를 생산하는 방법 등의 실질적인 질문을 갖게 한다. 기본적인 질문의 답과 실질적인 질문의 답은 식물의 의미에 대한 고마움뿐만 아니라 식물이 자신의 재능을 최대한 활용하는 정보가 된다. 관찰과 실험을 통해 식물이 공유하는 세상에 대해 배우는 것은 우리의 호기심을 충분히 충족시킬 수 있다. 호기심이 많은 과학자처럼 생각하는 요령만 알면 어렵지 않다.

식물의 일생에 관한 많은 질문들은 정원에서 산책하고 일하는 동안 질문하고 답을 얻을 수 있다. 우리는 정원을 방문하여 보고, 냄새 맡고, 만지고, 맛볼 수 있고 우리의 감각이 전달하는 소리들을 주의 깊게 들을 수 있다. 감각을 깨워 관찰하면 우리의 호기심을 자극하는 새로운 질문들을 이끌어내게 된다. 식물에게 새로운 환경을 만들어준다면, 새로운 생물이 새로운 환경에서 어떻게 반응하는지 궁금하다면 무엇을 해야 할까? 가설을 세운 후 식물이나 생물이 어떻게 반응할 것인지 예측할 수 있을까? 상상력이 이끄는 대로 만들어보자.

실험의 개요는 식물의 일생에 관한 특정한 가설을 기본으로 한다. 만약에 이러한 실험을 시도하지 않아도 매일 식물의 생장, 개화, 과일 형성 및 월동 준비 같은 일상의 변화를 보며 의문을 갖는 방법을 배울 수 있다. 기온, 바람, 강수량의 지속적인 변화 속에서 식물은 지상과 지하 환경에 적응해 나간다. 식물의 생장에 대한 인간의 관심이 커질수록 우리가 식물을 처리하는 방법에 따라 어떻게 반응하는지에 대해 예상할 수 있을 것이다. 게다가 인간이나 다른 생물과 같이 식물이 보이는 반응에 우리는 종종 놀라기도 한다.

예측이 틀렸다고 판단될 때 우리는 새로운 가설을 제안하기 위해 다시 한번 새로운 가설을 뒷받침할 설명을 찾아야 하기도 한다. 아무도 묻지 않은 것을 묻고, 아무도 보지 않은 것의 보기 드문 아름다움을 인식하고, 아무도 의심하지 않은 것을 추론하기 위해 이루어진 모든 노력은 과학적 발전에 기여한다. 과학의 아버지가 관찰한 것처럼, 호기심과 상상력은 발견의 결정적인 요소이다.

> 바다를 보면서 육지를 생각하지 못한다면 아무것도 발견하지 못한 것이다.
>
> **프랜시스 베이컨**

부록 A
식물의 생장에 중요한 화학물질

식물 호르몬

옥신

사이토킨

지네렐린산

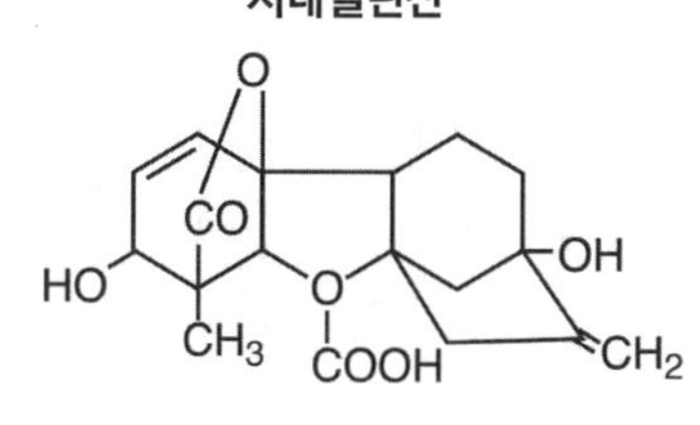

에틸렌

앱시스산

스트리고락톤

식물 색소

엽록소

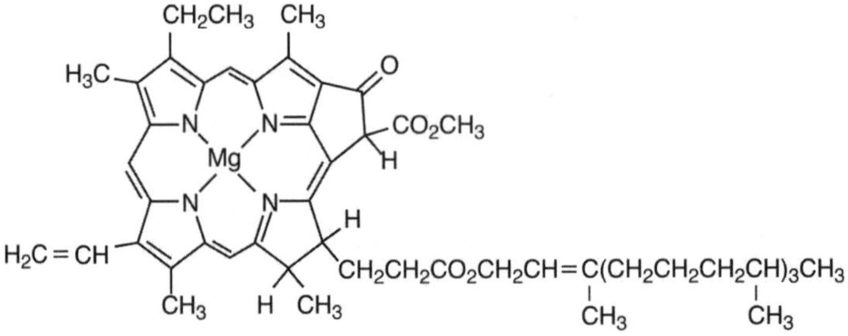

카로티노이드

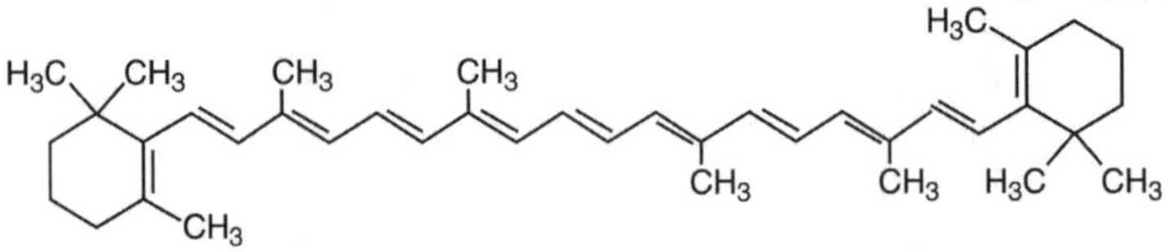

안토시아닌

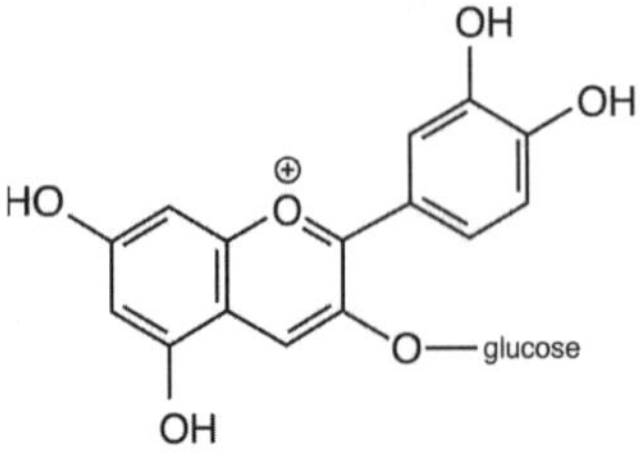

베타레인

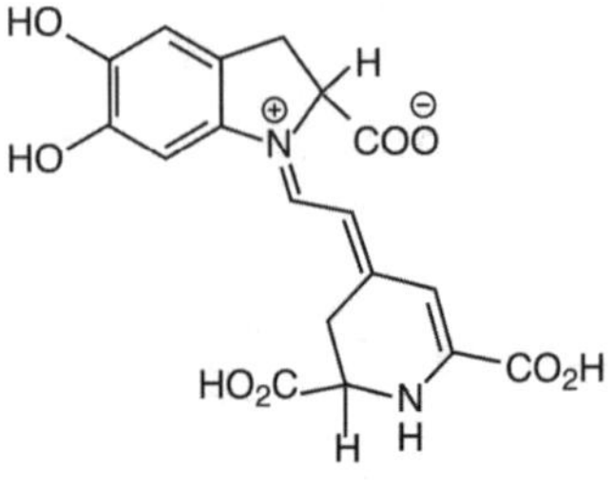

대표적인 타감작용물질

카페인

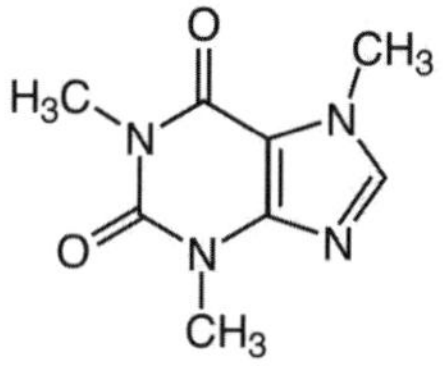

유글론

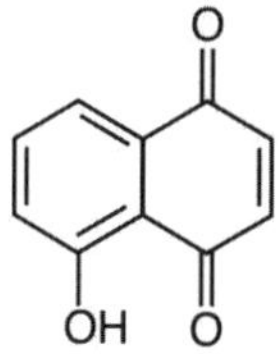

쿠마린

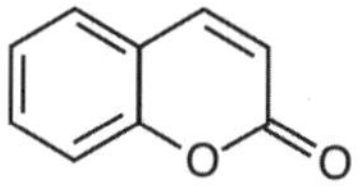

로비네틴

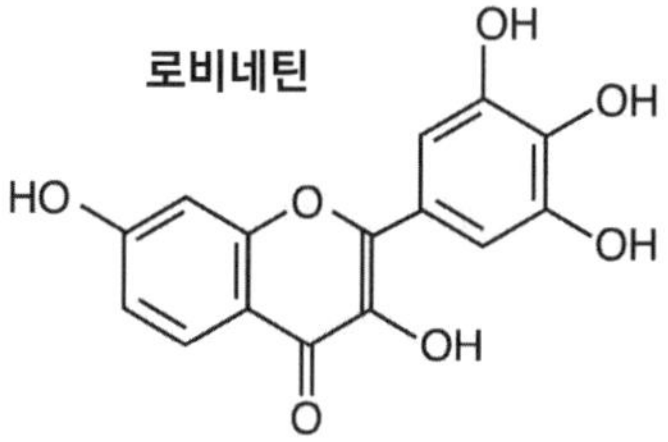

케르세틴

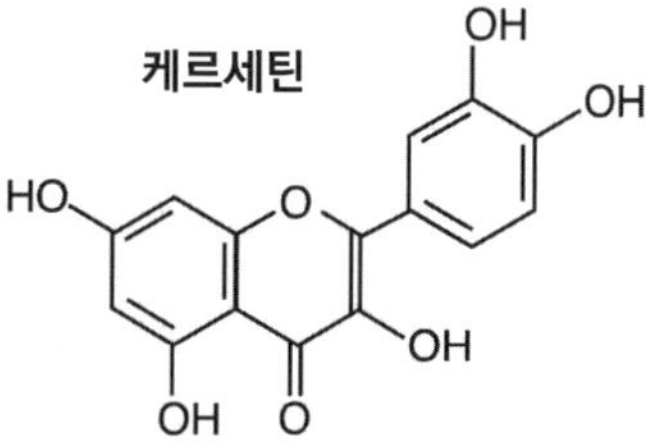

글루코시놀레이트

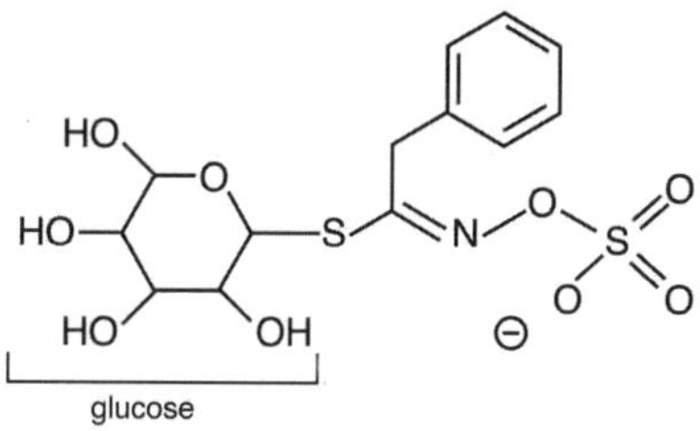

대표적인 식물방어물질

타닌

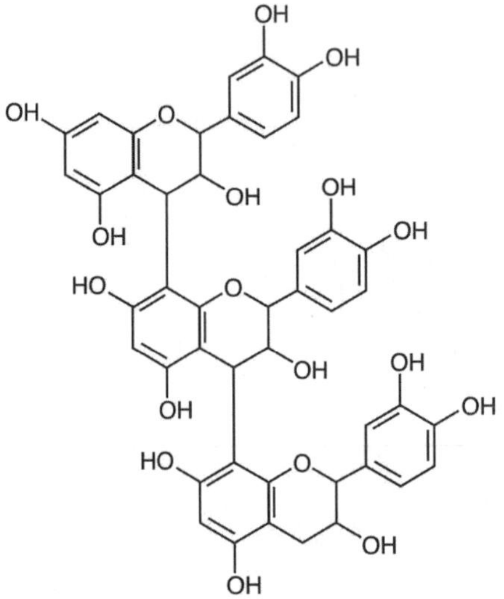

자스몬산

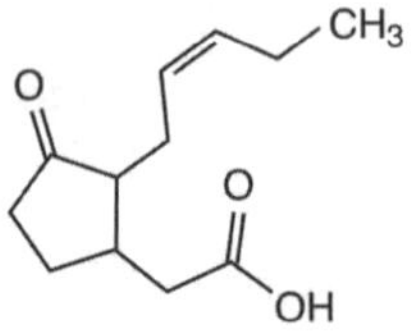

당근과의 푸라노쿠마린

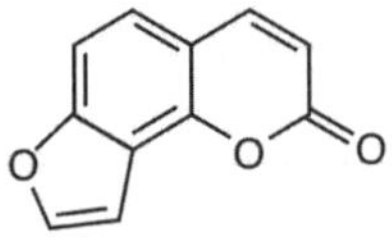

박과의 쿠쿠르비타신

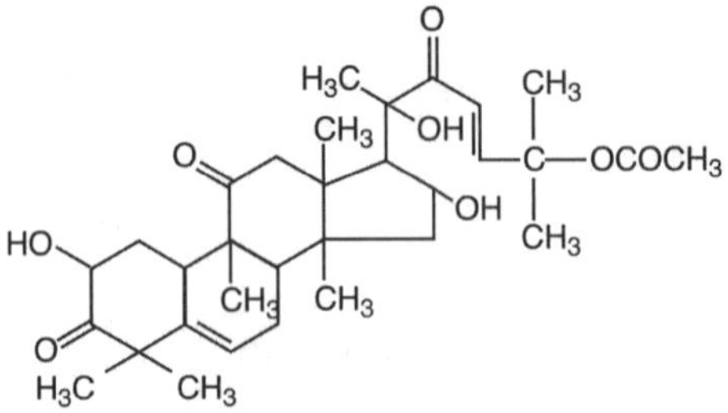

가짓과의 피토알렉신

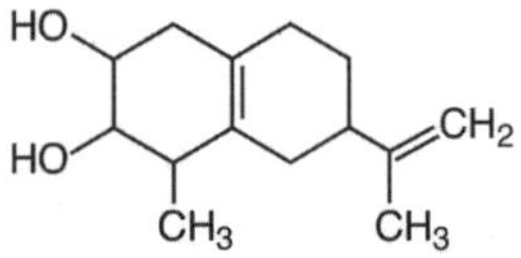

부록 B
언급된 식물

이 책에 언급된 채소, 나무, 열매, 잡초(*), 정원 개화식물(**) 등을 부록으로 정리하였다. 식물군은 알파벳 순으로, 일반명은 각 식물군 아래 다시 알파벳으로 나열하고, 식물의 속, 종 및 품종명(var.)또는 아종(subsp.)은 일반명에 따라 분리되었다. 'spp.'는 적어도 두 종 이상을 지칭할 때 식물의 일반명 혹은 속의 뒤에 붙여졌다.

속씨식물, 개화식물

Aceraceae, maple family

sugar maple, *Acer saccharum*

Aizoaceae, carpetweed family

*carpetweed, *Mollugo verticillata*

Amaranthaceae, amaranth family

*rough pigweed, *Amaranthus retroflexus*

*smooth pigweed, *Amaranthus hybridus*

spinach, *Spinacia oleracea*

Amaryllidaceae, amaryllis family

**daffodil, *Narcissus* spp.

Anacardiaceae, cashew family

*poison ivy, *Toxicodendron radicans*

*smooth sumac, *Rhus glabra*

Apiaceae, carrot family

carrot, *Daucus carota* var. *sativus*

celery, *Apium graveolens*

dill, *Anethum graveolens*

fennel, *Foeniculum vulgare*

parsley, *Petroselinum crispum*

*wild carrot or Queen Anne's lace, *Daucus carota*

Araceae, arum family

philodendron, *Philodendron* spp.

Asclepiadaceae, milkweed family

*common milkweed, *Asclepias syriaca*

Asteraceae, daisy or aster family

artichoke, *Cynara cardunculus* var. *scolymus*

*aster, *Aster* spp.

*beggar– ticks, *Bidens bipinnata*

**black– eyed Susan, *Rudbeckia* spp.

*burdock, *Arctium minus*

chamomile, *Matricaria chamomilla*

*chicory, *Cichorium intybus*

**chrysanthemum, *Chrysanthemum* spp.

*cocklebur, *Xanthium strumarium*

*dandelion, *Taraxacum officinale*

escarole and endive, *Cichorium endivia*

*goldenrod, *Solidago canadensis*

lettuce, *Lactuca sativa*

marigold, *Calendula officinalis*

**purple coneflower, *Echinacea purpurea*

*ragweed, *Ambrosia artemisiifolia*

sunflower, *Helianthus annuus*

*thistle, *Cirsium vulgare*

**zinnia, *Zinnia* spp.

Betulaceae, birch family

birch, *Betula* spp.

Boraginaceae, borage family

*stickseed, *Hackelia virginiana*

Brassicaceae, cabbage family

arugula, *Eruca sativa*

bok choy, *Brassica rapa var. chinensis*

broccoli, *Brassica oleracea* var. *italic*

Brussels sprouts, *Brassica oleracea* var. *gemmifera*

cabbage, *Brassica oleracea* var. *capitata*

cauliflower, *Brassica oleracea* var. *botrytis*

Chinese cabbage, *Brassica rapa* var. *pekinensis*

collards, *Brassica oleracea*

kale, *Brassica oleracea*

kohlrabi, *Brassica oleracea* var. *gongylodes*

mustard, *Brassica juncea*

oilseed radish, *Raphanus sativus*

*pepperweed, *Lepidium* spp.

radish, *Raphanus sativus*

rutabaga, *Brassica napus*

tatsoi, *Brassica rapa* var. *narinosa*

turnip, *Brassica rapa*

Bromeliaceae, pineapple family

pineapple, *Ananas comosus*

Caryophyllaceae, pink family

*bouncing Bet, *Saponaria officinalis*

*campion, *Lychnis* spp.

*chickweed, *Stellaria media*

*pink, *Silene* spp.

Chenopodiaceae, goosefoot family

beets, *Beta vulgaris*

*lamb's quarters, *Chenopodium album*

Swiss chard, *Beta vulgaris*

Convolvulaceae, morning glory family

*bindweed, *Convolvulus arvensis*

sweet potato, *Ipomoea batatas*

Cornaceae, dogwood family

blackgum, *Nyssa sylvatica*

**flowering dogwood, *Cornus florida*

Cucurbitaceae, squash family

birdhouse gourd, *Lagenaria siceraria*

cucumber, *Cucumis sativus*

pumpkin, *Cucurbita pepo*

watermelon, *Citrullus lanatus* var. *lanatus*

zucchini, *Cucurbita pepo*

Ericaceae, heath family

blueberry, *Vaccinium corymbosum*

cranberry, *Vaccinium erythrocarpum*

Euphorbiaceae, spurge family

**poinsettia, *Euphorbia pulcherrima*

*prostrate spurge, *Euphorbia supina*

Fabaceae, pea family

alfalfa, *Medicago sativa*

beans, *Phaseolus vulgaris*

black locust, *Robinia pseudoacacia*

crimson clover, *Trifolium incarnatum*

field pea, *Pisum sativum arvense*

hairy vetch, *Vicia villosa*

pea, *Pisum sativum*

peanut, *Arachis hypogaea*

soybean, *Glycine max*

sweet clover, *Melilotus officinalis*

*tick trefoil, *Desmodium viridiflorum*

*white clover, *Trifolium repens*

Fagaceae, oak family

beech, *Fagus* spp.

red oak, *Quercus rubra*

white oak, *Quercus alba*

Geraniaceae, geranium family

*cranesbill, *Geranium carolinianum*

**cultivated geranium, *Pelargonium* spp.

**heronsbill geranium, *Erodium* spp.

*redstem storksbill or redstem filaree, *Erodium circutarium*

Hamamelidaceae, witch hazel family

sweetgum, *Liquidambar styraciflua*

witch hazel, *Hamamelis virginiana*

Hydrocharitaceae, pondweed family

waterweed, *Elodea canadensis*

Iridaceae, iris family

**crocus, *Crocus sativa*

Juglandaceae, walnut family

black walnut, *Juglans nigra*

Lamiaceae, mint family

basil, *Ocimum basilicum*

catnip, *Nepeta cataria*

**coleus, *Coleus blumei*

oregano, *Origanum vulgare*

peppermint, *Mentha* × *piperita*

rosemary, *Rosmarinus officinalis*

sage, *Salvia officinalis*

summer savory, *Satureja hortensis*

thyme, *Thymus vulgaris*

Lauraceae, laurel family

sassafras, *Sassafras albidum*

Liliaceae, lily family

asparagus, *Asparagus officinalis*

chives, *Allium schoenoprasum*

**daylily, *Hemerocallis* spp.

garlic, *Allium sativum*

leeks, *Allium porrum*

onions, *Allium cepa*

Malvaceae, mallow family

okra, *Abelmoschus esculentus*

*spiny sida, *Sida spinosa*

*velvetleaf, *Abutilon theophrasti*

Musaceae, banana family

banana, *Musa* spp.

Nyctaginaceae, four o'clock family

**four o'clock flower, *Mirabilis jalapa*

Oleaceae, *olive family*

**lilac, *Syringa vulgaris*

Onagraceae, evening primrose family

*evening primrose, *Oenothera biennis*

Orobanchaceae, broomrape family

*witchweed, *Striga asiatica*

Oxalidaceae, wood sorrel family

*wood sorrel, *Oxalis stricta*

Phytolaccaceae, pokeweed family

*pokeweed, *Phytolacca americana*

Plantaginaceae, plantain family

*broadleaf plantain, *Plantago major*

*buckthorn plantain, *Plantago lanceolata*

Platanaceae, sycamore family

sycamore, *Platanus* spp.

Poaceae, grass family

barley, *Hordeum vulgare*

big bluestem, *Andropogon gerardii*

bluegrass, *Poa annua*

corn, *Zea mays*

*crabgrass, *Digitaria sanguinalis*

*fescue, *Schedonorus phoenix*

*foxtail, *Setaria glauca*

oat, *Avena sativa*

pearl millet, *Pennisetum glaucum*

*quackgrass, *Agropyron repens*

rye, *Secale cereale*

sugarcane, *Saccharum officinarum*

wheat, *Triticum aestivum*

Polygonaceae, buckwheat family

buckwheat, *Fagopyrum esculentum*

*curly dock, *Rumex crispus*

*prostrate knotweed, *Polygonum aviculare*

*sheep sorrel, *Rumex acetosella*

Portulacaceae, purslane family

*purslane, *Portulaca oleracea*

Rosaceae, rose family

apple, *Malus pumila*

*avens, *Geum canadense*

blackberry, *Rubus allegheniensis*

pear, *Pyrus* spp.

raspberry, *Rubus idaeus*

**rose, *Rosa* spp.

serviceberry, *Amelanchier* spp.

strawberry, *Fragaria ananassa*

Rubiaceae, madder family

*catchweed bedstraw, *Galium aparine*

coffee, *Coffea arabica*

Salicaceae, willow family

cottonwood, *Populus* spp.

willow, *Salix* spp.

Scophulariaceae, figwort family

*mullein, *Verbascum thapsus*

Simaroubaceae, tree of heaven family

tree of heaven, *Ailanthus altissima*

Solanaceae, nightshade family

eggplant, *Solanum melongena*

pepper, *Capsicum annuum*

potato, *Solanum tuberosum*

tobacco, *Nicotiana tabacum*

tomato, *Solanum lycopersicum*

Violaceae, violet family

*common blue violet, *Viola sororia*

Vitaceae, grape family

table and wine grapes, *Vitis vinifera*

*wild grape, *Vitis vulpine*

겉씨식물, 침엽수

Pinaceae, pine family

fir, *Abies* spp.

hemlock, *Tsuga* spp.

pine, *Pinus* spp.

spruce, *Picea* spp.

용어 설명

abscisic acid (앱시스산)

이 식물호르몬은 발아의 성장을 조절하고, 눈의 성장, 열매의 숙성 그리고 증산작용 등 식물의 성장주기 동안 여러 면에서 많은 영향을 준다.

abscission (이탈)

absciss=절단 차단. 잎자루의 기저부 세포의 붕괴로 인한 잎자루의 분리 현상을 말한다.

acid soil (산성 토양)

천만 분의 일보다 큰 수소 이온의 농도로, 다른 표현으로는 pH 7 이하의 토양을 말한다.

adventitious roots (부정근)

adventicius=외부에서 발생하는. 식물 뿌리의 기본이 되

는 씨앗의 배축으로부터 분리된 조직이 아닌 잎과 줄기와 같이 예측되지 않은 곳에서 발생하는 뿌리를 말한다.

alkaline soil (알칼리성 토양)

천만 분의 일보다 큰 수소이온 농도로 다른 표현으로는 pH7 이상의 토양을 말한다.

allelochemical (타감작용물질)

자연적으로 생산되는 화합물로 억제 영향을 준다.

allelopathy (타감작용)

allelo=서로; *pathy*=유해한. 한 식물이 다른 식물의 성장을 막거나 저해하는 작용을 말한다.

amendments (개량제)

emendare=개선하다. 합성 비료 외에 토양에 구조와 비옥함을 개선하기 위해 섞는 첨가물로 이 개량제는 토양의 화학적, 물리적 성질을 변화시킨다.

amino acid (아미노산)

단백질 블록이다.

amyloplast (녹말체)

amylo=전분; *plast*=형태. 엽록체에서 추출한 전분을 저장한 식물세포 내 소기관이다.

angiosperm (속씨식물)

angio=동봉; *sperm*=씨앗. 열매 안에 씨앗이 쌓여 있고 22만 종의 꽃을 피우는 관다발 식물군을 말한다.

anther (꽃밥)

antheros=수꽃. 화분을 둘러싸고 있는 식물의 수술 부분을 말한다.

antheridia (장정기)

antheros=수꽃; *idion*=작음. 화학실험용 플라스크처럼 목이 길고 몸이 둥근 형태의 정세포가 형성된 고사리와 이끼의 배우체이다.

anthocyanins (안토시아닌)

anthos=꽃; *cyanos*=남색. 세포액 속의 빨강, 파랑, 보라색 식물색소로 가수분해로 분리된다.

antioxidant (항산화제)

식물성 색소 또는 비타민과 같은 다른 화학물질에 피해를 주는 화학물질로, 쌍으로 되어있지 않은 전자를 가진 산화제 및 자유이온기로 불린다. 마지막에는 살아있는 세포에서 산소와의 결합과 음전하 손실로 조직의 염증을 유발하여 산화시키고 화학적 변화를 일으킨다.

apical dominance (정단 우세)

식물 줄기의 가장 꼭대기 또는 정단 눈이 아래 줄기의 새싹에 영향을 주어 성장과 발달을 억제하는 것을 말한다.

archegonium (장란기)

archae=원생 동물; *gonia*=암컷 생식기관. 길고 몸이 둥근 화학 실험용 플라스크 모양의 고사리와 이끼의 알 모양 배우체이다.

arthropods (절지동물)

arthro=관절로 된; *poda*=다리. 골격이 없고 관절로 된 다리가 있는 동물을 말한다. 세계적으로 140만 종이 절지동물로 분류되어 있다.

autochory (자기분산)

auto=자기; *chory*=분산. 동물의 도움 없이 흩어져 이동하는 씨앗을 말한다.

auxin (옥신)

auxe=성장. 식물의 성장 과정에서 성장에 직접적인 영향을 주는 정단 우위를 통제하는 식물 호르몬이다.

axil (엽액)

axilla=겨드랑이. 나뭇가지 또는 잎 사이의 잎자루 및 수직 줄기에 돌출되어 나온 위쪽 가지를 말한다.

betalain (베타레인)

선인장과 명아주과(비트와 근대), 아마란스과(시금치, 아마란스), 분꽃과 그리고 쇠비름과의 정원식물들이 만들어내는 노랑과 주황, 빨간 색소에 포함되어 있다. 이들 색소는 안토시아닌처럼 수용성이며 세포의 액포에 집중적으로 존재한다.

bud (눈)

줄기세포를 포함하며 줄기의 끝이나 옆에 붙어 있는 것을 말한다.

bulb (알뿌리)

양파, 리크 그리고 마늘과 같은 채소류로 땅 아래에 비늘 잎으로 둘러 싸여 있다.

buzz pollination (진동수분)

Sonication pollination 항목 참조.

cambium (형성층)

cambium=변형. 줄기 둘레의 세포의 분열조직 층으로 줄기의 바깥쪽으로 갈라져 줄기 또는 뿌리가 되는 체관부세포를 형성하고 줄기의 내부를 향한 뿌리(혹은 수피)를 형성하는 목질부세포로 나뉜다.

carotenoid (카로티노이드)

carota=당근. 노란색과 주황색을 나타내는 엽록체 막에서 발견되는 식물 색소인 양이온이다. 양전하 원소와 영양소, 카로티노이드는 산소 손상으로부터 식물을 보호한다.

chlorophyll (엽록소)

chloro=녹색; *phyll*=잎. 이 녹색 색소는 광합성으로 붉은빛과 파란빛을 흡수한다.

chloroplast (엽록체)

chloro=녹색; *plast*=형태. 엽록소와 카로티노이드 색소를 포함하는 식물세포 소기관을 말한다.

chlorosis (백화현상)

chloros=녹색; *osis*=병에 걸린. 미네랄 결핍으로 인한 녹색색소의 손실 현상을 말한다.

chromoplast (잡색채)

chromo=색; *plast*=형태. 카로티노이드 색소가 축적된 엽록체이다.

circumnutation (회전운동)

circum=주변; *nuta*=까딱이다, 흔들다. 식물의 회전운동이다.

companion cell (반세포)

체세포 조직의 체관세포의 그 외 체세포로 핵을 포함한 모든 세포 소기관을 유지하고 핵이 없는 그 외 체세포의 기능을 지원한다.

compost (퇴비)

부엽토를 만들기 위해 분해되는 유기물질로 외부의 토양과 함께 섞여 토양 영양의 손실을 최소화시킨다.

compound (화합물)

둘 이상의 일정한 비율의 원소로 구성된 화학물질이다.

cortex (피질)

뿌리 또는 줄기의 가장 바깥 쪽 표피와 내부 고리 사이에 있는 세포.

cotyledon (떡잎)

cotyle=컵 모양의. 씨앗의 이 영양조직은 식물의 배를 감싼다.

cover crop (피복작물)

토양을 보호하기 위해 수확물 사이에 심는 작물로 토양의 침식을 막고 미네랄 영양분과 유기물을 토양에 첨가하기 위해 수확물 사이에 심는다. 녹색 퇴비라고도 부른다.

cucurbitacins (쿠쿠르비타신)

박과의 식물에서 생성되는 식물 방어물질의 종류이다.

cytokinins (사이토키닌)

식물의 세포분열을 촉진시킬 뿐만 아니라 다른 호르몬이 식물조직의 성장과 발달을 촉진하게끔 하는 식물 호르몬.

cytoskeleton (세포골격)

세포의 내부 구조를 유지하는 미세한 필라멘트 섬유이다.

decomposer

다른 유기체의 사체나 폐기물을 분해해 에너지와 영양분을 얻는 유기체다.

diapause (휴면)

dia=~동안; *pauein*=중단. 곤충의 생활주기 동안 발육이 정지된 상태의 기간을 말한다.

dicot (쌍떡잎식물)

di=둘; *cot*=cotyledon의 약어. 개화식물의 큰 두 개 그룹 중 하나로, 두 개의 떡잎으로 발아하는 식물이다.

dinitrogenase (디니트로게나제)

이질소. 질소가스(N_2)를 암모니아(NH_3)로 전환시키는 뿌리줄기 박테리아 효소다.

dormancy (휴면)

생리적 대사활동이 줄어들어 휴식하는 시기다.

ecology (생태학)

eco=서식지; *logo*=~의 연구. 유기체 간의 상호작용과 유기체와 환경 사이의 상호작용에 관한 연구다.

elaiosome (종침)

elaion=기름; *soma*=몸. 영양가 넘치는 단백질과 기름이 풍부한 화학물질로 특정 종자에 붙어 씨앗의 확산을 촉진하는 개미를 유혹한다.

element (원소)

다른 속성의 화학물질로 더 이상 분해될 수 없는 화학물질을 말한다.

embryo (배)

종자 내 식물의 형태. 초기 발달단계에서는 수정과 씨앗 발아 사이에서 발생한다. 씨앗의 배는 종종 싹으로 불린다.

endodermis (내피)

endo=내부; *dermis*=피부. 토양에서 뿌리의 중심 관다발까지 특정 미네랄 영양소의 통과를 선택적으로 제어하는 뿌리의 고리 모양 층을 말한다.

endosperm (배젖)

endo=내면; *sperm*=씨앗. 배를 완전히 감싼 씨앗의 영양분 저장소이다. 배젖은 두 개의 정세포 중 하나와 일곱 개의 자성배우체의 세포(중앙세포) 중 가장 큰 두 개의 핵(극성핵)이 융합해서 생성된다.

enzyme (효소)

화학적 변형을 촉진시키는 단백질이다.

epicotyl (상배축)

epi=위쪽의; *cotyle*=떡잎. 성장한 식물의 지상부 중 식물 배의 자엽 위쪽에 있는 줄기다.

epidermis (외피)

epi=위쪽의; *dermis*=피부. 잎, 줄기, 열매, 꽃 그리고 뿌리의 표면을 둘러싼 세포층이다.

ethylene (에틸렌)

이 유기가스는 식물 호르몬으로, 잎사귀와 과일의 숙성을 도우며 새로운 눈의 성장을 억제한다.

etiolation (황백화현상)

etiol=연한. 빛이 없는 상태에서 발생하는 엽록소의 손실로 인해 우거진 잎과 과도한 줄기 성장을 일으키는 비정상적인 식물의 성장을 말한다.

fertility of soil (토양의 비옥화)

식물의 성장을 돕는 필수 영양소로 식물을 돕는 흙의 능력이다.

fertilization (수정)

fertile=수확이 많은. 정자와 난자가 결합하여 씨와 열매가 만들어지는 과정이다. 수분은 수정 전에 선행된다.

Fibonacci series (피보나치 수열)

두 개의 숫자 0으로 시작하는 일련의 숫자로, 1은 각각 두 개의 이전 숫자를 더하여 파생된다(0, 1, 1, 2, 3, 5, 8, 13, 21…). 식물 가지의 개수와 나선 배열과 같은 식물의 많은 기하 패턴은 피보나치 수열의 숫자로 설명된다.

fixation of carbon (탄소 고정)

이산화 탄소(CO_2)분자와 5탄당인 리불로스 이인산이 결합하는 첫 번째 광합성 단계로 3탄당인 포스포글리세린산의 두 분자로 나뉜다.

fixation of nitrogen (질소 고정)

에너지를 많이 소비하는 질소(N_2)를 암모니아(NH_3)로 변환하는 과정이다.

food web (먹이사슬)

식물, 초식동물, 육식동물, 분해자 간에 어떻게 먹이 에너지를 교환하는지를 나타낸 생물 간의 상호작용 네트워크이다.

free radical (자유이온기)

짝이 없는 수를 가진 음으로 하전된 분자로 내부 화합물과 반응하여 세포를 손상시킬 수 있는 전자세포. 산화 방지제는 유해한 자유이온기를 중화시키기 위해 전자를 내어준다.

furanocoumarin (푸라노쿠마린)

다양한 종류의 식물 방어 화합물로, 산형과의 식물들을 포함한 식물군에서 생산된다.

gametophyte (배우체)

gamete=배우자; *phyte*=식물. 식물 생애주기에서 생식세포(정자와 난자)를 형성하고 감수분열을 통해 반수체의 유전물질을 가지는 단계를 의미한다.

germination (발아)

씨앗이나 포자의 발아를 말한다.

gibberellic acid (지베렐린산)

세포의 신장, 씨앗 발아, 싹이 자라는 것을 관여하는 식물호르몬이다. 잎사귀와 과일의 숙성을 억제하기도 한다.

global warming (지구온난화)

이산화 탄소, 메탄 및 아산화질소 같은 대기 가스의 증가로 지구 표면에 태양에너지(열)를 가두어 지구의 대기온도를 높이는 현상을 말한다.

glucosinolate (글루코시놀레이트)

포도당과 아미노산의 일부를 포함하는 간단한 화합물로 이 화합물들은 양배추과 혹은 겨자과 식물과 그 외 몇 식물군에서 생성된다. 글루코시놀레이트는 몇몇 기능들을 가지고 있는데, 그 기능으로는 식이요법에서 건강한 영양소, 타감작용물질, 대부분의 곤충에 대한 독성물질이지만 몇 가지 곤충을 유인할 수 있는 화학물질이 있다.

greenhouse gas (온실가스)

온실에서 유리가 열을 가두어 두고 있는 것 같이 이산화 탄소(CO_2), 메탄(CH_4) 및 아산화질소(N_2O) 열을 대기권 내에서 지구 온난화로 잡아두는 역할을 한다.

guttation (배수현상)

gutta=방울. 물관부세포의 뿌리압력이 증가함에 따라 잎끝의 특수관에서 수액 방울을 배출하는 현상이다.

gymnosperm (겉씨식물)

gymnos=노출된; *sperm*=씨앗. 열매 속에 씨앗을 포함하지 않고 드러내는 관다발식물로, 종 수가 720여종에 이른다.

herbivore (초식동물)

herbi=식물; *vor*=먹다. 식물을 먹이로 먹는 생물체를 말한다.

honeydew (단물)

수액을 먹고 사는 곤충 내장을 통과해 일부 영양분이 남아 부분적으로 분해된 수액이다.

hormone (호르몬)

hormon=유발하다. 식물 성장에 중요한 작용을 관장하는 화학제다.

humus (부엽토)

humi=지구. 대부분의 식물과 동물이 분해된 후 토양에 남아 있는 음전하 유기물이다.

hydathode (배수조직)

hydat=물의; *hod*=길. 물관부세포의 뿌리압력에 의해 배출되는 물과 영양분을 통로로 만드는 잎 끝의 세포로 구성된 관을 말한다.

hypocotyl (하배축)

hypo=아래의; *cotyl*=떡잎. 식물 배의 일부로 자엽이 부착된 아래 줄기를 말하며 성장한 식물의 지하 부분을 형성하게 된다.

hypothesis (가설)

hypo=아래; *thesis*=규칙. 현상에 대한 검증 가능한 설명을 말한다.

jasmonic acid (자스몬산)

초식동물과 뿌리 박테리아의 영향으로부터 식물을 보호하는 호르몬이다.

legume (협과식물)

콩과 식물의 일부로, 협과에 속하는 콩, 클로버, 완두콩 그리고 땅콩은 질소 고정 박테리아와 연관이 있는 것으로 알려져 있다.

lenticel (피목)

식물의 줄기 또는 감자 표면의 구멍으로 가스가 교환된다.

manure (거름)

유기물과 무기 영양소가 있는 동물의 배설물로 토양을 풍부하게 하는 천연 비료다.

mast (마스트)

이례적으로 풍성한 열매 수확을 말한다.

megaspore (대포자)

일곱 개의 성숙한 배우체에서 분할된 비성숙 암배우체를 말한다.

meristematic (분열조직)

meristos=나누어지는. 분열이 활발한 세포의 영역을 말하는 것으로 여기에서 활동하는 세포를 줄기세포라고 한다.

metabolite (대사산물)

metabol=변화하는. 유기체에서 생산해내는 화학물질. 대사산물의 일부(일차대사산물)는 성장, 발달 그리고 생식에 필수적으로 관여한다. 또 유기체와 환경과의 상호작용에 중요하게 작용하지만 생존에는 필수적이지 않은 물질의 경우 이차대사산물이라 한다.

microbe (미생물)

현미경 없이는 쉽게 확인할 수 없는 생물. 미생물에는 박테리아, 원생동물, 곰팡이 등이 포함된다.

microspore (소포자)

성숙한 수배우체 또는 성숙한 꽃가루를 형성하기 위해 분열하는 미성숙한 꽃가루 혹은 수배우체다.

mineral (미네랄)

유기체의 잔해 혹은 암석에서 파생된 무기화합물. 석회암($CaCO_3$)과 같은 암석에는 단일 광물이 들어있고, 화강암과 같은 암석에는 여러 혼합 광물이 들어있다.

mitochondrion (미토콘드리온)

mitos=실; *chondrion*=작은 알갱이. 유기화합물 ATP로부터 에너지를 공급하는 세포 내에서 발견되는 소기관이다.

monocot (외떡잎식물)

mono=하나; *cot*=cotyledon의 약어. 개화식물의 두 그룹 중 하나다. 외떡잎식물의 씨앗에서는 하나의 떡잎만이 발아한다.

mordant (매염제)

morda=물다. 염색 단계에서 천의 색소침착을 위한 화학제이다.

mycorrhiza (균근)

myco=균류; *rhizae*=뿌리. 식물의 뿌리에서 공생하며 이익을 주는 곰팡이다.

myrmecochory (개미매개 분산)

myrmex=개미; *chory*=분산. 개미에 의해 씨앗이 번지는 현상을 말한다.

necrotic (괴사)

necros=죽음. 조직의 부분적인 죽음을 의미한다.

nematode (선충)

nema=실; *odes*=비슷하다. 이 작은 요충은 영양이 풍부한 토양에 가득

하다. 평방미터당 약 500만 마리가 넘는 수가 존재하며 정원의 먹이사슬에서 미생물, 곰팡이, 식물 뿌리 및 더 작은 선충 등을 먹는다. 반대로 특정 미생물, 곰팡이 그리고 더 큰 선충 및 작은 무척추동물의 먹잇감이 된다.

node (마디)

nodus=매듭. 새싹이나 잎이 생기는 줄기 또는 뿌리줄기 지점을 말한다.

nutrient (영양소)

영양분을 공급하는 원소로 구성된 물질 또는 화합물이며 유기체의 성장을 촉진한다.

organelle (세포소기관)

organ=기관; *elle*=작은. 자체적인 구조와 형태를 지닌 작은 세포구조물이다.

organic (유기물)

천연자원에서 파생된 탄소원소를 포함하고 있는 물질이다.

osmosis (삼투)

osmos=밀다. 고농도에서 저농도로 이동하는 물질의 움직임이다.

ovule (밑씨)

배주. 식물의 배와 배젖을 형성하는 암배우체를 포함한 암꽃의 일부로 추후에 종피를 형성하는 배우체로 둘러싸인 세포가 된다.

oxidation (산화)

주로 산소원자의 증가 또는 수소원자의 손실로 형성되는 화합물에 의한 음전하의 손실을 의미한다.

parasite (기생충)

숙주로 알려진 다른 생물을 희생하며 생존하는 생물이다. 보통의 경우는 숙주에 의존해 살지만 숙주를 죽이지는 않는다.

parasitoid (포식기생자)

성체가 되면 숙주를 죽이고 생존을 위해 더 이상 숙주에 의존하지 않는 생물.

parenchyma (유조직)

par=옆에; *enchyma*=삽입하다. 얇은 벽으로 이루어진 영양의 저장을 위한 특수세포를 말한다.

parthenocarpy (단위결실)

parthenos=수정 없이, 처녀; *carpy*=과일. 수정과 수분의 과정 없이 맺어진 열매의 성장.

pathogen (병원균)

식물에 질병의 증상을 일으키는 미생물을 말한다.

petiole (잎자루)

petiolus=작은 줄기. 잎을 나뭇가지와 연결해주는 연결 부위를 말한다.

phloem (체관부)

phloem=나무껍질. 광합성 작용을 통해 형성된 당분을 이동시키기 위해 만든 통로를 구성하는 세포로 이루어진 맥관조직.

photoperiod (광주기)

빛과 어둠의 지속 시간과 간격을 말한다.

photorespiration (광합역전 현상)

photo=빛; *respiro*=호흡. 포도당과 산소가 결합하여 이산화 탄소와 물로 전환된다. 에너지는 이 역전 현상 중에 방출된다.

photosynthesis (광합성)

photo=빛; *syn*=함께; *thesis*=정렬. 녹색 색소인 엽록소가 빛을 빨아들이고, 포도당과 산소를 생산하기 위해 물과 이산화 탄소의 합성물을 이용하는 과정을 말한다.

phytoalexin (피토알렉신)

phyto=식물; *alexin*=방어. 미생물의 침입 시 식물세포에서 방어를 위해 만들어내는 이차대사산물.

Pistil (암술)

pistillum=절구막대. 꽃의 암컷 기관.

predator (포식자)

살아있는 유기체로부터 영양분을 얻는 생명체. 그러나 다른 생명체 속에서는 함께 살지 않는다.

primary metabolite (일차대사산물)

Metabolite 항목 참조.

pollen (꽃가루)

pollen=가루. 성숙된 꽃의 암술에 두 개의 정세포와 하나의 관세포로 형성되어 분열되는 수꽃의 소포자.

pollination (수분)

꽃가루를 수술에서 암술로 운반하는 과정. 겉씨식물은 수솔방울에서 꽃가루를 만든다. 겉씨식물의 수분은 수솔방울에서 암솔방울로 꽃가루가 옮겨지며 일어난다.

protozoa (원생동물)

proto=최초의; *zoa*=동물. 이 단세포 미생물에는 껍질이 있거나 없는 아메바 모양의 유기체가 포함된다. 이 유기체는 표면을 덮고 있는 섬모의 꿈틀거림으로 움직이고, 하나 이상의 편모를 사용한다.

reduction (환원반응)

환원반응. 화합물에 의한 음전하의 증가로, 종종 산소원자의 손실 또는 수소원자의 증가와 관련이 있다.

refraction (굴절)

빛이 한 매개체(주로 공기)가 다른 매개체(주로 액체)로 이행할 때 빛의 방향이 바뀌는 현상으로 흔히 굴절계 또는 브릭스미터 기기로 측정이 가능하다.

regenerative farming (재생농업)

농작물을 재배하면서 제거된 것보다 더 많은 영양분을 토양으로 돌려보내 토양의 영양분 함량 및 구조를 지속적으로 개선하는 농업 방식을 말한다.

rhizobium (근류)

rhizo=뿌리; *bios*=생명. 콩과 식물의 뿌리결절 내에서 공생하며 사는 박테리아.

rhizome (뿌리줄기)

rhizo=뿌리. 지하부 줄기 혹은 덩이줄기.

root cap (뿌리골무)

뿌리 끝에 활발하게 분열하는 세포를 덮고 보호하는 골무 모양의 세포층. 중력을 감지하는 평형석이 바로 뿌리골무에서 발견된다.

root hair (뿌리털)

단일한 뿌리의 표피세포에서부터 토양을 향해 자라나는 돌기를 말한다.

salicylic acid (살리실산)

식물의 방어화합물의 형성을 유도하고 뿌리와 관련된 미생물을 조절하는 호르몬이다.

scale leaf (비늘잎)

새싹 주위에 동심형으로 배열된 잎을 말한다.

sclerenchyma (경화성세포)

scler=단단한; *enchyma*=저장. 세포를 강하게 지지할 수 있는 두꺼운 세포벽을 가진 세포.

secondary metabolite (이차대사산물)

Metabolite 항목 참조.

seed leaf (자엽)

Cotyledon 항목 참조.

sieve-tube cell (그 외 체세포)

이 세포들은 관다발로 배열돼 있다. 체관에서 당분과 물의 이동을 촉진하는 각 세포는 핵과 액포를 잃어버리고 모든 소기관은 세포 주변에서 제한적으로 존재한다. 각 세포는 인접한 세포들에 세포벽까지 뚫린 관 안으로 연결된다.

sleep movement (수면 동작)

세포 내에서 식물의 팽압의 변화에 의해 작동하고 매일의 명암주기와 결합된 식물 부분의 움직임이다.

soil structure (토양 구조)

모래, 실트, 진흙 등의 토양이 유기물 혼합물과 뒤섞이면서 만들어지는 자연 발생적인 흙 속의 구조적 배열 상태를 말한다.

soil texture (토성)

토양의 질감은 모래, 미사, 진흙으로 구성된 미네랄 입자 세 가지의 상대적 비율에 의해 결정된다. 이 미네랄 입자들은 암석의 풍화에 의해 발생하며 직경이 다르다. 모래 0.05~2.0mm, 미사 0.002 ~0.05mm, 진흙<0.002mm이다.

sonication pollination (진동수분)

벌의 윙윙거림과 같은 소리의 진동은 입자를 흔들리게 한다. 수분을 위해서는 꽃가루를 수술에서 물리적으로 제거해야 하는데, 이때 이런 특정 음파의 진동이 필요하다. 이를 진동수분이라 한다.

sporophyte (포자체)

spora=포자; *phyte*=식물. 생식세포의 결합에 의해 생겨나는 식물의 수명주기에서 포자 형성단계를 말한다. 각 생식세포는 식물의 유전자 물질의 절반(n)을 운반하고 수정하여 두 생식세포가 결합된다. 생성된 포자체는 완전한 유전자 보완체(2n)를 만든다.

stamen (수술)

stamen=실의 가닥. 꽃가루를 생산하는 꽃의 수컷 기관.

starch (녹말)

당(포도당)분자는 서로 연결되어 포도당이라는 고분자의 형태가 된다. 겨울에는 세포에 녹말의 형태로 저장되었다 봄에는 당분으로 변환된다.

statolith (평형석)

stato=균형; *lith*=돌. 녹말체라 불리는 특수 엽록체 전분입자는 중력에 반응하여 위치를 바꾸더라도 식물이 위아래를 인지할 수 있게 하는 역

할을 한다.

stem cell (줄기세포)

줄기세포. 분화되지 않은 세포는 그 자체로 미분화된 세포일 뿐만 아니라 스스로 특수화된 세포로 분화되는 다른 세포를 생성하기 위해 무한정 분열할 수 있다.

stoma (기공)

잎 표면의 구멍. 두 개의 보호세포가 확장과 수축을 통해 기공의 크기가 조절된다. 잎으로 들어오고 나가는 물과 가스의 움직임은 기공의 개폐에 의해 제어된다.

strigolactone (스트리고락톤)

식물에게 유익한 공생 균근 곰팡이뿐만 아니라 식물의 뿌리에 사는 마이코라이자 균근을 끌어드리는 호르몬이다.

stylet (삽관)

식물 조직을 관통하여 먹이를 먹는 특정 곤충의 입 부분이다.

subsoil (심토)

표토층 아래에 있으며 경작 중에 파괴되지 않는 토양층을 말한다.

sustainable farming (지속가능 농업)

재배 과정에서 제거된 영양분을 토양으로 되돌려 보내 토양의 영양분 함량과 구조가 유지되고 줄어들지 않도록 하는 농사법이다.

symbiosis (공생)

sym=함께; *bio*=삶; *sis*=과정. 서로 다른 두 유기체 간의 친밀하고 지속적이며 상호 간에 이익이 되는 관계를 말한다.

systemic acquired resistance (전신획득저항, SAR)

초식동물 및 미생물의 공격에 대해 식물 전체에서 만들어내는 저항내성 혹은 면역성.

tendril (덩굴손)

tendere=뻗다, 눕다.

topsoil (표토)

재배 중에 파괴되는 토양의 최상층.

totipotent cell (전분화세포)

toti=모든; *potent*=강력한. 타고난 유기체의 세포로 유기체의 다른 세포로 발달할 수 있다.

tracheid (헛물관)

trachea=호흡기관. 움푹 패이고, 속이 비어 있는 세포로 구성된 기관. 모든 관다발 식물의 물관부조직에서 발견된다.

transpiration (증산작용)

trans=횡단; *spiro*=호흡. 잎 표면의 기공에서 수증기가 방출되는 현상.

trichome (사상체)

tricho=머리카락. 하나 이상의 세포로 구성된 표피의 투영. 어떤 사상

체는 특정한 물질을 분비한다.

tuber (덩이줄기)

덩이줄기는 지하부 줄기 또는 뿌리줄기가 확대된 형태(예: 감자), 뿌리줄기는 저장뿌리가 확대된 형태(예: 고구마)이다.

turgor pressure (팽압)

turgo=부어오른. 식물 세포의 단단한 세포벽에 물이 가하는 압력을 말한다.

twiner (꼬는 식물)

식물의 맨 끝 성장점이 수직으로 지지대를 감아 올라가는 식물.

vascular (관다발)

vascu=관. 통도조직은 식물의 물과 영양분을 위쪽으로 운반(물관부조직)해주고 당분과 물을 잎에서 멀리(체관부조직) 운반한다.

vascular plant (관다발 식물)

체관과 물관조직으로 연결된 식물군. 여기에는 꽃을 피우는 개화식물, 겉씨식물, 양치식물, 속샛과 등이 포함된다. 단, 이끼는 제외.

vessel cell (물관세포)

속이 빈 원통형의 양쪽 끝이 열려있는 물관부 조직의 세포. 이 세포는 영양분과 물을 위로 행하게 하는 긴 관을 형성한다. 물관세포는 꽃피는 식물의 물관부 조직에서만 나타난다.

volatile organic compound (휘발성 유기화합물, VOS)

초식동물 및 미생물의 공격을 받은 식물에 의해 화합물이 대기 중으로 휘발된다.

xylem (물관부)

xylo=나무. 토양으로부터 물과 영양분을 전달하는 세포로 구성된 관다발 조직. 물관부세포는 줄기 중심, 뿌리, 몸통과 체관세포의 바깥층 사이에 있다.

참고문헌

일반 서적

Capon, B. *Botany for Gardeners*. Portland, OR: Timber Press, 2010.

Mabey, R. *The Cabaret of Plants: Botany and the Imagination*. New York: W. W. Norton, 2016.

Martin, D. L., and K. Costello Soltys, eds. *Soil: Rodale Organic Gardening Basics*. Emmaus, PA: Rodale, 2000.

Chalker-Scott, L. *How Plants Work: The Science behind the Amazing Things Plants Do*. Portland, OR: Timber Press, 2015.

Ohlson, K. *The Soil Will Save Us*. Emmaus, PA: Rodale, 2014.

Riotte, L. *Carrots Love Tomatoes: Secrets of Companion*

Planting for Successful Gardening. North Adams, MA: Storey Publishing, 1998.

Raven, P. H., R. F. Evert, and S. E. Eichhorn. *Biology of Plants*, 8th ed. W. H. Freeman, 2012.

정원사

Lawson, N. *The Humane Gardener: Nurturing a Backyard Habitat for Wildlife*. New York: Princeton Architectural Press, 2017.

Lowenfels, J. *Teaming with Nutrients: The Organic Gardener's Guide to Optimizing Plant Nutrition*. Portland, OR: Timber Press, 2013.

Lowenfels, J. *Teaming with Fungi: The Organic Gardener's Guide to Mycorrhizae*. Portland, OR: Timber Press, 2017.

Lowenfels, J., and W. Lewis. *Teaming with Microbes: An Organic Gardener's Guide to the Soil Food Web*. Portland, OR: Timber Press, 2006.

Nardi, J. B. *Life in the Soil: A Guide for Naturalists and Gardeners*. Chicago: University of Chicago Press, 2007.

색소

Lee, D. *Nature's Palette: The Science of Plant Color*. Chicago: University of Chicago Press, 2007.

식물의 움직임

Darwin, C. R. *The Movements and Habits of Climbing Plants*. London: John Murray, 1875.

Darwin, C. R. *The Power of Movement in Plants*. With Francis Darwin. London: John Murray, 1880.

씨앗

Silvertown, J. *An Orchard Invisible: A Natural History of Seeds*. Chicago: University of Chicago Press, 2009.

Thoreau, H. D. *Faith in a Seed*. Washington, DC: Island Press, 1993.

기술

Briggs, W. R. "How Do Sunflowers Follow the Sun— and to What End? Solar Tracking May Provide Sunflowers with an Unexpected Evolutionary Benefit." *Science* 353 (August 5, 2016): 541–42.

Cheng, F., and Z. Cheng. "Research Progress on the Use of Plant Allelopathy in Agriculture and the Physiological and Ecological Mechanisms of Allelopathy." *Frontiers in Plant Science* 6 (2015): 1020.

Conn, C. E., et al. "Convergent Evolution of Strigolactone Perception Enabled Host Detection in Parasitic Plants." *Science* 349 (July 31, 2015): 540–43.

De Vrieze, J. "The Littlest Farmhands." *Science* 349 (August 14, 2015): 680–83.

Haney, C. H., and F. M. Ausubel. "Plant Microbiome Blueprints: A Plant Defense Hormone Shapes the Root Microbiome." *Science* 349 (August 20, 2015): 788–89.

Pallardy, S. G. *Physiology of Woody Plants*. Burlington, MA: Academic Press. 2008.

Puttonen, E., C. Briese, G. Mandlburger, M. Wieser, M. Pfennigbauer, A. Zlinszky, and N. Pfeifer. "Quantification of Overnight Movement of Birch (*Betula pendula*) Branches and Foliage with Short Interval Terrestrial Laser Scanning." *Frontiers in Plant Science* 7 (February 29, 2016): 222.

잡초

Blair, K. *The Wild Wisdom of Weeds*: 13 Essential Plants for Human Survival. White River Junction, VT: Chelsea Green, 2014.

Cocannouer, J. A. *Weeds: Guardians of the Soil*. New York: Devin–Adair, 1950.

Heiser, C. B. *Weeds in My Garden: Observations on Some Misunderstood Plants*. Portland, OR: Timber Press, 2003.

Mabey, R. *Weeds: In Defense of Nature's Most Unloved Plants*. New York: HarperCollins, 2011.

Martin, A. C. *Weeds*. New York: St. Martin's Press, 2001.

찾아보기

ㅁ

ㅂ

ㅅ

ㅎ

정원의 세계

관찰과 실험으로 엿보는
식물의 사생활

초판 인쇄 2021년 8월 10일
초판 발행 2021년 8월 15일

지은이 제임스 나르디
옮긴이 오경아
감수 주은정
펴낸이 조승식
펴낸곳 돌배나무
공급처 도서출판 북스힐
등록 제2019-000003호
주소 서울시 강북구 한천로 153길 17
전화 02-994-0071
팩스 02-994-0073
홈페이지 www.bookshill.com
이메일 bookshill@bookshill.com

ISBN 979-11-90855-22-8
값 18,000원